Technische Universität Dresden

Analyse der Auswirkung von unsymmetrisch betriebenen Kundenanlagen auf die Strom- und Spannungsunsymmetrie in öffentlichen Niederspannungsnetzen am Beispiel von Elektrofahrzeugen und Photovoltaikanlagen

Dipl.-Ing

Friedemann Möller

der Fakultät Elektrotechnik und Informationstechnik der Technischen Universität Dresden

Zur Erlangung des akademischen Grades

Doktoringenieur

(Dr.-Ing.)

genehmigte Dissertation

Vorsitzender:	Prof. Dr.-Ing. Wilfried Hofmann	Tag der Einreichung:	10.05.2022
Gutachter:	Prof. Dr.-Ing. Peter Schegner	Tag der Verteidigung:	17.11.2022
Gutachter:	Prof. Dr. Herwig Renner		

Kurzfassung

Die Zunahme unsymmetrisch betriebener Kundenanlagen mit hoher Betriebsdauer und -strömen in Niederspannungsnetzen führt neben der stärkeren Belastung der Betriebsmittel und des Spannungsbandes zu einer Erhöhung der Spannungsunsymmetrie. Diese Arbeit untersucht diese Beeinflussungen anhand von Niederspannungsnetzsimulationen bei verschiedener Durchdringung von Elektrofahrzeugen und Photovoltaikanalgen. Dazu werden anhand von Labor- und Netzmessungen probabilistische Lastmodelle für Haushalte, Photovoltaikanalgen und Elektrofahrzeuge entwickelt, welche die unsymmetrische Betriebsweise über einen Tag berücksichtigen. Die Auswirkungen auf die Spannungsunsymmetrie werden anhand des Verhältnisses zwischen Gegen- zu Mitsystemspannung und die Stromunsymmetrie anhand von unsymmetrischen Leistungsanteilen beschrieben.

Neben der Analyse der Auswirkungen der unsymmetrisch betriebenen Kundenanlagen auf die erwähnten Kenngrößen werden mögliche Maßnahmen zur Reduzierung des Einflusses vorgestellt und durch Simulationen geprüft.

Anhand der durchgeführten Betrachtungen und Simulationen wird ein Niederspannungsäquivalent abgeleitet. Mit diesem können Profile für die unsymmetrischen Leistungsanteile bestimmt werden, mit denen die Sternpunktbelastung und der Einfluss auf die Unsymmetrie im übergeordneten Netz abgeschätzt werden kann.

Abstract

The increasing number of unbalanced operated customer installations with a high opartion time and current caused in an increasing stress of the equipment, the voltage band and the voltage unbalance. This thesis analys the impact of these installations on the named parameters on basis of load flow simulations in low voltage grids with a changing number of electric vehicles and photovoltaic installations. Probabilistic models for households, electric vehicles and photovoltaic installations which consider the unbalance operation over one day are used for the simulations. The models are based on lab and grid measurement. The effect on the voltage unbalance will be discussed on the ratio between negative and positive sequence voltage and the effects on the current unbalance will be discussed on unbalanced power.

In addition to the analyses of the impact of unbalanced operated installations on the named parameters, measures to reduce the impact will be introduced and tested.

Based on the simulation results and further considerations a low voltage grid equivalent will be developed. The equivalent provides a daily profile of the unbalanced power and can be used to estimate the voltage unbalance in the upstream grid and the load of transformer star points.

© 2022, Friedemann Möller
Herstellung und Verlag:
BoD – Books on Demand, Norderstedt
ISBN: 9783756850778

Inhaltsverzeichnis

ϑ	Temperatur in °C
TK	Transferkoeffizient
U	Spannung
$\ddot{u}$	Übersetzungsverhältnis
u_k	relative Kurzschlussspannung
X	Reaktanz
Z	Impedanz
z	Ausdruck für die Signifikanz

Indizes

120	Symmetrisches System
1,2,0	Mit-, Gegen-, Nullsystem
1ph	1-phasig
3ph	3-phasig
A	(Kunden-) Anlage
abc	Natürliches System
akt	aktuell
a, b, c	Bezeichnung der Außenleiter im natürlichen System
b	Betrieb
batt	Batterie
Be	Bezug(-sanlagen)
bedarf	Bedarf
bez	Bezugswert
d	Tag
E	Erde
Er	Erzeugung(-sanlagen)
EV	Elektrofahrzeug (engl. *Electric Vehicle*)
f	Frequenz
ges	gesamt
GK	Geräteklasse
grenz	Grenzwertüberschreitung
HH	Haushalt
I	Strom
inst	installiert
k	Kurzschluss
K	Kabel
K	Leitungsabschnitt
k, l, m, n, i	Zählindex
L	Außenleiter
leer	Leerlauf
LP	Ladepunkt
LS	Lastspitze
Ltg	Leitung

m	Hauptfeld
max	Maximalwert
mpp	Maximum power point
min	Minimalwert
MS	Mittelspannung
n	Nennwert (engl. *nominal*)
N	Neutralleiter
NS	Niederspannung
OS	Oberspannungsseite
p	primär
P	Wirkleistung
parallel	parallel
pol	Polrad
PE	Schutzleiter
PEN	Leiter, der sowohl die Funktion eines Schutzerdungsleiters und eines Neutralleiters erfüllt. (engl. *Protective Earth Neutral*)
ph	Phase
PV	Photovoltaik
q	Quelle
Q	Blindleistung
r	Bemessungswert (engl. *rated value*)
ref	Referenz
Rü	Rückleiter
s	sekundär
S invariant	leistungsinvariant
Sim	Simulationsdurchlauf
SM	Synchronmaschine
Sp	Speicher(-anlage)
SP	Sternpunkt
standby	Stand-by
start	Startzeitpunkt
sym	symmetrisch
t	Zeit
T	Transformator
U	Spannung
un	unsymmetrisch
US	Unterspannungsseite
v	Verlust
V	Verknüpfungspunkt
var	Variation
W	Wechsel
ZP	Zeitpunkt
zul	zulässig

Konstanten, Mathematische Operatoren und Ausdrücke

e	Eulersche Zahl

$$\underline{a} = -\frac{1}{2} + j \cdot \frac{\sqrt{3}}{2}$$

$$\underline{\mathbf{T}} = \begin{bmatrix} 1 & 1 & 1 \\ \underline{a}^2 & \underline{a} & 1 \\ \underline{a} & \underline{a}^2 & 1 \end{bmatrix}$$
Transformationsmatrix

$$\underline{\mathbf{S}} = \frac{1}{3} \cdot \begin{bmatrix} 1 & \underline{a} & \underline{a}^2 \\ 1 & \underline{a}^2 & \underline{a} \\ 1 & 1 & 1 \end{bmatrix}$$
Symmetrierungsmatrix

$\lfloor x \rfloor$	Abrundung von x
$f(x)$	Funktion von x
$\binom{x}{y}$	Kombination von x aus y Elementen
$\{x \in X : p(x)\}$	Teilmenge aller x aus X mit der Eigenschaft $p(x)$

Abkürzungen

BEV	Batteriebetriebenes Elektrofahrzeug (engl. *Battery Electric Vehicle*)
bspw.	beispielsweise
DC	Gleichstrom (engl. Direct Current)
DFG	Deutsche Forschungsgemeinschaft
EMV	Elektromagnetische Verträglichkeit
ESB	Ersatzschaltbild
EV	Elektrofahrzeug (engl. *Electric Vehicle*)
EVU	Energieversorgungsunternehmen
GK	Geräteklasse
HS	Hochspannung
HöS	Höchstspannung
i. A.	im Allgemeinen
IEV	Internationales Elektrisches Wörterbuch (engl. *International Electrotechnical Vocabulary*)
KS-Test	Kolmogorov-Smirnov-Tests
KWK	Kraft-Wärme-Kopplung
LP	Ladepunkt
LS	Lastspitze
min.	Minimal
MPP	Maximum power point
MS	Mittelspannung
N	Neutralleiter
NS	Niederspannung
PE	Schutzleiter (engl. *Protective Earth*)
PEN	Leiter, der sowohl die Funktion eines Schutzerdungsleiters und eines Neutralleiters erfüllt. (engl. *Protective Earth Neutral*)

PHEV	Plug-in-hybrides Elektrofahrzeug (engl. *Plug-in Hybrid Electric Vehicle*)
PKW	Personenkraftwagen
PV	Photovoltaik
rONT	Regelbarer Ortsnetztransformator
Rü	Rückleiter
SG	Synchrongenerator
SOC	Ladezustand einer Batterie (engl. state of charge)
SP	Sternpunkt
u. U.	unter Umständen
UW	Umspannwerk
V	Verknüpfungspunkt
z. B.	zum Beispiel

Symbole

X	Matrix
X^T	Transponierte Matrix
X	Effektivwert einer Größe
$\underline{X}$	Effektivwertzeiger einer Größe
X'	Bezogene Größe
$\underline{X}^*$	Komplex konjugierte Größe

1 Einführung

Die weltweite Verknappung fossiler Energieträger sowie die Ziele zur Reduzierung des anthropogenen CO_2 -Ausstoßes zur Eindämmung der *globalen Erwärmung*[1] führen zu einer Vielzahl an Veränderungen im Energiesektor. So ist neben dem Ausbau und der Integration von *erneuerbaren Energien* eine Steigerung der Effizienz aller Energiewandlungsprozesse sowie die Nutzung eines, gegenüber flüssigen kohlenwasserstoffbasierten, Ersatzenergieträgers für die Mobilität zu erwarten. Da Elektroenergie mit einem hohen Wirkungsgrad in eine Vielzahl anderer Energieformen umgewandelt werden kann, ist damit zu rechnen, dass dieser Energieform in Zukunft eine Schlüsselrolle zur Erreichung der vorgesteckten Ziele zukommt und eine verstärkte Kopplung der Energiesektoren Strom, Wärme und Mobilität angestrebt wird.

Die zu erwartende Sektorenkopplung [1] wird auf die verschiedenen Netzebenen des Elektroenergienetzes unterschiedliche Veränderungen hervorrufen. In Hinblick auf die *Niederspannung*snetze in Deutschland ist mit einer verstärkten Zunahme an Erzeugungsanlagen, insbesondere Photovoltaikanlagen (PV-Anlagen) kleiner Leistung und µ-KWK-Anlagen zu rechnen. Eine Kopplung zum Wärmesektor ist über Wärmepumpen und Klimaanlagen und eine Kopplung zum Mobilitätssektor durch Elektromobilität wahrscheinlich, wobei Elektrofahrzeuge (EV engl. Electric Vehicle) über Ladestationen, die an das Niederspannungsnetz angeschlossen sind, mit elektrischer Energie geladen werden. Ebenfalls ist mit einer Zunahme an Elektroenergiespeichern (z. B. Batteriespeichersystem) zur Optimierung des Eigenenergiebedarfs in Haushalten zu rechnen.

Im Zuge der wachsenden Bedeutung der Elektroenergie nimmt die sichere und zuverlässige Versorgung mit dieser eine zentrale Rolle ein. Um den störungsfreien Betrieb aller an das elektrische Netz angeschlossener Geräte zu gewährleisten ist eine angemessene Qualität der Elektroenergie erforderlich. Eine Analyse der bereits zugelassenen und installierten Erzeugungsanlagen und EVs zeigt, dass diese zu einem Großteil über unsymmetrisch an das Niederspannungsnetz angeschlossene Wechsel- bzw. Gleichrichter betrieben werden. Im Zuge einer, gegenüber anderen elektrischen Haushaltsgeräten, hohen Bezugsleistung und langen *Betriebsdauer* ist mit einem signifikanten Einfluss dieser Geräte auf die *Elektroenergiequalität*, insbesondere der (Spannungs-) Unsymmetrie zu rechnen.

Infolge der starken politisch forcierten Förderung von Elektromobilität [2], [3] und des hohen Potentials von PV-Anlagen auf Dachflächen [4] ist mit einer Erhöhung der Anzahl an EVs und PV-Anlagen in Deutschland zu rechnen. Diese beiden Geräteklassen stehen im Fokus dieser Arbeit. Dabei spiegeln PV-Anlagen eine Geräteklasse mit hoher Gleichzeitigkeit [5] und EVs eine Geräteklasse mit einer vom Nutzungsverhalten stark abhängigen Gleichzeitigkeit[2] wider [6], [7]. Die aufgezeigten Herangehensweisen und Schlussfolgerungen lassen sich jedoch auf andere Geräteklassen mit ähnlichen *Gleichzeitigkeitsfaktoren* adaptieren.

1.1 Stand der Technik

Forschungen in Deutschland in Hinblick auf die Netzintegration von EVs und PV-Anlagen konzentrieren sich überwiegend auf die Einhaltung der zulässigen Spannungsänderung und die Betriebsmittelauslastung [8]–[12]. Dabei werden Niederspannungsnetze betrachtet, bei denen die *Ladepunkte* (LPs) bzw. PV-Anlagen über das ganze Netz verteilt sind (dezentrale Einspeisung bzw. Ladeinfrastruktur). Die Untersuchungen beruhen dabei auf Netzsimulationen, welche überwiegend auf symmetrischer Belastung der *Außenleiter* beruhen. In [11], [13] werden unsymmetrische Leiterbelastungen berücksichtigt, jedoch erfolgt keine Auswertung der Spannungsunsymmetrie. Eine Metastudie zum Forschungsüberblick hinsichtlich der Netzintegration der Elektromobilität im Auftrag des VDE FNN und des bdew [14] zeigt, dass der bisherige Fokus auf (vor-) städtischen Netzen und der Auslastung der *Betriebsmittel* sowie der Einhaltung der zulässigen Spannungsänderung lag. Die Studie identifizierte Forschungsbedarfe u. a. für ländliche Netze und die Berücksichtigung der Aspekte der Spannungsqualität, insbesondere in Hinblick auf die Unsymmetrie. Beide Aspekte wurden bereits durch das Projekt ElmoNetQ [15] aufgegriffen und werden in dieser Arbeit weiter vertieft.

---

[1] Im Zuge des Klimaabkommens von Paris beschloss die deutsche Bundesregierung den CO_2 Ausstoß in Deutschland bis 2050 um 80 % bis 95 % gegenüber dem CO_2-Ausstoß von 1990 zu reduzieren [91].
[2] Diese kann durch Steuerungsmechanismen, wie beispielsweise Lademanagement beeinflusst werden.

Der Bedarf an Untersuchungen zentraler Ladeinfrastrukturen und Einspeisungen in Hinblick auf die Einhaltung der zulässigen Spannungsänderung und der Auslastung von Betriebsmitteln wird als gering eingestuft. Dennoch zeigen Feldstudien [16], dass die unsymmetrische Belastung u. U. sehr hoch sein kann und es somit zu einer signifikanten Anhebung der Spannungsunsymmetrie kommen kann. Aus diesem Grund werden zentrale Infrastrukturen ebenfalls in dieser Arbeit betrachtet.

Der Einfluss von EVs und PV-Anlagen auf die Spannungsunsymmetrie werden im Zuge von Feldstudien ausgewertet und diskutiert z. B. [17], [18] sowie anhand ausgewählter Simulationsnetze untersucht, wobei für die Simulationsnetze häufig die zulässige maximale Anschlussleistung 1-phasig betriebener *Kundenanlagen* im Vordergrund steht [19]–[21]. Die Bewertung der Spannungsunsymmetrie beruht dabei meist auf dem Verträglichkeitspegel und nicht auf dem zulässigen Gesamtstöreintrag.

Ein weiteres Thema, das mit wachsender Aufmerksamkeit verfolgt jedoch in dieser Arbeit nicht aufgegriffen wird, ist die effektive Kopplung zwischen dem Bezug elektrischer Energie durch bspw. EVs und der (gleichzeitigen) Einspeisung elektrischer Energie durch *erneuerbare Energien* sowie dem effektiven Einsatz elektrischer Energiespeicher z. B. [22], [23].

Neben den Herausforderungen hinsichtlich der *Grundschwingung* von Strom und Spannung ist ein weiterer Schwerpunkt der Forschung zur Netzintegration von EVs und PV-Anlagen die Untersuchung der *Oberschwingungen*, *Supraharmonischen* und *Zwischenharmonischen* sowie des Gleichstroms [24]–[31]. Sie sind nicht Gegenstand dieser Arbeit.

1.2   Ziel der Arbeit

Das Ziel der Arbeit ist die Analyse der Auswirkung von unsymmetrisch betriebenen Kundenanlagen auf die Strom- und Spannungsunsymmetrie in öffentlichen Niederspannungsnetzen. Diese Analysen werden ergänzt um Auswertungen hinsichtlich der Einflüsse der entsprechenden Kundenanlagen auf die Betriebsmittelbelastung, die Leitungsverluste und die Differenz zwischen höchster und niedrigster Spannung im Netz.

Dabei stehen unsymmetrisch betriebene Kundenanlagen mit hohem elektrischen Leistungsbezug bzw. -einspeisung und gleichzeitig langer Betriebsdauer, verglichen mit herkömmlichen Haushaltslasten, im Fokus. Beispielhaft wird dies anhand von EVs[3] und PV-Anlagen[4] in Strahlennetze ohne Verzweigungen untersucht. Infolge einer bundesweit gesehen weitgehend geringen Durchdringung der Netze mit dieser Art von Kundenanlagen erfolgt die Untersuchung in dieser Arbeit anhand theoretischer Betrachtungen und Simulationen.

Die Schwerpunkte der Arbeit sind daher:

- Systematische Analyse der Einflussfaktoren auf die Unsymmetrie
- Zusammenstellung einer Übersicht möglicher Maßnahmen zur Reduzierung der Spannungsunsymmetrie
- Entwicklung von Simulationsmodellen anhand von Feld- und Labormessungen zur Nachbildung des elektrischen Verhaltens von unsymmetrisch betriebenen Kundenanlagen
- Simulationsbasierte Untersuchungen der erwähnten Einflüsse von unsymmetrisch betriebenen Kundenanlagen bei unkoordiniertem Betrieb der Kundenanlage für zentrale und verteilte Installation im Netz
- Entwicklung eines Modells zur Abbildung des unsymmetrischen Verhaltens von Niederspannungsnetzen als Grundlage für unsymmetrische Lastflussberechnungen in der *Mittelspannungsebene*
- Ableitung von Handlungsempfehlungen für den Betrieb unsymmetrisch betriebener Kundenanlagen

---

[3] Als Elektrofahrzeuge (EVs) werden in dieser Arbeit batteriebetriebene (BEV engl. Battery Electric Vehicles) sowie Plug-in-hybride (PHEV engl. Plug-in Hybrid Electric Vehicle) Kraftfahrzeuge zusammengefasst, deren Antriebsbatterie über das elektrische Netz an dafür vorgesehenen Ladepunkten geladen werden.
Zudem erfolgt keine Unterscheidung zwischen dem Ladegleichrichter des EVs und dem EV selbst.
[4] In dieser Arbeit erfolgt keine explizite Unterscheidung in die einzelnen Komponenten einer PV-Anlage. Somit wird auch der Begriff PV-Anlage genutzt, wenn nur der entsprechende Wechselrichter der PV-Anlage gemeint ist.

Die Ergebnisse der Arbeit sollen helfen die grundlegenden Zusammenhänge zwischen unsymmetrisch betriebenen Kundenanlagen und den oben genannten Einflüssen besser zu verstehen und bewerten zu können sowie die Wirkung von Maßnahmen zur Reduzierung der negativen Einflüsse abschätzen zu können, um geeignete Maßnahmen in konkreten Herausforderungen umzusetzen. Weiterhin liefert die Arbeit Ansätze zur Modellierung des elektrischen Verhaltens unsymmetrisch betriebener Kundenanalgen für unsymmetrische Lastflussberechnungen in der Nieder- und Mittelspannungsebene.

1.3   Struktur der Arbeit

Die Struktur der Arbeit sowie die Beziehung der Kapitel untereinander ist Bild 1-1 zu entnehmen. Für eine bessere Übersicht werden in Kapitel 2 die Grundlagen beschrieben. Sie umfassen sowohl die Einführung in die EMV (*Elektromagnetische Verträglichkeit*) Koordinierung als auch die in dieser Arbeit betrachteten Bewertungs- und Kenngrößen. In Kapitel 3 werden getrennt voneinander die Einflüsse durch das übergeordnete Netz, die Betriebsmittel und die Kundenanlagen auf die Unsymmetrie sowie Maßnahme zur Reduzierung der Unsymmetrie erläutert. Aufbauend auf der Beschreibung des Simulationskonzeptes werden in Kapitel 4 die entsprechenden Simulationsmodelle beschrieben. Die Simulationsergebnisse, dargestellt in Kapitel 5, untergliedern sich in zentrales (z. B. Laden am Arbeitsplatz) und dezentrales Laden (z. B. Laden zu Hause), wobei für das dezentrale Laden unterschiedliche Netztopologien untersucht werden. Basierend auf den Simulationsergebnissen werden Handlungsempfehlungen abgeleitet. Unter Nutzung der in den vorangegangenen Kapiteln erlangten Erkenntnisse wird in Kapitel 6 ein Niederspannungsäquivalent für unsymmetrische Leistungsanteile entwickelt, welches als Grundlage für unsymmetrische Lastflussberechnungen in der Mittelspannungsebene dient.

Kapitel 7 gibt eine Zusammenfassung der Arbeit und einen Ausblick auf mögliche weitere Forschungsaktivitäten.

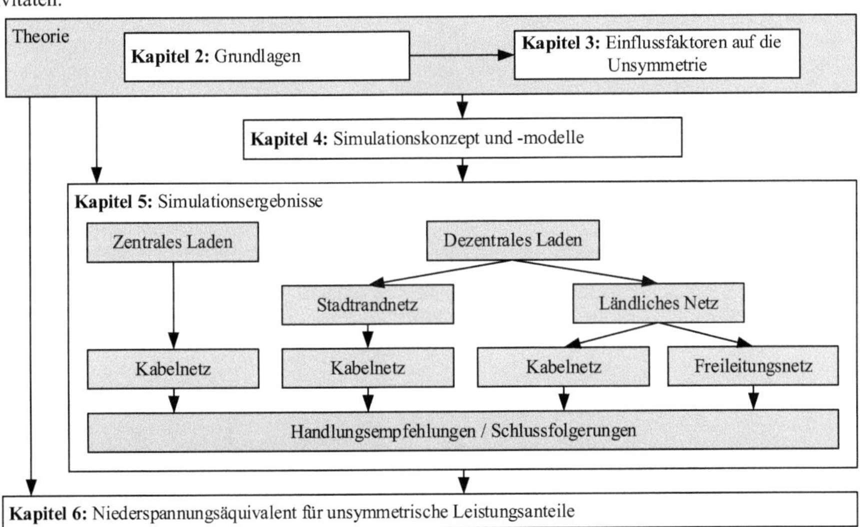

Bild 1-1:   Struktur der Arbeit

2 Grundlagen

In diesem Kapitel werden die Grundlagen der Elektroenergiequalität und der EMV Koordinierung sowie die in dieser Arbeit genutzten Bewertungsgrößen erläutert. Der Begriff Elektroenergiequalität beschreibt in dieser Arbeit die Kombination aus Strom- und Spannungsqualität. Die Bewertungskenngrößen untergliedern sich in Kenngrößen, die sich auf physikalische Größen beziehen und allgemeine Bewertungsgrößen, die auf die einzelnen Kenngrößen angewandt werden können.

2.1 Elektroenergiequalität und EMV Koordinierung

Um einen störungsfreien Betrieb aller an das elektrische Netz angeschlossener (Kunden-)Anlagen und Geräte zu gewährleisten, ist es notwendig die Sicherheit, die Stabilität und eine ausreichend hohe Qualität der Versorgung mit Elektroenergie sicherzustellen.

Die vorliegende Arbeit konzentriert sich auf die Bewertung der Elektroenergiequalität im Niederspannungsnetz bei stationären Betriebszuständen. Öffentliche Niederspannungsnetze in Deutschland werden als Drehstromnetze mit den folgenden Nennwerten betrieben:

- Nennfrequenz $f_n = 50$ Hz
- Nennspannung $U_n = 400$ V
- Symmetrische sinusförmige Kurvenform

Fragen der Sicherheit und Stabilität der Elektroenergieversorgung werden in dieser Arbeit nicht beleuchtet. Die in diesem Abschnitt folgenden Beschreibungen sind den Ausführungen in [32] entlehnt.

Allgemeiner Wirkungsmechanismus

Im Folgenden wird anhand eines vereinfacht einsträngigen Ersatzschaltbildes (ESB) der Wirkungsmechanismus dargestellt, welcher die Abweichung von den Nennwerten veranschaulicht (siehe Bild 2-1). Ein Netz mit zwei Bezugsanalagen (B1 und B2), welche beide am gleichen *Anschlusspunkt* (AP) angeschlossen sind, werden über eine ideale symmetrische und sinusförmige Quellspannung $\underline{U}_q$ mit Nennfrequenz und -spannung versorgt. Die Bezugsanlagen sind in Bild 2-1 vereinfacht als Impedanzen dargestellt. Für eine detaillierte Betrachtung ist je nach Qualitätskenngröße ein geeignetes (Last-)Modell zu wählen. Zwischen der idealen Quellspannung und dem Anschlusspunkt wirkt eine Netzimpedanz ($\underline{Z}_{AP}$), welche die gesamte Ersatzimpedanz des Netzes am AP repräsentiert. Unter der Annahme, dass die Bezugsanlage B1 einen nicht symmetrischen und nicht sinusförmigen Strom bezieht, kommt es über der Netzimpedanz zu einer nicht symmetrischen und nicht sinusförmigen Spannungsänderung ($\Delta\underline{U}$). Diese Spannungsänderung wird der Quellspannung überlagert, so dass am Anschlusspunkt eine nicht symmetrische und nicht sinusförmige Spannung ($\underline{U}_{AP}$) anliegt. Auf die zweite Bezugsanlage B2 wirkt nun die in ihrer Qualität verminderte Spannung $\underline{U}_{AP}$.

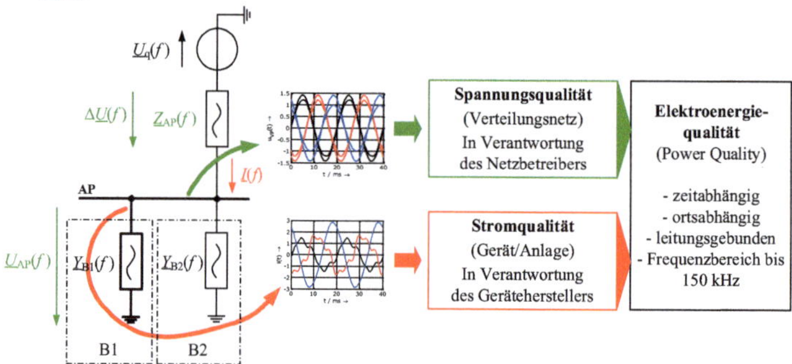

Bild 2-1: Vereinfachte Darstellung des Wirkungsmechanismus zwischen Strom- und Spannungsqualität nach [32]

Gemäß dem in Bild 2-1 gezeigten Wirkungsmechanismus ist eine Beeinflussung der Spannung durch die Ströme der Kundenanlagen nur dann zu vermeiden, wenn entweder die Netzimpedanz Null ist oder keine Anlagen an das Netz angeschlossen werden. Somit ist eine Forderung nach strikter Einhaltung der Nennwerte aus wirtschaftlicher und technischer Sicht nicht zielführend. Daher werden angemessene Abweichungen von den Idealbedingungen zugelassen. Dabei ist es notwendig, dass sowohl die Qualitätsminderung des Stroms (Stromqualität - Verantwortungsbereich der Gerätehersteller) als auch die der Spannung (Spannungsqualität - Verantwortungsbereich der Netzbetreiber) gleichermaßen berücksichtigt wird.

Qualitätsmerkmale und Qualitätskenngrößen

Die Elektroenergiequalität wird anhand ausgewiesener Qualitätsmerkmale qualifiziert. Sie beschreiben die Abweichung von einem idealen symmetrischen und sinusförmigen Strom- bzw. Spannungskurvenverlauf und werden auf netzfrequente und nicht netzfrequente Komponenten bezogen. Die Quantifizierung der Qualitätsmerkmale erfolgt anhand von (Qualitäts-)Kenngrößen.

Tabelle 2-1 zeigt Beispiele für Qualitätsmerkmale und -kenngrößen, die sich auf die Spannung beziehen. Sie können jedoch analog auf den Strom angewandt werden.

Tabelle 2-1: Qualitätsmerkmale mit ausgewählten Beispielen an Qualitätskenngrößen

Qualitätsmerkmal	Beispiel Qualitätskenngröße
Netzfrequente Komponenten	
Frequenz	Frequenzabweichung
Symmetrie	(Gegensystem-)Spannungsunsymmetrie
Amplitude	langsame Spannungsänderung
Nicht netzfrequente Komponenten	
Verlagerung	Gleichanteil
Form	Gesamtoberschwingungsgehalt

Der Einfluss einer elektrischen Anlage (Geräte oder Betriebsmittel) auf die Spannungsqualität (siehe Bild 2-1) wird von der entsprechenden Stromkurvenform (Stromqualität) bestimmt. Diese wiederum hängt von der Strom-Spannungscharakteristik der elektrischen Anlage ab. Eine unsymmetrische Strom- Spannungscharakteristik, wie sie bspw. 1-phasige betriebene PV-Anlagen aufweisen, führt zu einer Beeinflussung der Spannungsunsymmetrie.

Durch die quantitative Beschreibung der Elektroenergiequalität anhand der Qualitätskenngrößen ist es möglich geeignete Grenzwerte festzulegen.

Grundsätze der Koordinierung

Der Grundsatz der Verträglichkeitskoordinierung ist die Gewährleistung der elektromagnetischen Verträglichkeit, welche gemäß dem elektronischen Wörterbuch des IEC [33] wie folgt definiert ist: „Fähigkeit einer Einrichtung oder eines Systems, in ihrer/seiner elektromagnetischen Umgebung zufriedenstellend zu funktionieren, ohne in andere Einrichtungen in dieser Umgebung, unzulässige elektromagnetische Störgrößen einzubringen" [33, 161-01-07]. Dieser Grundsatz beinhaltet zwei Aspekte. Zum einen die Sicherstellung einer ausreichenden Störfestigkeit, zum anderen eine Begrenzung der Störaussendung. In Hinblick auf ein gesamtwirtschaftliches Optimum ist eine Koordinierung beider Aspekte nötig. Die Koordinierung zwischen Störfestigkeit und Störaussendung beruht auf festgelegten (Referenz-)Pegeln, welche als Verträglichkeitspegel bezeichnet werden.

Die Störaussendung einzelner Geräte und Anlagen ist so zu begrenzen, dass der resultierende aktuelle Störpegel, der aus der Überlagerung der Störaussendung aller gleichzeitig betriebenen Geräte und Anlagen resultiert, den Verträglichkeitspegel nicht überschreitet. Die Störfestigkeit der einzelnen Geräte und Anlagen ist wiederum so zu wählen, dass sie größer als der Verträglichkeitspegel ist.

Der tatsächliche aktuelle Störpegel im Netz ist von einer Vielzahl zufälliger, zeit- und ortsvariabler Faktoren wie z. B. gleichzeitig betriebene Anlagen im Netz, Netzschaltzustände, Witterung und aktuelle Globalstrahlung abhängig. Unter den gegebenen Umständen ist eine deterministische Koordinierung aus ökonomischen Gesichtspunkten heraus kaum zu rechtfertigen. Daher wird in der Elektroenergie mit einer wahrscheinlichkeitsorientierten Koordinierung gearbeitet, welche für wenige Fälle die Überschreitung des

Verträglichkeitspegels durch die resultierende Störaussendung des Systems erlaubt. Bild 2-2 stellt das Koordinierungskonzept schematisch dar.

Der beschriebene Ansatz gilt unter der Annahme, dass die Störaussendung der einzelnen Geräte unbeabsichtigt ist bzw. beabsichtigte (z. B. Rundsteuersignale) und unbeabsichtigte Störaussendung nicht gleichzeitig auftreten.

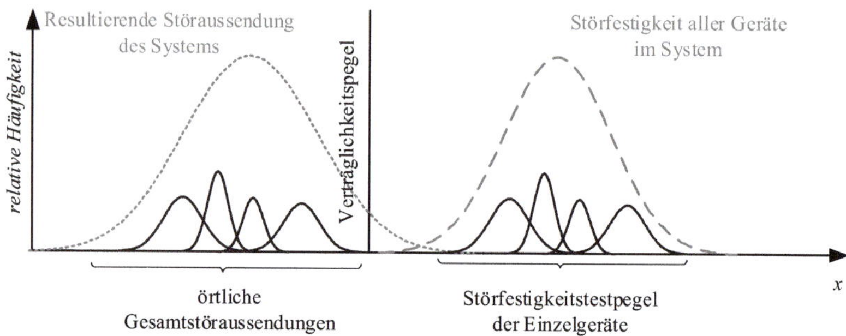

Bild 2-2: Schematische Darstellung der EMV Koordinierung im Gesamtsystem für eine zu bewertende Qualitätskenngröße x nach [34 Anhang]

Festlegung von Störaussendungsgrenzwerten

Die Festlegung von Störaussendungsgrenzwerten erfolgt in zwei Schritten. Im ersten Schritt wird (in Abhängigkeit der betrachteten Qualitätskenngröße) der Verträglichkeitspegel auf die einzelnen Netzebenen aufgeteilt (siehe Bild 2-3). Der anteilige Beitrag je Netzebene wird auch als zulässiger Gesamtstöreintrag bezeichnet. Die Summe aus dem anteiligen Beitrag der betrachteten Netzebene und den anteiligen Beiträgen der übergeordneten Netzebenen beschreibt den Planungspegel der betrachteten Netzebene. Für die Niederspannungsebene sind Verträglichkeitspegel und Planungspegel gleich und gelten für alle *Verknüpfungspunkte*.

Der resultierende aktuelle Störpegel, bestehend aus der Überlagerung der Störpegel aller gleichzeitig betriebenen Geräte und Anlagen der betrachteten Netzebene sowie des Beitrags der übergeordneten Netzebene(n), muss geringer als der jeweilige Planungspegel sein. Die untergeordnete Netzebene wird dabei als Anlage(n) in der betrachteten Netzebene nachgebildet.

In einem zweiten Schritt wird der zulässige Gesamtstöreintrag innerhalb der betrachteten Netzebene leistungsproportional auf die Kundenanlagen (und Geräte) aufgeteilt.

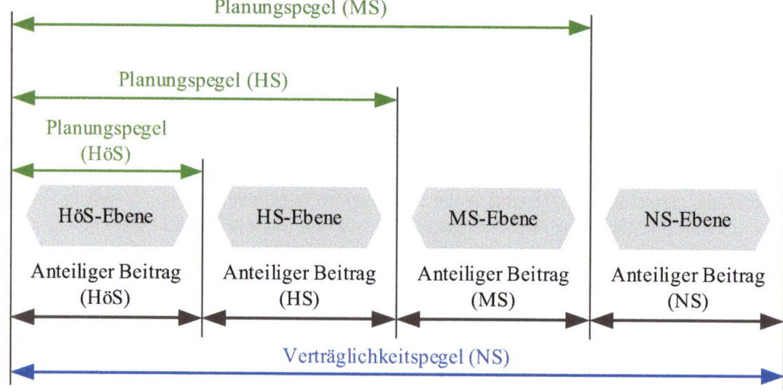

Bild 2-3: Schematische Darstellung der Aufteilung des Verträglichkeitspegels auf die einzelnen Netzebenen [32]

Die schematische Darstellung nach Bild 2-3 gilt nur für bezogene Größen. Ebenfalls wird ein idealer Transfer ohne Dämpfung zwischen den Netzebenen für die Darstellung zugrunde gelegt. Ein nichtidealer Transfer bspw. infolge einer Dämpfung kann mittels Transferkoeffizienten nachgebildet werden (siehe Gleichung (2-18)).

Die Störfestigkeitspegel einzelner Geräte werden in dieser Arbeit nicht betrachtet.

Relevante Normen und Regelwerke

Verträglichkeitspegel, Störaussendungsgrenzwerte, Störfestigkeitsgrenzwerte und Planungspegel werden auf internationaler Ebene durch das Normenwerk der IEC (als Reihe IEC 61000) genormt. Bild 2-4 gibt eine Übersicht über die Abschnitte der Normenreihe IEC 61000.

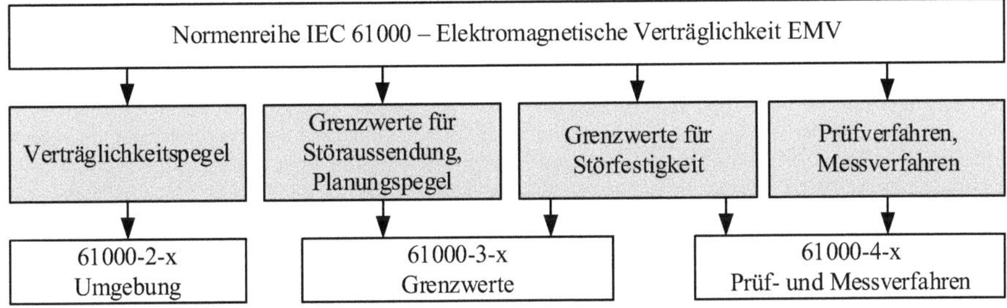

Bild 2-4: Übersicht Normenreiher IEC 61000

In Deutschland gelten darüber hinaus für die einzelnen Netzebenen festgelegte Anwenderregeln. Für die Niederspannungsebene ist dies die AR-N 4100 [35].

Neben der IEC 61000 Normreihe und den Anwenderregeln, ist für Deutschland die Norm DIN EN 50160 [36] von Bedeutung. Sie beschreibt die Anforderungen an das Produkt Elektrizität, die jeder Kunde an der Übergabestelle erwarten kann. Daher darf sie nicht als Grundlage für Störfestigkeits- und Störaussendungsgrenzwerte genutzt werden.

2.2 Allgemeine Bewertungsgrößen

Die im Folgenden beschriebenen allgemeinen Bewertungsgrößen bzw. -indizes (in alphabetischer Reihenfolge) können auf verschiedene physikalische Kenngrößen angewandt werden.

2.2.1 Gleichphasigkeitsindizes

Als Gleichphasigkeitsindizes werden in dieser Arbeit der Gleichphasigkeitsgrad und der Summationsexponent betrachtet. Beide Indizes werden genutzt, um den Phasenwinkel einer Vielzahl verschiedener komplexer Größen (wie z. B. Strom, Spannung, Scheinleistung) miteinander zu vergleichen bzw. deren Summation abzuschätzen.

Gleichphasigkeitsgrad

Der Gleichphasigkeitsgrad PR (engl. *prevailing ratio*) beschreibt das Verhältnis der geometrischen zur arithmetischen Summe komplexer Zahlen. Er ist somit ein Maß wie stark eine Winkelvorzugslage ausgeprägt ist. In Anlehnung an [37] wird er wie folgt berechnet

$$PR(x) = \frac{\left|\sum_{k=1}^{n} \underline{x}_k\right|}{\sum_{k=1}^{n} \left|\underline{x}_k\right|} \tag{2-1}$$

Dabei steht $\underline{x}$ für eine beliebige komplexe Größe wie z. B. die komplexe Gegensystemspannung $\underline{U}_2$. Die Summenbildung über k kann je nach Analyseschwerpunkt für verschiedene Zeitpunkte an einem Messort oder für verschiedene Messorte zu einem Zeitpunkt erfolgen.

Gemäß [37] kann PR in vier verschiedene Gruppen unterteilt werden:

- Hohe Gleichphasigkeit   HG $PR \geq 0{,}95$
- Mittlere Gleichphasigkeit   MG $0{,}95 > \quad PR \geq 0{,}89$
- Geringe Gleichphasigkeit   GG $0{,}89 > \quad PR \geq 0{,}80$
- Keine Gleichphasigkeit   KG $0{,}80 > \quad PR$

Ein Beispiel für PR bei der Addition zweier komplexer Größen mit gleichem Betrag in Abhängigkeit des Winkels zwischen beiden Größen ist in Tabelle 2-2 gegeben.

Summationsexponent

Der Summationsexponent α ist wie PR eine Bewertungsgröße zur Beschreibung der Überlagerung komplexer Größen. In Hinblick auf die Überlagerung mehrere Emissionsquellen zur Ableitung geeigneter Koordinierungsansätze kommt dem Summationsexponenten eine wichtige Bedeutung zu (z. B. [38]–[40]). Da der genaue Phasenwinkel der aktuellen und zukünftigen Emissionsquellen im Netz i. A. nicht bekannt ist, wird anhand von Netz- und Labormessungen sowie geeigneter Simulationen ein Wertebereich der Phasenwinkel und der Beträge der Emissionsquellen bestimmt. Anhand dieser Wertebereiche kann dann eine resultierende Überlagerung bzw. ein entsprechender Summationsexponent abgeschätzt werden.

In Bezug auf [39], [40] wird der Summationsexponent wie folgt angewandt

$$\left| \sum_{k=1}^{n} \underline{x}_k \right| = \sqrt[\alpha]{\sum_{k=1}^{n} \left| \underline{x}_k \right|^{\alpha}} \tag{2-2}$$

$$x_{\text{ges}} = \sqrt[\alpha]{\sum_{k=1}^{n} x_k^{\alpha}} \tag{2-3}$$

Analog zur Definition des Gleichphasigkeitsgrads beschreibt x den Betrag einer beliebigen komplexen Größe. Der Zählindex k kann je nach Analyseschwerpunkt für verschiedene Zeitpunkte an einem Messort oder verschiedene Messorte zu einem Zeitpunkt genutzt werden. Ein Beispiel für α bei der Addition zweier komplexer Werte mit gleichem Betrag in Abhängigkeit des Winkels zwischen beiden Größen ist in Tabelle 2-2 gegeben.

Eine analytische Berechnung des Summationsexponenten α ist im Gegensatz zu PR i. A. nicht möglich. Daher wird der Summationsexponent über ein iteratives Verfahren bestimmt, so dass der Ausdruck gemäß Gleichung (2-3) erfüllt ist.

Vergleich zwischen Gleichphasigkeitsgrad und Summationsexponent

Für einen Vergleich der beschriebenen Gleichphasigkeitsindizes wird die Überlagerung zweier komplexer Zeiger mit jeweils einem Betrag von Eins, jedoch verschiedener Phasenwinkel zueinander berechnet und der entsprechende Gleichphasigkeitsgrad bzw. Summationsexponent in Tabelle 2-2 angegeben.

Tabelle 2-2:   Beispiel für Summationsexponent und Gleichphasigkeitsgrad anhand zweier komplexer Zeiger mit gleichem Effektivwert und vorgegebenen Winkel φ zueinander

Phasenwinkel zueinader φ	0°	15°	30°	45°	60°	75°	90°	105°	120°	180°
Betrag resultierender Zeiger	2,00	1,98	1,93	1,85	1,73	1,59	1,41	1,22	1,00	0
Gleichphasigkeitsgrad PR	1,00	0,99	0,97	0,92	0,87	0,79	0,71	0,61	0,5	0
Summationsexponent α	1,00	1,01	1,05	1,13	1,26	1,50	2,00	3,52	NaN	NaN

Sobald der Betrag des resultierenden Zeigers einen Wert ≤ 1 annimmt, ist der Summationsexponent nicht mehr definiert. Ebenfalls zeigt sich, dass bei zunehmender gegenseitiger Kompensation der Summationsexponent sehr hohe Werte annehmen kann. Dem gegenüber kann der Gleichphasigkeitsgrad nur Werte zwischen 0 und 1 annehmen. Eine Umrechnung beider Größen ineinander ist i. A. bei einer Mehrzahl an Quellen sowie verschiedenen Beträgen nicht möglich.

Auf Grund des gezeigten Verhaltens, wird der Summationsexponent hauptsächlich in Zusammenhang mit Koordinierungsansätzen genutzt (z. B. [39], [40]), während der Gleichphasigkeitsgrad zur Analyse von Messergebnissen zum Einsatz kommt (z. B. [37], [41]).

2.2.2 Qualitätsreserve

Die Qualitätsreserve QR gibt die prozentuale Reserve für eine Größe x, in Relation zu einem Grenzwert GW an [42]. Es gilt

$$QR = \left(1 - \frac{x}{GW}\right) \cdot 100$$

Für eine einfachere Beurteilung wird QR in vier Gruppen untergliedert (siehe Tabelle 2-3)

Tabelle 2-3   Kategorien der Qualitätsreserve nach [42]

Kategorie	Wertebereich QR			Beschreibung
A	$50\,\% <$	QR		Hohe Reserve
B	$25\,\% <$	QR	$\leq 50\,\%$	Ausreichende Reserve
C	$0\,\% <$	QR	$\leq 25\,\%$	Niedrige Reserve
D		QR	$\leq 0\,\%$	Keine Reserve / Verletzung des Grenzwerts

2.2.3 Quantil

Unter Annahme einer Summenhäufigkeit $F(x)$ wird in dieser Arbeit als $y\,\%$-Quantil jener Wert verstanden, für den $y\,\%$ aller Werte von $F(x)$ kleiner sind als das angegebene $y\,\%$-Quantil. Die Nomenklatur zur Beschreibung von Quantilen in dieser Arbeit wird am Beispiel des 95 %-Quantils der Größe x beschrieben.

Die Kennzeichnung eines Quantils erfolgt mit q, der entsprechende Prozentwert, geteilt durch 100, wird als hochgestellter Index in Klammern angegeben und die zu bewertende Größe in Klammern auf gleicher Höhe mit q gesetzt. Somit gilt für den ausgewählten Fall $q^{(0,95)}(x)$.

Der Minimalwert einer beliebigen Größe x wird auch als $q^{(0)}(x)$ und der Maximalwert als $q^{(1)}(x)$ angegeben.

2.3 Betriebsmittelbelastung

Das bestimmende Kriterium hinsichtlich der Betriebsmittelbelastung ist die Alterung infolge einer zusätzlichen Erwärmung durch Strom-Wärmeverluste welche proportional zum Leitungswiderstand und zum Quadrat des Stromeffektivwertes sind. Zur Vermeidung unzulässig hoher Erwärmungen wird für Leitungen, in Abhängigkeit der Art der Verlegung, ein maximaler zulässiger Belastungsstrom angegeben. Die Angaben für Kabel beruhen dabei unter Annahme einer *EVU-Last*. Für alle in dieser Arbeit durchgeführten Simulationen ist die Definitionen einer EVU-Last nach [43] sowohl für die Belastungen aller Leitungen als auch der Transformator erfüllt. Somit ist ein Vergleich der Leitungsbelastung mit dem angegebenen maximalen Belastungsstrom zulässig.

In dieser Arbeit wird für die Bewertungen der Betriebsmittelbelastung, abweichend von den in [43] bzw. [44] empfohlenen 15-Minuten-Mittelwerten, der maximale 10-Minuten-Mittelwert der Leiterströme genutzt. Um die Höhe der entsprechenden Werte besser einordnen zu können werden diese mit typischen, aus Datenblättern ableitbaren Betriebsmittelparametern verglichen. Für Leitungen ist dies der maximal zulässige Belastungsstrom und für Transformatoren der Bemessungsstrom. Der Bemessungsstrom des Transformators wird dabei wie folgt bestimmt.

$$I_{\mathrm{r\,T}} = \frac{S_{\mathrm{r\,T}}}{\sqrt{3} \cdot U_{\mathrm{n}}} \tag{2-5}$$

In dieser Arbeit wird nur die Grundschwingung betrachtet. Infolge weiterer Frequenzanteile in den Außen- und Rückleiterströmen[5] kann es zu einer höheren Belastung der Betriebsmittel kommen.

---

[5] In dieser Arbeit wird der allgemeine Begriff Rückleiter genutzt. Somit erfolgt keine explizite Unterscheidung zwischen den einzelnen Netzsystemen und zwischen N-, PEN-Leiter bzw. dem Einfluss zusätzlicher Erdungsanlagen.

2.4 Verlustleistung und -energie

Die in dieser Arbeit diskutierten Verluste bezeichnen die in den Leitungen des Niederspannungsnetzes in Wärme umgewandelte elektrische Energie, welche durch die Grundschwingungsanteile der Leiterströme hervorgerufen werden. Effekte der Stromverdrängung sowie einer Erhöhung der Temperatur und somit des Leitungswiderstandes werden nicht berücksichtigt. Die realen Leitungsverluste sind infolgedessen sowie weiterer Frequenzanteile des Stromes höher.

Die Verlustleistung im Netz je Zeitpunkt wird berechnet als Summe der Leitungsverlustleistung je Leiter L (Außenleiter und *Rückleiter*) und je Leitungsabschnitt K resultierend aus der Multiplikation des Leitungswiderstandes und des Quadrates des durch den Leiter fließenden Strombetrags

$$P_\mathrm{v} = \sum_L \left(\sum_K \Delta R_{LK} \cdot I_{LK}^2 \right) \tag{2-6}$$

Die Verlustenergie ist das Integral der Verlustleistung über der Zeit, beispielhaft in Gleichung (2-7) über einen Tag angegeben

$$E_\mathrm{v} = \int_{t=0}^{24\,\mathrm{h}} P_\mathrm{v}\, dt \tag{2-7}$$

2.5 Langsame Spannungsänderung

Die am öffentlichen Niederspannungsnetz angeschlossenen elektrischen Geräte und Anlagen sind im Allgemeinen so ausgelegt, dass sie eine gewisse Spannungsänderung von der Nennspannung tolerieren, ohne dass es zu Betriebs- und Funktionsstörungen oder -unterbrechungen kommt.

Gemäß [36] müssen 95 % der 10-Minuten-Mittelwerte des Effektivwertes der Versorgungsspannung jedes Wochenintervalls innerhalb des Bereichs $U_\mathrm{n} \pm 10\,\%$ und alle 10-Minuten-Mittelwerte des Effektivwertes der Versorgungsspannung im Bereich $U_\mathrm{n} + 10\,\%$ und $U_\mathrm{n} - 15\,\%$ liegen. Um diese Anforderung einhalten zu können werden bspw. in 110 kV/20 kV - Umspannwerken (UW) regelungsfähige Transformatoren eingesetzt, so dass die Versorgungsspannung auf der Mittelspannungsebene an der Sammelschiene des UWs nahezu konstant gehalten werden kann. Somit ist der angegebene Spannungsbereich auf Mittel- und Niederspannungsebene aufzuteilen. Bild 2-5 zeigt ein Beispiel einer möglichen Koordinierung des Spannungseffektivwerts.

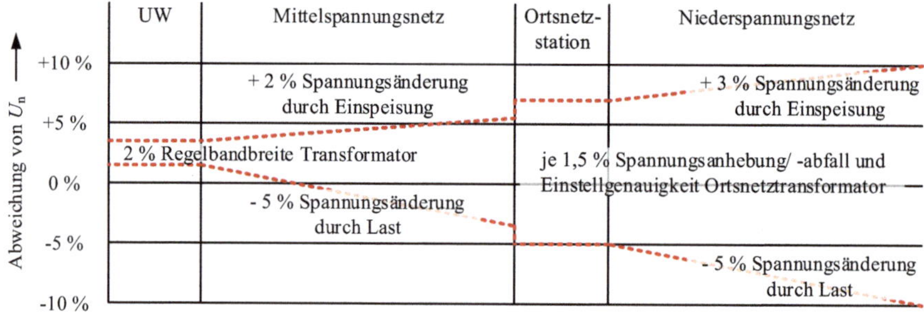

Bild 2-5   Beispiel der Aufteilung des Spannungseffektivwerts auf Mittel- und Niederspannungsnetz nach [45]

Um den Effektivwert der Spannung im Zuge einer zunehmenden Durchdringung von Erzeugungsanlagen innerhalb der festgelegten Grenzen zu halten, werden in einigen Netzen regelbare Ortsnetztransformatoren (rONT) eingesetzt [46]. Eine mögliche Koordinierung des Spannungseffektivwerts ist in Bild 2-6 für ein freigewähltes Beispiel dargestellt. Es ist ersichtlich, dass durch den Einsatz eines rONTs eine höhere Spannungsänderung im Niederspannungsnetz zugelassen werden kann.

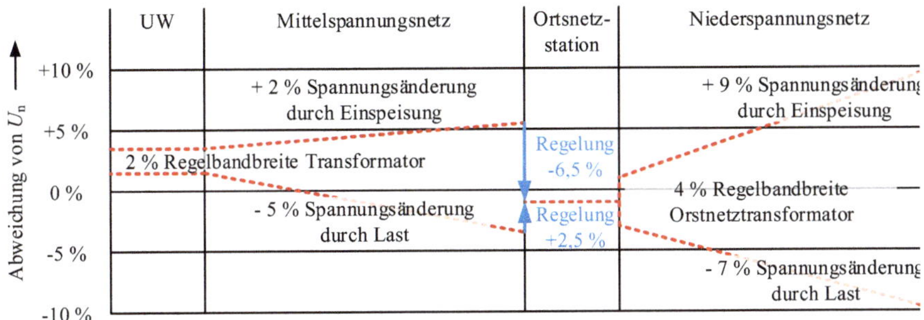

Bild 2-6: Beispiel der Aufteilung des Spannungseffektivwerts auf Mittel- und Niederspannungsnetz unter Einsatz eines regelbaren Ortsnetztransformators nach [45]

Nach [47] darf der Beitrag aller Erzeugungsanlagen im ungestörten Betrieb des Netzes eine Spannungsänderung von maximal +3 % im Niederspannungsnetz, gegenüber dem Betrieb ohne Erzeugungsanlagen hervorrufen (siehe Bild 2-5). Im begründeten Einzelfall und unter Maßgabe des Netzbetreibers kann von dem Wert von 3 % abgewichen werden. Ein zulässiger Beitrag zur Spannungsänderung durch Abnehmeranlagen ist nur für schnelle Spannungsänderungen in [35] definiert.

Die Bewertung des Spannungseffektivwerts erfolgt in dieser Arbeit anhand der Spannungsdifferenz zwischen höchster (U_{max}) und niedrigster Außenleiter-Rückleiterspannung im Netz (U_{min}). Dabei werden beide Spannungen je Zeitpunkt über alle Verknüpfungspunkte im Netz bestimmt, wobei U_{min} und U_{max} an unterschiedlichen Verknüpfungspunkten anliegen können. Es werden keine Oberschwingungen berücksichtigt, so dass in dieser Arbeit der Effektivwert dem Betrag der Grundschwingung gleichgesetzt wird.

Für die Bewertung der Spannungsdifferenz wird zum einen die Differenz ΔU_{ZP} (siehe Bild 2-7) zwischen U_{min} und U_{max} je Zeitpunkt bestimmt. Somit ist ΔU_{ZP} eine Funktion der Zeit t. Zum anderen wird als Maß für die Differenz zwischen höchster und niedrigster Spannung im Netz über einen bestimmten Zeitraum, in dieser Arbeit ein Tag, separat voneinander alle Werte eines Tages von U_{min} vom kleinsten zum größten und von U_{max} vom größten zum kleinsten Wert geordnet. Dabei geht die Zeitzuordnung verloren. Die Differenz zwischen den geordneten Werten wird mit ΔU_d (siehe Bild 2-8) gekennzeichnet. Anhand der sich, aus den Werten für ΔU_d, ergebenden Häufigkeit kann eine Abschätzung zur Einhaltung eines vorgegebenen Spannungsbandes bewertet werden.

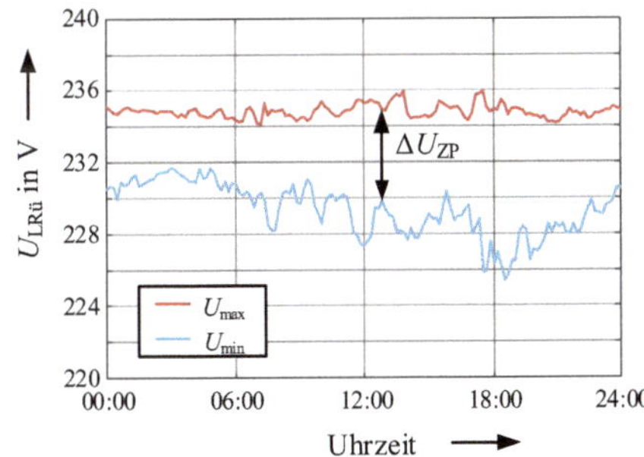

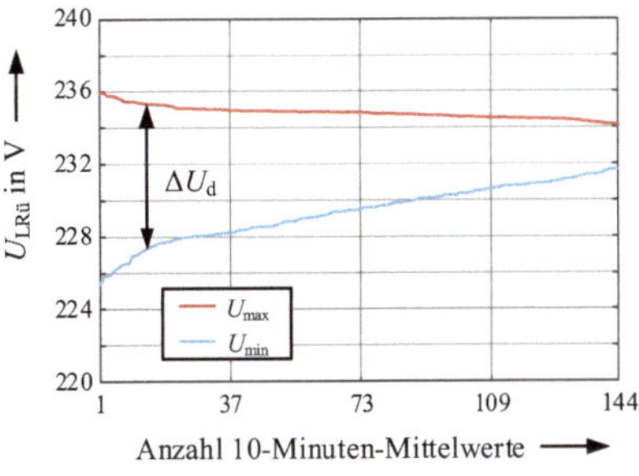

Bild 2-7: Maximale und minimale Spannung im gesamten Niederspannungsnetz zwischen Außen- und Rückleiter über einen Tag mit eingezeichneter Spannungsdifferenz ΔU_{ZP}

Bild 2-8: Kumulierte Häufigkeit der maximalen und minimalen Spannung im gesamten Niederspannungsnetz zwischen Außen- und Rückleiter über einen Tag mit eingezeichneter Spannungsdifferenz ΔU_d

2.6 Unsymmetrie-Kenngrößen

Der Begriff Unsymmetrie wird in der Literatur auf verschiedene Arten und für verschiedene Phänomene gebraucht. Die Beurteilung der Unsymmetrie von Strom und Spannung kann gemäß Bild 2-9 in vier Kategorien untergliedert werden

a)   Bewertung der Systemunsymmetrie anhand der Effektivwerte
b)   Bewertung der Systemunsymmetrie anhand der Grundschwingung
c)   Bewertung der Systemunsymmetrie einzelner Oberschwingungen
d)   Bewertung der Kurvenformunsymmetrie

die Kategorien werden im Folgenden beschrieben, wobei Kategorie b) und c) zusammengefasst werden.

Die angegebene Kategorisierung kann in Teilen ebenfalls auf abgeleitete Größen wie bspw. elektrische Leistung angewandt werden.

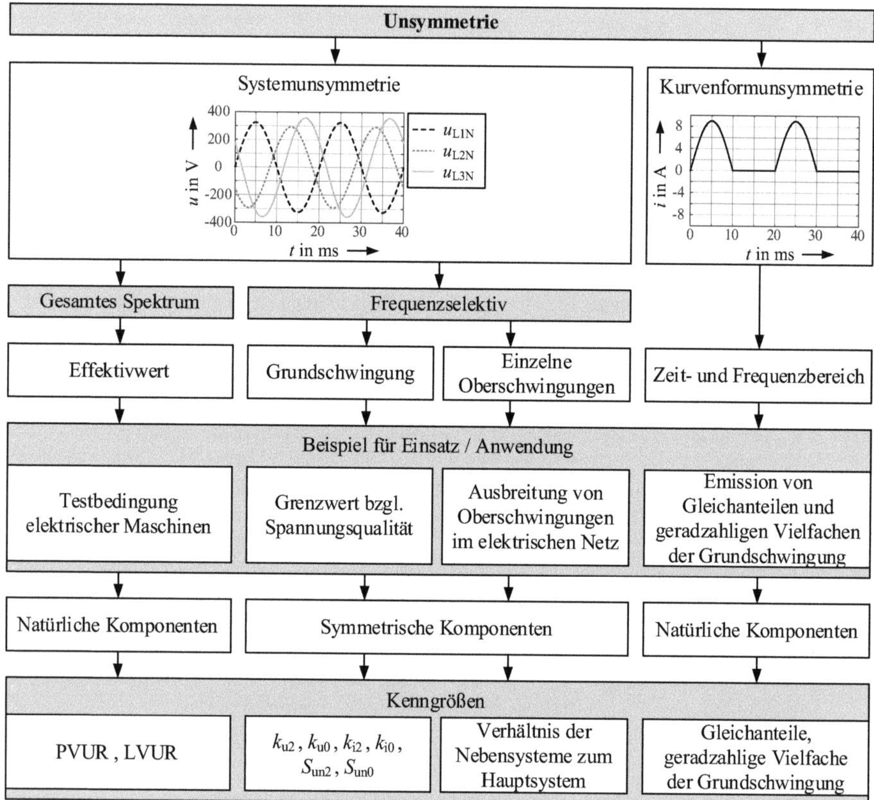

Bild 2-9:   Klassifizierung der Bewertungsparameter der Unsymmetrie

Bewertung der Kurvenformunsymmetrie

Die Beurteilung der Unsymmetrie der Kurvenform von Strom und Spannung geht von einer Punktsymmetrie aus. Das bedeutet, dass positive und negative Halbwelle gleich sind. Abweichungen von dieser

Symmetrie äußeren sich in Gleichanteilen und geradzahligen Harmonischen. Bild 2-10 zeigt die Kurvenform und das Frequenzspektrum des Stroms eines handelsüblichen, zweistufigen Haartrockners welcher in Stufe 1 (reduzierte Leistung) bei sinusförmiger Spannung unter Laborbedingungen betrieben wird. Es ist ersichtlich, dass aufgrund der unsymmetrischen Kurvenform des Stroms neben der Grundschwingung ein ausgeprägter Gleichanteil sowie geradzahlige Harmonische vorhanden sind.

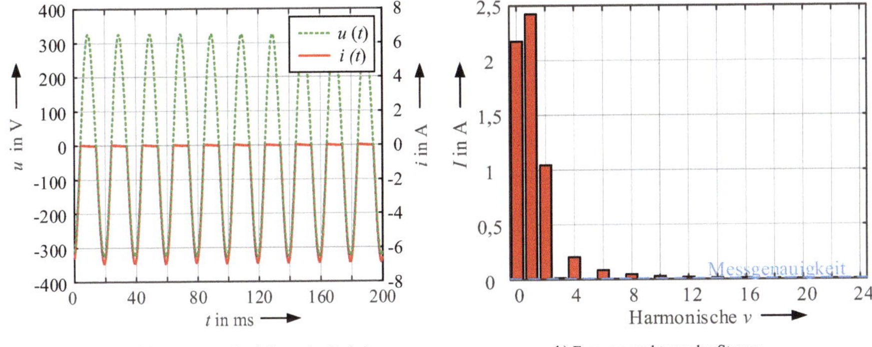

a) Strom- und Spannungsverlauf über zehn Perioden   b) Frequenzspektrum des Stroms

Bild 2-10: Unsymmetrische, gemessene Kurvenform des Stroms eines handelsüblichen Haartrockners

Diese Art der Unsymmetrie kann bei Wandlern, welche in Zähl-, Mess- und Schutzgeräten eingebaut sind sowie bei Transformatoren zu Sättigungserscheinungen und somit zu Fehlfunktionen wie z. B. Nichtauslösen von Schutzgeräten im Fehlerfall und höheren Verlusten führen [48], [49]. Aus diesem Grund ist diese Art der Unsymmetrie und insbesondere die Emission von Gleichströmen zu vermeiden.

Im weiteren Verlauf dieser Arbeit wird diese Art der Unsymmetrie nicht weiter behandelt.

Bewertung der Systemunsymmetrie anhand der Effektivwerte

Die Bewertung der Effektivwerte der Leitergrößen eines Drehstromsystems kommt häufig dann zum Einsatz, wenn die Winkelbeziehungen der einzelnen Leitergrößen zueinander nicht bekannt sind, z. B. bei der Bewertung von Smartmeterdaten [50]. Die Definition dieser Bewertung der Unsymmetrie kann auf zwei verschiedene Arten, in Abhängigkeit ob bspw. die Spannungen zwischen den Außenleitern und Rückleiter oder zwischen den Außenleitern zur Verfügung stehen, erfolgen.

Die ursprünglichen Definitionen beruhen auf Spannungen. Die Unsymmetrie anhand der Außenleiter-Rückleitergrößen wird auch als „phase voltage unbalance ratio" (*PVUR*) bezeichnet. Sie wird in IEEE Standard 112-2004 [51] wie folgt eingeführt

$$PVUR = \frac{\max\left(\left|U_{x\text{Rü}} - \frac{1}{3} \cdot (U_{a\text{Rü}} + U_{b\text{Rü}} + U_{c\text{Rü}})\right|\right)}{\frac{1}{3} \cdot (U_{a\text{Rü}} + U_{b\text{Rü}} + U_{c\text{Rü}})} \quad \text{mit } x = \{a, b, c\} \tag{2-8}$$

Die Unsymmetrie zwischen den Außenleiterspannungen wird als „line voltage unbalance ratio" (*LVUR*) bezeichnet und wurde in [52] wie folgt definiert

$$LVUR = \frac{\max\left(\left|U_{xy} - \frac{1}{3} \cdot (U_{ab} + U_{bc} + U_{ca})\right|\right)}{\frac{1}{3} \cdot (U_{ab} + U_{bc} + U_{ca})} \quad \text{mit } x, y = \{a, b, c\} \text{ und } x \neq y \tag{2-9}$$

Die Definitionen nach Gleichung (2-8) und (2-9) beruhen auf den Definitionen von Testbedingungen für elektrische Maschinen und werden in verschiedenen Publikationen auch auf die Ströme angewandt (z. B. [53], [54]).

Die Anwendung der Indizes auf Stromeffektivwerte bietet eine gute Aussage wie gleichmäßig die einzelnen Außenleiter belastet werden. Sind neben den Werten für *PVUR* und *LVUR* auch die Spannungen $U_{x\text{Rü}}$ und U_{xy}, so können diese Spannung genutzt werden, um zu entscheiden ob weitere 1-phasige bzw. 2-phasige Bezugs- bzw. Erzeugungsanlagen außenleiterselektiv zu- bzw. abgeschaltet werden sollten, um die Spannungsänderung innerhalb des Netzes möglichst gering zu halten.

Ein Nachteil beider Indizes ist die Nichtberücksichtigung der Phasenwinkel der Spannungen bzw. Ströme. So ist es möglich, dass sich trotz gleicher Beträge ein Gegen- bzw. Nullsystem ausbilden kann, welches jedoch nicht detektiert wird. Diese Systemkomponenten können zu negativen Folgen z. B. (unzulässig hohes) Gegendrehmoment in rotierenden elektrischen Maschinen oder (erhöhte) Neutralleiterbelastung führen.

Die Bewertung der Spannungsunsymmetrie anhand der Effektivwerte ist nicht Gegenstand dieser Arbeit.

Frequenzselektive Bewertung der Systemunsymmetrie

Zur frequenzselektiven Bewertung der Systemunsymmetrie von Strom und Spannung wird der Zeitverlauf je Außenleiter mittels Fourier-Transformation in Gleich-, Grundschwingungs- und Oberschwingungsanteile überführt. Die Ergebnisse sind für die Grund- und Oberschwingungen die entsprechenden Beträge und Phasenwinkel. Die so erhaltenen Größen werden vom natürlichen in die symmetrischen Komponenten transformiert. Bei Annahme vollständiger Symmetrie der Spannung und des Aufbaus und Betriebs der am elektrischen Netz betriebenen Kundenanlagen bildet jede Harmonische ein Vorzugssystem in den symmetrischen Komponenten aus. Bei Unsymmetrie der Spannung oder der betriebenen Kundenanlagen bilden sich, je nach Anschluss der Kundenanlage an das Netz, ein bzw. beide anderen Systeme in den symmetrischen Komponenten aus. Sie werden als Nebensystem bezeichnet (siehe Tabelle 2-4). Als Unsymmetrie wird die Ausprägung der zu betrachtenden Größe in den Nebensystemen bezeichnet. Üblicherweise wird sie separat für jedes Nebensystem als Verhältnis der Beträge von Nebensystem zu Vorzugssystems angegeben.

Tabelle 2-4:   Vorzugs- und Nebensysteme der Strom- und Spannungsharmonischen bei symmetrischer Belastung

Harmonische v	Mitsystsem	Gegensystem	Nullsystem
$1 + 3 \cdot (x - 1)$	Vorzugssystem	Nebensystem	Nebensystem
$2 + 3 \cdot (x - 1)$	Nebensystem	Vorzugssystem	Nebensystem
$3 + 3 \cdot (x - 1)$	Nebensystem	Nebensystem	Vorzugssystem
mit $x \in \mathbb{N}$			

Als Unsymmetrie der Grundschwingung, bezogen auf die symmetrischen Komponenten, wird in Gegen- und Nullsystemunsymmetrie unterschieden [34], [55, Kap. 6]. Gleichung (2-10) und (2-11) stellen den Zusammenhang für die Spannungen dar, welcher analog ebenfalls für die Ströme gilt. Sie ist Gegenstand dieser Arbeit und wird im Folgenden untersucht und bewertet. Die Unsymmetrie der Oberschwingungen wird i. A. im Zuge von Oberschwingungsanalysen (siehe z. B. [56]) bewertet jedoch in dieser Arbeit nicht beleuchtet.

$$k_{\text{u}2} = \frac{|U_2|}{|U_1|} \tag{2-10}$$

$$k_{\text{u}0} = \frac{|U_0|}{|U_1|} \tag{2-11}$$

Neben Strom und Spannung wird auch die Grundschwingungsunsymmetrie der Leistung bewertet.

Der Einfluss von Betriebsmitteln auf die Unsymmetrie in den symmetrischen Komponenten wird u. a. als „Unsymmetrie der Betriebsmittel" bzw. „unsymmetrische Betriebsmittel" bezeichnet. Dabei wird der Einfluss auf die Unsymmetrie anhand der Koppelimpedanzen zwischen den einzelnen symmetrischen Komponenten, teilweise in Bezug zur wirksamen Selbstimpedanz der Komponenten, bewertet (siehe Abschnitt 3.2 und 3.3). Im weiteren Verlauf wird unter Unsymmetrie die Systemunsymmetrie der Grundschwingung verstanden.

2.6.1 Spannungsunsymmetrie

Die Berechnung der Spannungsunsymmetrie erfolgt anhand der Spannungen in den symmetrischen Komponenten. Wie oben beschrieben werden bei der Bewertung nach IEC 61000-2-2 [34] nur die Grundschwingungsanteile betrachtet. Als Bezugsleiter wird in dieser Arbeit stets der Außenleiter „a" des Niederspannungsnetzes gewählt. Die Spannungen in den symmetrischen Komponenten werden anhand der Außenleiter-Rückleiter Spannungen wie folgt berechnet

$$\begin{pmatrix} \underline{U}_1 \\ \underline{U}_2 \\ \underline{U}_0 \end{pmatrix} = \frac{1}{3} \cdot \begin{bmatrix} 1 & \underline{a} & \underline{a}^2 \\ 1 & \underline{a}^2 & \underline{a} \\ 1 & 1 & 1 \end{bmatrix} \cdot \begin{pmatrix} \underline{U}_{aR\ddot{u}} \\ \underline{U}_{bR\ddot{u}} \\ \underline{U}_{cR\ddot{u}} \end{pmatrix} \tag{2-12}$$

Die Bewertung der Unsymmetrie erfolgt getrennt für Gegen- bzw. Nullsystemspannung.

Gegensystemspannungsunsymmetrie

Gegensystemspannungsunsymmetrie k_{u2} führt bei Betriebsmitteln, insbesondere bei rotierenden Maschinen infolge eines gegenläufigen Drehmoments, zu einer Erhöhung der thermischen und mechanischen Beanspruchung und somit zur Reduzierung der Lebensdauer. Zudem bewirkt sie die Aussendung nichtcharakteristischer Oberschwingungen von leistungselektronischen Schaltungen [55], [57]. Sie beschreibt das Verhältnis zwischen Gegensystemspannung U_2 und Mitsystemspannung U_1 der Grundschwingung. Allgemein gilt

$$\underline{k}_{u2} = \frac{\underline{U}_2}{\underline{U}_1} = \frac{|\underline{U}_2|}{|\underline{U}_1|} \cdot e^{j \cdot (\varphi_{U2} - \varphi_{U1})} = k_{u2} \cdot e^{j \cdot (\varphi_{ku2})} \tag{2-13}$$

Hinsichtlich der Bewertung der Spannungsunsymmetrie nach [34] ist nur das Verhältnis der Beträge entscheidend. Wie aus Gleichung (2-13) ersichtlich, wird die Definition der Gegensystemspannungsunsymmetrie (siehe Gleichung (2-10)) nicht verletzt. Als weitere Kenngröße der komplexen Spannungsunsymmetrie kann der Winkel ausgewiesen werden. Wie aus Gleichung (2-13) ersichtlich, beschreibt φ_{ku2} den auf den Phasenwinkel der Mitsystemspannung bezogenen Winkel der Gegensystemspannung. Dieser Winkel ist jedoch abhängig von der gewählten Bezugsspannung. Für die komplexe Gegensystemspannungsunsymmetrie mit der Bezugsspannung $\underline{U}_{aR\ddot{u}}$ gilt somit

$$\underline{k}_{u2\,aR\ddot{u}} = \frac{\underline{U}_{aR\ddot{u}} + \underline{a}^2 \cdot \underline{U}_{bR\ddot{u}} + \underline{a} \cdot \underline{U}_{cR\ddot{u}}}{\underline{U}_{aR\ddot{u}} + \underline{a} \cdot \underline{U}_{bR\ddot{u}} + \underline{a}^2 \cdot \underline{U}_{cR\ddot{u}}} \tag{2-14}$$

Unter bestimmten Gegebenheiten können nur die Spannungen zwischen den Außenleitern bestimmt werden. In diesem Fall ergibt sich, bei Bezug auf die Spannung $\underline{U}_{ab}$, folgender Zusammenhang

$$\begin{pmatrix} \underline{U}_{1\,ab} \\ \underline{U}_{2\,ab} \\ \underline{U}_{0\,ab} \end{pmatrix} = \frac{1}{3} \cdot \begin{bmatrix} 1 & \underline{a} & \underline{a}^2 \\ 1 & \underline{a}^2 & \underline{a} \\ 1 & 1 & 1 \end{bmatrix} \cdot \begin{pmatrix} \underline{U}_{ab} \\ \underline{U}_{bc} \\ \underline{U}_{ca} \end{pmatrix} = \frac{1}{3} \cdot \begin{bmatrix} 1 & \underline{a} & \underline{a}^2 \\ 1 & \underline{a}^2 & \underline{a} \\ 1 & 1 & 1 \end{bmatrix} \cdot \begin{pmatrix} \underline{U}_{aR\ddot{u}} - \underline{U}_{bR\ddot{u}} \\ \underline{U}_{bR\ddot{u}} - \underline{U}_{cR\ddot{u}} \\ \underline{U}_{cR\ddot{u}} - \underline{U}_{aR\ddot{u}} \end{pmatrix} \tag{2-15}$$

bzw. für Gegensystemspannungsunsymmetrie (Herleitung siehe Anhang A.3)

$$\underline{k}_{u2\,ab} = -\underline{a} \cdot \frac{\underline{U}_{a\,R\ddot{u}} + \underline{a}^2 \cdot \underline{U}_{b\,R\ddot{u}} + \underline{a} \cdot \underline{U}_{c\,R\ddot{u}}}{\underline{U}_{a\,R\ddot{u}} + \underline{a} \cdot \underline{U}_{b\,R\ddot{u}} + \underline{a}^2 \cdot \underline{U}_{c\,R\ddot{u}}} \tag{2-16}$$

Zur Bewertung des Betrags der Gegensystemspannungsunsymmetrie liefern Gleichung (2-14) und (2-16) das gleiche Ergebnis. Hinsichtlich der Phasenwinkel ergibt sich, infolge unterschiedlicher Bezugsspannungen, eine Winkeldifferenz von -60° zwischen den beiden Berechnungsvorschriften. Im weiteren Verlauf dieser Arbeit wird stets von der Berechnung auf Basis der Außenleiter-Rückleiterspannungen gemäß Gleichung (2-14) mit $\underline{U}_{aR\ddot{u}}$ als Bezugsspannung ausgegangen. Sie wird im Folgenden mit $\underline{k}_{u2}$ indiziert.

Nullsystemspannungsunsymmetrie

Die Nullsystemspannungsunsymmetrie k_{u0} ist ein Maß für die Rückleiterbelastung. Sie wird analog zu k_{u2} als Verhältnis der Nullsystemspannung zur Mitsystemspannung bezeichnet. Aus Gleichung (2-12) gilt allgemein

$$\underline{k}_{u0} = \frac{\underline{U}_0}{\underline{U}_1} = \frac{|\underline{U}_0|}{|\underline{U}_1|} \cdot e^{j \cdot (\varphi_{U0} - \varphi_{U1})} = k_{u0} \cdot e^{j \cdot (\varphi_{ku0})} \tag{2-17}$$

Auch in diesem Fall bezeichnet der Winkel φ_{ku0} den auf den Phasenwinkel der Mitsystemspannung bezogenen Winkel der Nullsystemspannung. Im Vergleich zur Berechnung der Spannungen in den symmetrischen Komponenten anhand der Außenleiter-Rückleiterspannungen nach Gleichung (2-12), wo ein Wert der Nullsystemspannung größer Null möglich ist, ergibt sich bei der Berechnung der Nullsystemspannung anhand der Spannungen zwischen den Außenleitern nach Gleichung (2-15) stets Null.

Koordinierungsansatz

Während die Gegensystemspannungsunsymmetrie direkt zu negativen Folgen angeschlossener Betriebsmittel führen kann, ist dies für die Nullsystemspannungsunsymmetrie nicht der Fall. Jedoch ist es möglich, dass in Abhängigkeit der Erdungsverhältnisse an einem bestimmten Ort eine Nullsystemspannung zu einer Differenz zwischen Rückleiter und Erde führt. Dient der Rückleiter gleichzeitig als *Schutzleiter*, so kann es unter ungünstigen Bedingungen zu (unzulässig) hohen Berührungsspannungen kommen. Aktuell wird jedoch nur für die Gegensystemspannungsunsymmetrie ein Grenzwert festgelegt. Im Folgenden wird der Koordinierungsansatz dafür beschrieben.

Verträglichkeitspegel

In aktuell gültigen Normen und Richtlinien wird der Verträglichkeitspegel der Spannungsunsymmetrie nur auf die Gegensystemspannungsunsymmetrie k_{u2} ausgewiesen. Er wird für das 95 %-Quantil der 10-Minutenwerte über eine Woche mit 2 % angeben [34]. Ebenfalls wird empfohlen das 99 %-Quantil der 3-Sekundenmittelwerte über einen Tag zu bewerten (siehe [40]). Hierfür werden Werte zwischen 2,5 % und 4 % empfohlen. Diese sind jedoch vom Netzbetreiber in Hinblick auf Netzstruktur und der angeschlossenen Kundenanlagen festzulegen.

Die Bestimmung der Spannungsunsymmetrie beruht auf der Berechnung des Verhältnisses der Gegen- zur Mitsystemspannung basierend auf den Grundschwingungsanteilen der Spannungen im natürlichen System. Abhängig vom Anschluss der Messgeräte sind dies die Außenleiter-Neutralleiterspannungen bzw. die Spannungen zwischen den Außenleitern. Die Grundschwingungsanteile der Spannungen im natürlichen System werden gemäß IEC 61000-4-7 [58] über eine diskrete Fourieranalyse mit einer Fensterbreite von zehn Perioden bestimmt (bei Nennfrequenz von 50 Hz). Basierend auf diesen 10-Periodenwerten wird die Spannungsunsymmetrie berechnet. Die Mittelung über bspw. drei Sekunden oder zehn Minuten erfolgt über die Bildung des quadratischen Mittelwerts.

Der Verträglichkeitspegel von 2 % ist an jedem *Verknüpfungspunkt* im Elektroenergienetz nicht zu überschreiten. Um dies zu erreichen ist eine Koordinierung über die Netzebenen hinweg nötig, welche in [40] und [39] beschrieben wird.

Anhand der dargestellten Zusammenhänge kann für jede Netzebene ein zulässiger Gesamtstöreintrag GS berechnet werden. Dieser gibt an, wie hoch der Beitrag zur Spannungsunsymmetrie durch unsymmetrisch betriebene Installationen in der entsprechenden Netzebene sein darf. Für den zulässigen Gesamtstöreintrag in das Niederspannungsnetz gilt

$$GS_{NS} = \sqrt[\alpha]{PP_{NS}^{\alpha} - (TK_{MS\,NS} \cdot PP_{MS})^{\alpha}} \tag{2-18}$$

Mit:

- PP_{NS} Planungspegel Niederspannungseben (siehe Tabelle 2-6
- PP_{MS} Planungspegel Mittelspannungseben (siehe Tabelle 2-6)
- $TK_{MS\,NS}$ Transferkoeffizient zwischen den Netzebenen
- α Summationsexponent
- GS_{NS} Zulässiger Gesamtstöreintrag Niederspannungsebene (siehe Tabelle 2-6)

Der Gesamtstöreintrag in der Niederspannungsebene ist in Abhängigkeit des Summationsexponenten und des Transferkoeffizienten in Tabelle 2-5 aufgeführt (nähere Informationen siehe unten).

Tabelle 2-5:   Zulässiger Gesamtstöreintrag in der Niederspannungsebene GS_{NS} in Abhängigkeit von Transferkoeffizient $TK_{MS\,NS}$ und Summationsexponent α

α	$TK_{MS\,NS}$		
	0,8	0,9	1,0
1,4	0,98 %	0,75 %	0,48 %
1,6	1,14 %	0,92 %	0,62 %
1,8	1,28 %	1,05 %	0,75 %
2,0	1,39 %	1,17 %	0,87 %

Planungspegel

Der Planungspegel wird im Allgemeinen vom Netzbetreiber vorgegeben. Eine Orientierung liefern dabei die in [39] vorgeschlagenen Werte (siehe Tabelle 2-6). Der Planungspegel für die Niederspannungsebene entspricht, da es keine weitere untergeordnete Netzebene gibt, dem Verträglichkeitspegel.

Tabelle 2-6:   Planungspegel in Abhängigkeit der Netzebene [39]

Netzebene	Niederspannung	Mittelspannung	Hochspannung	Höchstspannung
Planungspegel PP	2,0 %	1,8 %	1,4 %	0,8 %

Transferkoeffizient

Der Transferkoeffizient ist vom Verhältnis Gesamtleistung aller im Niederspannungsnetz angeschlossenen Kundenanlagen zur Kurzschlussleistung an der unterspannungsseitigen Transformatorsammelschiene des speisenden MS/NS-Transformators sowie dem Verhältnis der Summe der Leistungen aller installierter rotierender elektrischer Maschinen zur Gesamtleistung aller im Niederspannungsnetz angeschlossenen Kundenanlagen abhängig. Der typische Wertebereich liegt zwischen 0,8 und 1,0 [39], [59].

Summationsexponent

Wie in Abschnitt 2.2.1 beschrieben, wird der Summationsexponent für Koordinierungsansätze genutzt. Die Empfehlung nach [39] sieht für die Koordinierung der Spannungsunsymmetrie einen Summationsexponenten von $\alpha = 1{,}4$ vor. Dabei wird angenommen, dass der Betrag aller Emissionsquellen in der gleichen Größenordnung liegt und der Phasenwinkel der Emissionen nur Werte von 0°, 120° oder 240° annimmt. Für größere Betrags- und Winkelvariationen ist ein Summationsexponent von $\alpha = 2$ möglich [60].

Emissionsgrenzwerte

Emissionsgrenzwerte werden in [35], [38] und [40] für einen zum Gegensystemstrom proportionalen unsymmetrischen Leistungsanteil angegeben, welche in Abschnitt 2.6.3 näher beschrieben werden.

2.6.2   Stromunsymmetrie

Die Gegen- und Nullsystemstromunsymmetrie werden analog zur Spannungsunsymmetrie berechnet (siehe [39], [40]), dabei gilt

$$\begin{pmatrix} \underline{I}_1 \\ \underline{I}_2 \\ \underline{I}_0 \end{pmatrix} = \frac{1}{3} \cdot \begin{bmatrix} 1 & \underline{a} & \underline{a}^2 \\ 1 & \underline{a}^2 & \underline{a} \\ 1 & 1 & 1 \end{bmatrix} \cdot \begin{pmatrix} \underline{I}_a \\ \underline{I}_b \\ \underline{I}_c \end{pmatrix} \tag{2-19}$$

Gegensystemstromunsymmetrie

Für die komplexe Gegensystemstromunsymmetrie gilt

$$\underline{k}_{i2} = \frac{\underline{I}_2}{\underline{I}_1} = \frac{|\underline{I}_2|}{|\underline{I}_1|} \cdot e^{j \cdot (\varphi_{I2} - \varphi_{I1})} \tag{2-20}$$

Die Aussagekraft der Gegensystemstromunsymmetrie k_{i2} ist im Gegenteil zur Spannung, wo die Spannungsbeträge zwischen den Außenleitern i. A. nahezu konstant im Bereich $U_n \pm 10\,\%$ sind und die Phasenwinkel untereinander nicht wesentlich von 120° abweichen, gering. Die Differenz der Beträge der Außenleiterströme untereinander kann bis zu 100 % betragen, wenn bspw. nur ein Außenleiter belastet wird. Im Zuge dessen, dass sowohl reine Blindströme $\varphi_{IL} = \pm 90°$ als auch reine Wirkströme von Bezug bis Rückspeisung $\varphi_{IL} = 0°$ bzw. $\varphi_{IL} = 180°$ möglich sind, können die Phasenwinkel der Außenleiterströme theoretisch jeden beliebigen Wert annehmen und sind dabei i. A. unabhängig von den anderen Außenleiterströmen.

Infolgedessen ist es möglich, dass sich kein Mitsystemstrom jedoch ein Gegensystemstrom ausbildet und somit eine unendlich hohe Gegensystemstromunsymmetrie auftritt (siehe Beispiel unten).

Nullsystemstromunsymmetrie

Für die komplexe Nullsystemstromunsymmetrie gilt

$$\underline{k}_{i0} = \frac{\underline{I}_0}{\underline{I}_1} = \frac{|\underline{I}_0|}{|\underline{I}_1|} \cdot e^{j \cdot (\varphi_{I0} - \varphi_{I1})} \tag{2-21}$$

Der Nullsystemstrom ist direkt proportional zum Rückleiterstrom, da gilt

$$\underline{I}_0 = \frac{1}{3} \cdot (\underline{I}_a + \underline{I}_b + \underline{I}_c) = \frac{1}{3} \cdot \underline{I}_{Rü} \tag{2-22}$$

Eine Verringerung des Nullsystemstroms bewirkt eine geringere Belastung des Rückleiters.

Analog zur Gegensystemstromunsymmetrie ist es ebenfalls möglich, dass kein Mitsystemstrom, jedoch ein Nullsystemstrom auftritt und somit eine Interpretation der Nullsystemstromunsymmetrie unmöglich wird (siehe Beispiel unten).

Beispiel unsymmetrischer Strom

Zur Verdeutlichung der resultierenden Stromunsymmetrie bei unsymmetrischen Strömen wird als Beispiel eine Kombination aus eine Erzeugungsanlage, welche an den Außenleiter „a" angeschlossen ist und zwei Bezugsanlagen, welche an Außenleiter „b" bzw. „c" angeschlossen sind, gewählt. Es wird dabei von reinen Wirkströmen und einer symmetrischen Versorgungsspannung ausgegangen. Weiterhin sei der Betrag des Stroms der Erzeugungsanlage doppelt so groß wie die Strombeträge der Bezugsanlagen. **Fehler! Verweisquelle konnte nicht gefunden werden.** zeigt das resultierende Zeigerbild der Ströme und Spannungen.

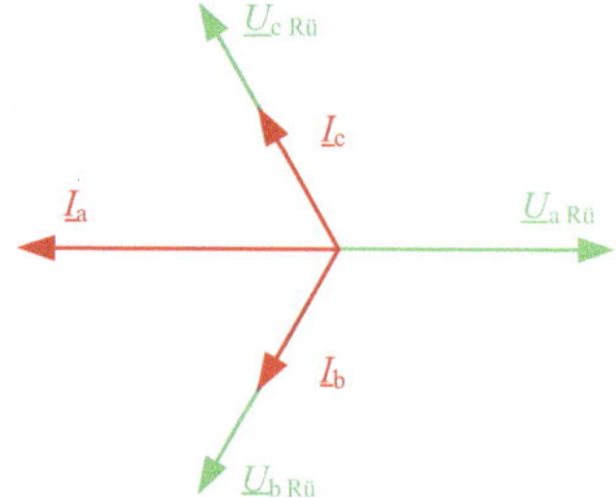

Bild 2-11: Außenleiterströme bei Leistungsbezug über Außenleiter c und b sowie Leistungseinspeisung über Außenleiter a

Aus den oben genannten Annahmen gilt für die Außenleiterströme

$$\begin{bmatrix} \underline{I}_a \\ \underline{I}_b \\ \underline{I}_c \end{bmatrix} = \frac{1}{2} \cdot \begin{bmatrix} -2 \cdot I_a \\ \underline{a}^2 \cdot I_a \\ \underline{a} \cdot I_a \end{bmatrix} \tag{2-23}$$

Daraus können die Ströme in den symmetrischen Komponenten berechnet werden

$$\begin{bmatrix} \underline{I}_1 \\ \underline{I}_2 \\ \underline{I}_0 \end{bmatrix} = \underline{\mathbf{S}} \cdot \begin{bmatrix} \underline{I}_a \\ \underline{I}_b \\ \underline{I}_c \end{bmatrix} = \frac{1}{3} \cdot \begin{bmatrix} 1 & \underline{a} & \underline{a}^2 \\ 1 & \underline{a}^2 & \underline{a} \\ 1 & 1 & 1 \end{bmatrix} \cdot \frac{1}{2} \cdot \begin{bmatrix} -2 \cdot I_a \\ \underline{a}^2 \cdot I_a \\ \underline{a} \cdot I_a \end{bmatrix} = -\frac{1}{2} \cdot I_a \cdot \begin{bmatrix} 0 \\ 1 \\ 1 \end{bmatrix} \tag{2-24}$$

Anhand Gleichung (2-24) ist ersichtlich, dass sich in diesem Fall kein Mitsystem, sondern nur ein Gegen- und Nullsystemstrom ausbildet.

Zur Vermeidung einer Fehlinterpretation kann der Gegen- bzw. Nullsystemstrom ohne Bezug zum Mitsystemstrom angegeben oder für bspw. die Bewertung der Emissionen von Kundenanlagen auf den Anlagenbemessungsstrom (z. B. [38]) oder den Nennstrom von Betriebsmitteln (z. B. Transformator) bezogen werden. Eine Bewertung der Gegen- bzw. Nullsystemstromunsymmetrie wird nicht empfohlen.

2.6.3 Unsymmetrische Leistung

Die in dieser Arbeit genutzten Symmetrierungs- und Transformationsmatrizen zur Überführung der Ströme und Spannungen im natürlichen System in das System der symmetrischen Komponenten und zurück basieren auf einer bezugsleiterinvarianten Transformation. Wie oben beschrieben wird als Bezugsleiter der Außenleiter „a" gewählt. Um die Leistungen exakt in den symmetrischen Komponenten abzubilden ist eine leistungsinvariante Transformation nötig. Für eine leistungsinvariante Transformation des natürlichen Systems in das System der symmetrischen Komponenten gilt [61]

$$\underline{\mathbf{S}}_{S\,invariant} = \underline{\mathbf{T}}^{-1}_{S\,invariant} = \frac{1}{\sqrt{3}} \cdot \begin{bmatrix} 1 & \underline{a} & \underline{a}^2 \\ 1 & \underline{a}^2 & \underline{a} \\ 1 & 1 & 1 \end{bmatrix} \tag{2-25}$$

Für die Berechnung der komplexen Leistung ergibt sich somit

$$\underline{S}_{120\,S\,invariant} = \left(\underline{\mathbf{S}}_{S\,invariant} \cdot \begin{bmatrix} \underline{U}_a \\ \underline{U}_b \\ \underline{U}_c \end{bmatrix} \right)^T \cdot \left(\underline{\mathbf{S}}_{S\,invariant} \cdot \begin{bmatrix} \underline{I}_a \\ \underline{I}_b \\ \underline{I}_c \end{bmatrix} \right)^* \tag{2-26}$$

Durch Einsetzen der Ströme und Spannungen der symmetrischen Komponenten bei Wahl einer bezugsleiterinvarianten Transformation gilt

$$\underline{S}_{120\,S\,invariant} = 3 \cdot \left(\underline{U}_1 \cdot \underline{I}_1^* + \underline{U}_2 \cdot \underline{I}_2^* + \underline{U}_0 \cdot \underline{I}_0^* \right) \tag{2-27}$$

Gemäß Gleichung (2-27) kann die komplexe Leistung der symmetrischen Komponenten in einen Anteil der Mit-, Gegen- und Nullkomponente zerlegt werden, welcher dem dreifachen Wert der Multiplikation des Stroms und der Spannung der entsprechenden Komponente bei bezugsleiterinvarianter Transformation entspricht.

Wie in Abschnitt 2.6.2 gezeigt, ist die Stromunsymmetrie nicht immer eindeutig interpretierbar. Gleiches gilt für die Einzelanteile der Multiplikation der Ströme und Spannungen in den symmetrischen Komponenten nach Gleichung (2-27). Um den Einfluss einer unsymmetrischen Belastung durch unsymmetrisch betriebene Kundenanalgen auf die Spannungsunsymmetrie anhand der Leistung abschätzen zu können, wird in dieser Arbeit eine praxistaugliche Näherung genutzt. Ziel dieser Näherung ist es den Beitrag von Kundenanlagen zur Spannungsunsymmetrie anhand gegebener Anlagenleistungen abzuschätzen. Sie wird im Folgenden näher erläutert und beschreibt neue Bewertungsgrößen, die sich nicht auf die Leistungen in den symmetrischen Komponenten beziehen.

In IEC 61000-3-13 [39], IEC 61000-3-14 [40] sowie die 3. Ausgabe der D-A-CH-CZ Richtlinie [38] wird der Beitrag einer unsymmetrisch betriebenen Kundenanlage zur Gegensystemspannungsunsymmetrie anhand des folgenden Verhältnisses beschrieben

$$k_{\mathrm{u2}\,i} = \frac{S_{\mathrm{u}\,i}}{S_{\mathrm{k}\,\mathrm{V}}} \tag{2-28}$$

Mit:

- $k_{\mathrm{u2}\,i}$ Anteil der Kundenanlage i an der Gegensystemspannungsunsymmetrie
- $S_{\mathrm{k}\,\mathrm{V}}$ die Kurzschlussleistung am Verknüpfungspunkt bei Bemessungsspannung
- $S_{\mathrm{u}\,i}$ Leistungsäquivalent einer 1-phasig angeschlossenen Kundenanlage bei Bemessungsspannung

Bei Annahme einer symmetrischen Versorgungsspannung gilt, für eine an Außenleiter „a" angeschlossene 1-phasig Kundenanlagen i, für die Ströme in den symmetrischen Komponenten

$$\begin{pmatrix} \underline{I}_{1\,i} \\ \underline{I}_{2\,i} \\ \underline{I}_{0\,i} \end{pmatrix} = \frac{1}{3} \cdot \begin{bmatrix} 1 & \underline{a} & \underline{a}^2 \\ 1 & \underline{a}^2 & \underline{a} \\ 1 & 1 & 1 \end{bmatrix} \cdot \begin{pmatrix} \underline{I}_{\mathrm{a}\,i} \\ 0 \\ 0 \end{pmatrix} = \frac{1}{3} \cdot \begin{pmatrix} \underline{I}_{\mathrm{a}\,i} \\ \underline{a} \cdot \underline{I}_{\mathrm{a}\,i} \\ \underline{a}^2 \cdot \underline{I}_{\mathrm{a}\,i} \end{pmatrix} \tag{2-29}$$

und für den Betrag der Scheinleistung

$$S_i = U_{\mathrm{LR\ddot{u}}} \cdot I_{\mathrm{a}\,i} = \frac{1}{\sqrt{3}} \cdot U_{\mathrm{LL}} \cdot I_{\mathrm{a}\,i} \tag{2-30}$$

Entsprechend dem sich nach Gleichung (2-29) ergebenden Zusammenhang zwischen $I_{\mathrm{a}\,i}$ und $I_{2\,i}$ und Einsetzen in Gleichung (2-30) wird das Leistungsäquivalent einer 1-phasig angeschlossenen Kundenanlage in [62] wie folgt beschrieben

$$S_{\mathrm{u}\,i} = \sqrt{3} \cdot U_{\mathrm{LL}} \cdot I_{2\,i} \tag{2-31}$$

Mit

- $I_{2\,i}$ Gegensystemstrom der Kundenanlage i
- U_{LL} Spannung zwischen zwei Außenleitern

Somit entspricht das beschriebene Leistungsäquivalent einer Bewertungsgröße, welche direkt proportional zum Gegensystemstrom (siehe Gleichung (2-31)) und der -spannungsunsymmetrie (siehe Gleichung (2-28)) ist.

In Anlehnung an den Zusammenhang nach Gleichung (2-28) wurden in [63] Bewertungsgrößen eingeführt, die Leistungsanteile beschrieben, welche direkt proportional zu den komplex konjugierten Strömen in den symmetrischen Komponenten sowie zum Beitrag einer Kundenanlage zur Gegen- bzw. Nullsystemspannungsunsymmetrie sind. Sie können auf beliebige unsymmetrische Belastungen angewandt werden und unter Annahme einer symmetrischen Spannung anhand der Strangleistungen berechnet werden.

Die Strangleistung je Außenleiter x wird anhand der Außenleiter-Rückleiterspannung sowie des entsprechenden Außenleiterstroms wie folgt berechnet

$$\underline{S}_x = \underline{U}_{x\mathrm{R\ddot{u}}} \cdot \underline{I}_x^* \tag{2-32}$$

Unter Annahme einer symmetrischen Spannung mit einem Betrag zwischen den Außenleitern, der der Nennspannung entspricht und der Bezugsspannung $\underline{U}_{\mathrm{a}\,\mathrm{R\ddot{u}}}$, gilt für die Außenleiter-Rückleiterspannungen

$$\begin{pmatrix} \underline{U}_{\mathrm{a}\,\mathrm{R\ddot{u}}} \\ \underline{U}_{\mathrm{b}\,\mathrm{R\ddot{u}}} \\ \underline{U}_{\mathrm{c}\,\mathrm{R\ddot{u}}} \end{pmatrix} = \frac{1}{\sqrt{3}} \cdot U_{\mathrm{n}} \cdot \begin{pmatrix} 1 \\ \underline{a}^2 \\ \underline{a} \end{pmatrix} \tag{2-33}$$

Analog zur Beschreibung nach (2-31) werden die direkt zu den Strömen im symmetrischen System proportionalen Leistungsanteile in [63] wie folgt definiert

$$\begin{bmatrix} \underline{S}_{\text{sym}} \\ \underline{S}_{\text{un2}} \\ \underline{S}_{\text{un0}} \end{bmatrix} = \sqrt{3} \cdot U_{\text{n}} \cdot \begin{bmatrix} \underline{I}_1^* \\ \underline{I}_2^* \\ \underline{I}_0^* \end{bmatrix} \tag{2-34}$$

Mit:

- $\underline{S}_{\text{sym}}$ Symmetrischer Leistungsanteil im Mitsystem
- $\underline{S}_{\text{un2}}$ Unsymmetrischer Leistungsanteil im Gegensystem
- $\underline{S}_{\text{un0}}$ Unsymmetrischer Leistungsanteil im Nullsystem

Im Folgenden sind die Berechnungsvorschriften für die Beträge der im symmetrischen System proportionalen Leistungsanteile anhand der Strangleistungen aufgeführt.

Symmetrischer Leistungsanteil im Mitsystem

Für den direkt zum Mitsystemstrom proportionalen symmetrischen Leistungsanteil gilt unter den getroffenen Annahmen

$$S_{\text{sym}} = \left| \sqrt{3} \cdot U_{\text{n}} \cdot \underline{I}_1^* \right| = \left| \frac{1}{\sqrt{3}} \cdot U_{\text{n}} \cdot \left(\underline{I}_a^* + \underline{a}^2 \cdot \underline{I}_b^* + \underline{a} \cdot \underline{I}_c^* \right) \right| \tag{2-35}$$

Unter Berücksichtigung des Zusammenhangs aus Gleichung (2-32) und der Annahme nach Gleichung (2-33) gilt

$$S_{\text{sym}} = \left| \underline{S}_a + \underline{S}_b + \underline{S}_c \right| \tag{2-36}$$

Somit entspricht der symmetrische Leistungsanteil der Summe der komplexen Strangleistungen. In Bezug auf die Leistungsangabe von Kundenanlagen entspricht der symmetrische Leistungsanteil der (angegeben) Anlagenleistung.

Unsymmetrischer Leistungsanteil im Gegensystem

Der unsymmetrische Leistungsanteil, welcher direkt proportional zum komplex konjugierten Gegensystemstrom ist, beschreibt das in Gleichung (2-28) eingeführte Leistungsäquivalent einer 1-phasig angeschlossenen Kundenanlage $S_{\text{u }i}$. Es gilt

$$S_{\text{un2}} = \left| \sqrt{3} \cdot U_{\text{n}} \cdot \underline{I}_2^* \right| = \left| \frac{1}{\sqrt{3}} \cdot U_{\text{n}} \cdot \left(\underline{I}_a^* + \underline{a} \cdot \underline{I}_b^* + \underline{a}^2 \cdot \underline{I}_c^* \right) \right| \tag{2-37}$$

Unter Berücksichtigung des Zusammenhangs aus Gleichung (2-32) gilt für Kundenanlagen mit Rückleiteranschluss

$$S_{\text{un2}} = \left| \underline{S}_a + \underline{a}^2 \cdot \underline{S}_b + \underline{a} \cdot \underline{S}_c \right| \tag{2-38}$$

Bzw. für Kundenanlagen, die zwischen zwei Außenleitern angeschlossen sind (siehe [63])

$$S_{\text{un2}} = \left| \left(\underline{a}^2 + 1 \right) \cdot \underline{S}_{ab} - \underline{S}_{bc} + \left(\underline{a} + 1 \right) \cdot \underline{S}_{ca} \right| \tag{2-39}$$

Der Beitrag zur Spannungsunsymmetrie einer Kundenanlage kann, unter Annahme einer symmetrischen Quellspannung, anhand des oben beschriebenen Leistungsanteiles abgeschätzt werden. Unter dieser Annahme gilt für die Gegensystemspannungsunsymmetrie, wie oben gezeigt

$$k_{\text{u2}} = \frac{S_{\text{un2}}}{S_{\text{k V}}} \tag{2-40}$$

Der unsymmetrischen Leistungsanteil im Gegensystem wird zur Festlegung von Emissionsgrenzwerten genutzt. Dabei wird in [35] der maximale zulässige unsymmetrische Leistungsanteil von Einzelgeräten bzw. Kundenanlagen unabhängig von der Kurzschlussleistung mit 4,6 kVA angegeben.

Die Emissionsgrenzwerte nach [38] und [40] werden in Abhängigkeit des Verhältnisses der Anlagen- zur Kurzschlussleistung am Verknüpfungspunkt berechnet. Gleichung (2-41) zeigt die Berechnung des zulässigen unsymmetrischen Leistungsanteils $S_{un2\,zul}$ nach [38], wobei S_A der vereinbarten Anschlussleistung der Kundenanlage und S_{kV} der Kurzschlussleistung am Verknüpfungspunkt entspricht.

$$S_{un2\,zul} = \frac{s}{1000} \cdot \frac{1}{\sqrt{k_{Er} + k_{Be} + k_{Sp}}} \cdot \sqrt{\frac{S_{kV}}{S_A}} \cdot S_A \tag{2-41}$$

Der Proportionalitätsfaktor s ist abhängig von der Charakteristik und Struktur das NS-Netzes, wie z. B. der Länge der *Stichleitungen* oder dem eingesetzten MS/NS Transformator. Die prospektiven Ausbaufaktoren für Erzeugung, Bezug und Speicher (k_{Er}, k_{Be}, k_{Sp}) sind vom Netzbetreiber vorzugeben.

Sollte sich gemäß Gleichung (2-41) ein Wert kleiner 3,7 kVA ergeben, so wird der entsprechenden Kundenanlage ein minimaler Wert von 3,7 kVA zugestanden.

Unsymmetrischer Leistungsanteil im Nullsystem

Für den unsymmetrischen Leistungsanteil, welcher direkt proportional zum komplex konjugierten Nullsystemstrom ist, gilt

$$S_{un0} = \left| \sqrt{3} \cdot U_n \cdot \underline{I}_0^* \right| = \left| \frac{1}{\sqrt{3}} \cdot U_n \cdot \left(\underline{I}_a^* + \underline{a}^2 \cdot \underline{I}_b^* + \underline{a} \cdot \underline{I}_c^* \right) \right| \tag{2-42}$$

Unter Berücksichtigung des Zusammenhangs aus Gleichung (2-32) gilt

$$S_{un0} = \left| \underline{S}_a + \underline{a} \cdot \underline{S}_b + \underline{a}^2 \cdot \underline{S}_c \right| \tag{2-43}$$

Für Kundenanlagen, die zwischen zwei Außenleitern angeschlossen sind, bildet sich im fehlerfreien Betrieb kein Nullsystemstrom aus (siehe Anhang A.7), so dass gilt

$$S_{un0} = 0 \tag{2-44}$$

Analog zum Beitrag eines unsymmetrischen Leistungsanteils zu k_{u2} gilt für k_{u0}

$$k_{u0} = \frac{S_{un0}}{S_{kV\,1ph}} \tag{2-45}$$

Wobei S_{kV1ph} die 1-phasige Kurzschlussleistung am Verknüpfungspunkt einer Außenleiter-Rückleiterschleife unter Berücksichtigung der resultierenden Impedanz des Rückleiters beschreibt.

3 Einflussfaktoren auf die Unsymmetrie

Die Unsymmetrie im Niederspannungsnetz wird von einer Vielzahl an Einflussfaktoren bestimmt. Bild 3-1 stellt in einem vereinfachten ESB, bei dem Kapazitäten und Koppelimpedanzen für eine bessere Übersicht nicht eingezeichnet wurden, die wichtigsten Einflussfaktoren dar:

- Übergeordnetes Netz
- Erdung des Netzes
- Verteilungsanlagen (insbesondere Transformator(en) und Leitungen)
- (Kunden-) Anlagen

Im Folgenden werden die Einflussfaktoren in Hinblick auf die Unsymmetrie näher beschrieben.

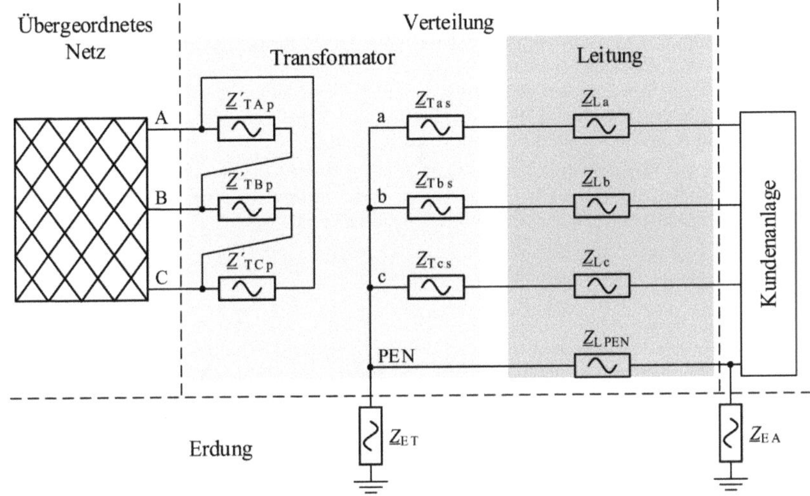

Bild 3-1:   Ersatzschaltbild (TN-C System) zur Darstellung der relevanten Einflussfaktoren auf die Unsymmetrie

3.1 Übergeordnetes Netz

In dieser Arbeit wird das übergeordnete Netz aus Sicht des Niederspannungsnetzes als Kombination aus einer Netzimpedanz und einer Drehstromspannungsquelle aufgefasst. Bei der Modellierung der Netzimpedanz wird von einem symmetrischen Aufbau der Betriebsmittel im natürlichen System inklusive einer symmetrischen Kopplung ausgegangen.

In realen Netzen sind die Betriebsmittel nicht ideal symmetrisch aufgebaut z. B. nicht vollständig verdrillte Leitungen, unsymmetrische (Koppel-) Impedanzen und unsymmetrische Übertragungsverhalten der Transformatoren. Weiterhin leisten am übergeordneten Netz unsymmetrisch betriebene Anlagen und (Niederspannungs-)Netze, durch ihre unsymmetrischen Ströme über der wirksamen Netzimpedanz, einen Beitrag zur Spannungsunsymmetrie. Die Berücksichtigung der aufgeführten Ursachen erfolgt anhand einer vorgegebenen Spannungsunsymmetrie der Drehstromspannungsquelle.

Eine Analyse der Spannungsunsymmetrie und der Netzimpedanz des übergeordneten Netzes erfolgt in Abschnitt 4.4.1.

3.2 Transformator

Der Einfluss der Transformatoren auf die Unsymmetrie kann auf zwei wesentliche Punkte begrenzt werden

a)   Übertragungsverhalten der Ströme und Spannungen in Abhängigkeit der *Schaltgruppe*

b)   Unsymmetrische (Koppel-) Impedanzen

Wie in Abschnitt 3.1 erwähnt, wird der Einfluss der unsymmetrischen (Koppel-) Impedanzen bei der Modellierung der Spannungsunsymmetrie durch eine unsymmetrische Spannungsquelle des übergeordneten Netzes berücksichtigt.

Abhängigkeit der Schaltgruppe

Die Schaltgruppe der Transformatoren beeinflusst die Übertragung der Ströme und Spannungen in den symmetrischen Komponenten zwischen Primär- und Sekundärseite. Das Übertragungsverhalten in Abhängigkeit der Schaltgruppe sowie die ESBs für die symmetrischen Komponenten können bspw. [61] entnommen werden. Aus der Datenbank eines Netzbetreibers [64] geht hervor, dass als MS/NS-Transformatoren überwiegend die Schaltgruppen des Typs Dyn5 (ca. 76,5 %) und Yzn5 (ca. 23 %) zum Einsatz kommen. Da diese Schaltgruppen nahezu 100 % der eingesetzten Transformatoren abdecken, beschränkt sich die Betrachtung in dieser Arbeit auf diese beiden Schaltgruppen.

Unter der Annahme eines symmetrisch aufgebauten Betriebsmittels verschwindet die Kopplung zwischen den symmetrischen Komponenten. Für Transformatoren der Schaltgruppen Dyn5 und Yzn5 gilt unter dieser Annahme für die Spannungen und Ströme der Primärseite gemäß [61]

$$\begin{bmatrix} \underline{U}_{1\,\mathrm{p}} \\ \underline{U}_{2\,\mathrm{p}} \\ \underline{U}_{0\,\mathrm{p}} \end{bmatrix} = \ddot{u} \cdot \begin{bmatrix} -\mathrm{j}\cdot\underline{a}^2 & 0 & 0 \\ 0 & \mathrm{j}\cdot\underline{a} & 0 \\ 0 & 0 & 0 \end{bmatrix} \cdot \begin{bmatrix} \underline{U}_{1\,\mathrm{s}} \\ \underline{U}_{2\,\mathrm{s}} \\ \underline{U}_{0\,\mathrm{s}} \end{bmatrix} \qquad \text{und} \qquad \begin{bmatrix} \underline{I}_{1\,\mathrm{p}} \\ \underline{I}_{2\,\mathrm{p}} \\ \underline{I}_{0\,\mathrm{p}} \end{bmatrix} = \frac{1}{\ddot{u}} \cdot \begin{bmatrix} -\mathrm{j}\cdot\underline{a}^2 & 0 & 0 \\ 0 & \mathrm{j}\cdot\underline{a} & 0 \\ 0 & 0 & 0 \end{bmatrix} \cdot \begin{bmatrix} \underline{I}_{1\,\mathrm{s}} \\ \underline{I}_{2\,\mathrm{s}} \\ \underline{I}_{0\,\mathrm{s}} \end{bmatrix} \tag{3-1}$$

Die Drehmatrix, mit der die Spannungen und Ströme der Sekundärseite multipliziert werden, ist singulär und damit nicht invertierbar. Für die Spannungen und Ströme der Sekundärseite wird in [61] folgender Zusammenhang aufgeführt

$$\begin{bmatrix} \underline{U}_{1\,\mathrm{s}} \\ \underline{U}_{2\,\mathrm{s}} \\ \underline{U}_{0\,\mathrm{s}} \end{bmatrix} = \frac{1}{\ddot{u}} \cdot \begin{bmatrix} \mathrm{j}\cdot\underline{a} & 0 & 0 \\ 0 & -\mathrm{j}\cdot\underline{a}^2 & 0 \\ 0 & 0 & 0 \end{bmatrix} \cdot \begin{bmatrix} \underline{U}_{1\,\mathrm{p}} \\ \underline{U}_{2\,\mathrm{p}} \\ \underline{U}_{0\,\mathrm{p}} \end{bmatrix} \qquad \text{und} \qquad \begin{bmatrix} \underline{I}_{1\,\mathrm{s}} \\ \underline{I}_{2\,\mathrm{s}} \\ \underline{I}_{0\,\mathrm{s}} \end{bmatrix} = \ddot{u} \cdot \begin{bmatrix} \mathrm{j}\cdot\underline{a} & 0 & 0 \\ 0 & -\mathrm{j}\cdot\underline{a}^2 & 0 \\ 0 & 0 & 0 \end{bmatrix} \cdot \begin{bmatrix} \underline{I}_{1\,\mathrm{p}} \\ \underline{I}_{2\,\mathrm{p}} \\ \underline{I}_{0\,\mathrm{p}} \end{bmatrix} \tag{3-2}$$

Das Übersetzungsverhältnis $\ddot{u}$ beschreibt dabei das Verhältnis der Beträge von Primär- zu Sekundärspannung und kann mittels Windungszahlen angegeben werden. Für die Dyn5 Schaltgruppe gilt

$$\ddot{u} = \frac{U_{\mathrm{p}}}{U_{\mathrm{s}}} = \frac{N_{\mathrm{p}}}{\sqrt{3}\cdot N_{\mathrm{s}}} \tag{3-3}$$

Und für die Yzn5 Schaltgruppe

$$\ddot{u} = \frac{U_{\mathrm{p}}}{U_{\mathrm{s}}} = \frac{2\cdot N_{\mathrm{p}}}{\sqrt{3}\cdot N_{\mathrm{s}}} \tag{3-4}$$

Die ESBs des Nullsystems beider Schaltgruppen sind in Bild 3-2 und Bild 3-3 dargestellt. Dabei bedeuten:

- $\underline{Z}_{\mathrm{E\,T}}$ Erdungsimpedanz des Sternpunktes (unterspannungsseitig)
- $\underline{Z}_{0\mathrm{m}}$ Impedanz entsprechend der Parallelschaltung aus der im Nullsystem wirksamen Hauptreaktanz (abhängig von der Kernbauart) und der den Eisenverlusten entsprechenden Resistanz
- $\underline{Z}'_{0\mathrm{p}}$ auf die Sekundärseite bezogene Impedanz bestehend aus Resistanz und Streureaktanz der Primärseite
- $\underline{Z}_{0\mathrm{s}}$ Impedanz bestehend aus Resistanz und Streureaktanz der Sekundärseite

Bei symmetrischem Aufbau und dem damit verbundenen Wegfall der Kopplung zwischen den symmetrischen Komponenten wird für Transformatoren mit der Schaltgruppe Dyn5 bzw. Yzn5 das Nullsystem nicht übertragen. Dies wird anhand der ESBs sowie der Gleichungen (3-1) und (3-2) ersichtlich.

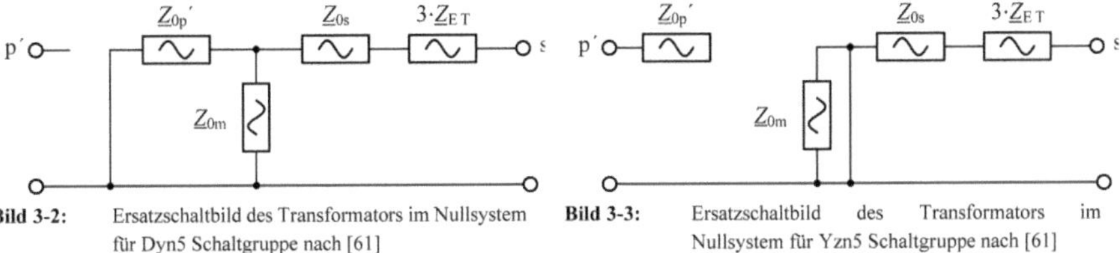

Bild 3-2: Ersatzschaltbild des Transformators im Nullsystem für Dyn5 Schaltgruppe nach [61]

Bild 3-3: Ersatzschaltbild des Transformators im Nullsystem für Yzn5 Schaltgruppe nach [61]

Einfluss der Koppelimpedanz

Infolge des Aufbaus der Transformatoren als Drei- bzw. Fünfschenkelkern sowie einer nicht identischen Wicklung der einzelnen Phasen sowohl primär als auch sekundärseitig kommt es zu gegenseitiger Kopplung der Außenleiter untereinander und somit zu einem unsymmetrischen Übertragungsverhalten. Dieses wird anhand der Messdaten eines realen, handelsüblichen Dyn5 Transformators ($S_{rT} = 1000$ kVA, $u_k = 6\,\%$) diskutiert.

Die Beträge der auf die Sekundärseite bezogenen Impedanzen in den symmetrischen Komponenten des Transformators ergeben folgende Werte

$$|\mathbf{Z}_{120\,s}| = |\underline{Z}_{11\,s}| \cdot \begin{bmatrix} 1 & 0{,}0024 & 0{,}0067 \\ 0{,}0025 & 1 & 0{,}0046 \\ 0{,}0046 & 0{,}0067 & 0{,}9991 \end{bmatrix} \tag{3-5}$$

Die bezogenen Koppelimpedanzen zwischen den symmetrischen Komponenten des Transformators liegen gemäß Gleichung (3-5) im einstelligen Promillbereich. Der Vergleich zwischen Transformator und Leitung (siehe nächster Abschnitt) zeigt, dass die Werte in der gleichen Größenordnung liegen. Der Einfluss auf die Spannungsunsymmetrie auf der Sekundärseite des Transformators, hervorgerufen durch die Koppelimpedanzen in symmetrischen Komponenten, kann bei symmetrischer Belastung des Transformators mit Bemessungsstrom wie folgt abgeschätzt werden

$$k_{u2\,T}(I_{r\,T}) \approx \frac{U_2}{U_n} \cdot \sqrt{3} = \frac{Z_{12}}{U_n} \cdot I_{r\,T} \cdot \sqrt{3} = \frac{Z_{12}}{U_n} \cdot \frac{S_{r\,T}}{\sqrt{3} \cdot U_n} \cdot \sqrt{3} = \frac{Z_{12}}{U_n^2} \cdot S_{r\,T}$$

$$\text{mit} \quad S_{r\,T} = \frac{U_n^2}{Z_{11}} \cdot u_k \tag{3-6}$$

$$k_{u2\,T}(I = I_{r\,T}) \approx \frac{Z_{12}}{Z_{11}} \cdot u_k$$

Sie ergibt für den untersuchten Transformator $k_{u2\,T}(I = I_{r\,T}) \approx 0{,}014\,\%$.

Das Übertragungsverhalten der Spannungen in den symmetrischen Komponenten der Primärseite auf die Sekundärseite ergibt sich gemäß den Messergebnissen zu

$$\begin{bmatrix} \underline{U}_{1\,s} \\ \underline{U}_{2\,s} \\ \underline{U}_{0\,s} \end{bmatrix} = \frac{1}{\ddot{u}} \cdot \begin{bmatrix} 1 \cdot e^{-j150°} & 0{,}0002 \cdot e^{-j28°} & 0 \\ 0{,}0002 \cdot e^{-j90°} & 1 \cdot e^{j150°} & 0 \\ 0 & 0 & 0 \end{bmatrix} \cdot \begin{bmatrix} \underline{U}_{1\,p} \\ \underline{U}_{2\,p} \\ \underline{U}_{0\,p} \end{bmatrix} \tag{3-7}$$

Der Vergleich zwischen den Messergebnissen nach Gleichung (3-7) und dem theoretischen Übersetzungsverhältnis nach Gleichung (3-2) zeigt, dass bei realen Transformatoren die Nebendiagonalen infolge eines nicht ideal symmetrischen Aufbaus (teilweise) besetzt sind.

Der Einfluss auf die Spannungsunsymmetrie auf der Sekundärseite des Transformators im Leerlauf kann mit dem in Gleichung (3-7) gegebenen Zusammenhang abgeschätzt werden. Unter Annahme einer symmetrischen Primärspannung beträgt die Gegensystemspannungsunsymmetrie auf der Sekundärseite $k_{\mathrm{u2\,T}}(I = 0) \approx 0{,}02\,\%$. Bei ungünstigem Phasenwinkel des sekundärseitigen Mitsystemstroms überlagern sich beide Anteile zur Spannungsunsymmetrie arithmetisch.

Für die resultierende Spannungsunsymmetrie auf der Sekundärseite des Transformators, hervorgerufen durch die unsymmetrische Transformatorimpedanz, gilt

$$k_{\mathrm{u2\,T}} = k_{\mathrm{u2\,T}}(I = I_{\mathrm{r\,T}}) + k_{\mathrm{u2\,T}}(I = 0) \approx 0{,}034\,\% \tag{3-8}$$

Bezogen auf die Gegensystemunsymmetrie des übergeordneten Netzes ist der Anteil, hervorgerufen durch die unsymmetrische Transformatorimpedanz, gering (siehe Tabelle 4-5). Im Zuge der in Abschnitt 4.4.1 beschriebenen Berechnung der Spannungsunsymmetrie des übergeordneten Netzes, wird in dieser Arbeit die durch den Transformator verursachte Spannungsunsymmetrie dem übergeordneten Netz zugerechnet.

Die auf das Mitsystemspannung bezogene Gegensystemspannung wird gemäß Gleichung (3-2) im Leerlauf von der Primär- auf die Sekundärseite und der auf den Mitsystemstrom bezogene Gegensystemstrom sowie der unsymmetrische Leistungsanteil im Gegensystem werden gemäß Gleichung (3-1) von der Sekund- auf die Primärseite für die betrachteten Transformatorschaltgruppen betragsmäßig ohne Dämpfung übertragen. Aufgrund der Transformatorschaltung kommt es jedoch hinsichtlich des Phasenwinkels zu einer Phasendrehung.

3.3 Leitung

Der Einfluss von Leitungen auf die Spannungsunsymmetrie kann in zwei Aspekte untergliedert werden. Infolge der Leitungsimpedanz kommt es über der Leitung zu einer Spannungsänderung, welche proportional zum Strom ist. Bei vorhandenem Gegen- bzw. Nullsystemstrom führt dies zu einem stromproportionalen Beitrag zur Gegen- bzw. Nullsystemspannung.

Ein weiterer Einfluss liegt in der Leiteranordnung begründet. Infolge eines nicht symmetrischen Aufbaus (siehe Bild 3-4) ist die Koppelimpedanz zwischen den Leitern nicht gleich. Infolgedessen sind alle Elemente der Impedanzmatrix in den symmetrischen Komponenten (siehe Gleichung (3-9)) besetzt. Somit bewirkt bspw. ein Mitsystemstrom eine Gegensystemspannung

$$\underline{\mathbf{Z}}_{120} = \underline{\mathbf{S}} \cdot \underline{\mathbf{Z}}_{\mathrm{abc}} \cdot \underline{\mathbf{T}} = \begin{bmatrix} \underline{Z}_{11} & \underline{Z}_{12} & \underline{Z}_{10} \\ \underline{Z}_{21} & \underline{Z}_{22} & \underline{Z}_{20} \\ \underline{Z}_{01} & \underline{Z}_{02} & \underline{Z}_{00} \end{bmatrix} \quad \text{mit} \quad \underline{\mathbf{Z}}_{\mathrm{abc}} = \begin{bmatrix} \underline{Z}_{\mathrm{aa}} & \underline{Z}_{\mathrm{ab}} & \underline{Z}_{\mathrm{ac}} \\ \underline{Z}_{\mathrm{ba}} & \underline{Z}_{\mathrm{bb}} & \underline{Z}_{\mathrm{bc}} \\ \underline{Z}_{\mathrm{ca}} & \underline{Z}_{\mathrm{cb}} & \underline{Z}_{\mathrm{cc}} \end{bmatrix} \tag{3-9}$$

Da die Leitung ein passives Betriebsmittel ist, kann allgemein angenommen werden, dass gilt:

- $\underline{Z}_{\mathrm{ab}} = \underline{Z}_{\mathrm{ba}}$
- $\underline{Z}_{\mathrm{ac}} = \underline{Z}_{\mathrm{ca}}$
- $\underline{Z}_{\mathrm{bc}} = \underline{Z}_{\mathrm{cb}}$

Somit gilt gemäß [65] $\underline{Z}_{11} = \underline{Z}_{22}$, $\underline{Z}_{10} = \underline{Z}_{02}$ und $\underline{Z}_{20} = \underline{Z}_{01}$.

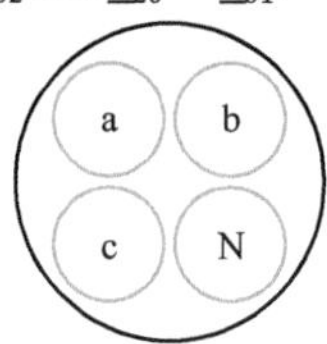

Bild 3-4: Aufbau eines Kabels mit Rundleitern

Die Selbst- und Gegenimpedanzen von Leiterschleifen sind von der Leitergeometrie z. B. kreisrunde Leiter oder Sektorleiter abhängig. Mögliche Berechnungsansätze sind bspw. in [61], [66], [67] angegeben. Eine weitere Möglichkeit ist die Berechnung der Impedanzen über eine Finite-Element-Methode bei der die Feldverteilung anhand der Geometrie berechnet werden kann [68]. Die Berechnungs- und Messergebnisse verschiedener Kabeltypen [68], [69] ergab, bezogen auf die Beträge der Impedanzen, folgende Zusammenhänge

$$Z_{12} = Z_{21};\ Z_{01} = Z_{02} = Z_{10} = Z_{20} \text{ und } Z_{01} = 2 \cdot Z_{12} \tag{3-10}$$

Die Winkel der Impedanzen sind von der Zuordnung der Leiter zu den Einzelnen Außen- bzw. des *Neutralleiters* abhängig.

Für *Kabel* liegt das Verhältnis Z_{12}/Z_{11} in der Größenordnung 0,02 bis 0,1. Dabei nimmt das Verhältnis mit dem Leitungsquerschnitt zu. Die angegebenen Verhältnisse sind für den Fall angegeben, dass der Neutralleiter den gleichen Querschnitt wie die Außenleiter aufweist.

Die Koppelimpedanzen der *Niederspannungsfreileitungen* sind stark vom Mastbild abhängig. In [70] wird das Verhältnis $\underline{Z}_{12}/\underline{Z}_{11}$ für verschiedene Mastbilder angegeben. Es liegt im Bereich $\underline{Z}_{12}/\underline{Z}_{11} < 0{,}03 \ldots 0{,}09$ und somit in der gleichen Größenordnung wie bei Kabeln.

Es ist ersichtlich, dass die unsymmetrische Leitungsimpedanz bei hoher Spannungsänderung über der Leitung signifikant zur Spannungsunsymmetrie beitragen kann und somit eine Verdrillung der Leitungen bspw. an Kabelverteilerkästen, Muffen oder Freileitungsmasten zu empfehlen ist.

Messungen in Niederspannungsnetzen mit gleichzeitiger Messung an der Transformatorsammelschiene und weiteren Anschlusspunkten im Netz [71], [72] zeigen, dass entlang eines Abgangs an den einzelnen Muffen bzw. Kabelverteilerkästen eine Verdrillung vorgenommen wird, auch wenn diese zu einem Großteil zufällig zu erfolgen scheint.

3.4 Erdung

Dreiphasen-Wechselstromsysteme, wie sie in öffentlichen Niederspannungsnetzen zur Anwendung kommen, können nach der Art ihrer Erdverbindung charakterisiert werden [73]. Im Folgenden werden die Netzsysteme TT-, TN-C- und TN-S-System mit Einfacheinspeisung näher betrachtet. IT-Systeme werden infolge des fehlenden N-Leiters und ihrem Einsatz in räumlich begrenzten Netzen z. B. in Teilen eines Gebäudes in dieser Arbeit nicht berücksichtigt. Ebenso finden TN-C-S-Systeme in dieser Arbeit keine Berücksichtigung, da davon ausgegangen wird, dass die Aufteilung des PEN-Leiters in N-Leiter und PE-Leiter erst innerhalb der Kundenanlage erfolgt. Für die Betrachtungen in dieser Arbeit liefert solch ein Netzsystem die gleichen Ergebnisse wie ein TN-C-System.

Die allgemeinen Erdungsverhältnisse werden am Beispiel eines TN-C-Systems verdeutlicht (siehe Bild 3-5). Die Darstellung weiterer Netzsysteme ist [73] zu entnehmen. Generell wird in dieser Arbeit angenommen, dass sich die Erdungsanalgen der einzelnen Kundenanalgen gegenseitig nicht beeinflussen.

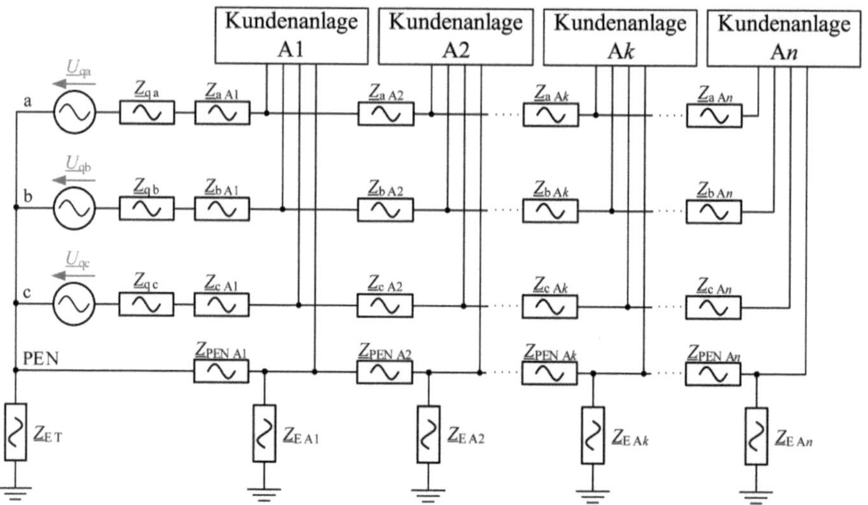

Bild 3-5:   Schematische Darstellung eines TN-C Systems mit Einfacheinspeisung

Unter Vernachlässigung der Koppelimpedanzen und unter Annahme einer ideal leitenden Erde ergibt sich zur Berechnung der Erdungsimpedanzen folgendes ESB (Bild 3-6), wobei von n Anschlüssen entlang der betrachteten Stichleitung ausgegangen wird. Weiterhin sei angenommen, dass m parallele Stichleitungen mit einer variablen Anzahl an Anschlusspunkten an die gleiche unterspannungsseitige Transformatorsammelschiene angeschlossen sind. Für Zwecke der Verdeutlichung sei angenommen, dass Abgang m über l Anschlusspunkte verfügt.

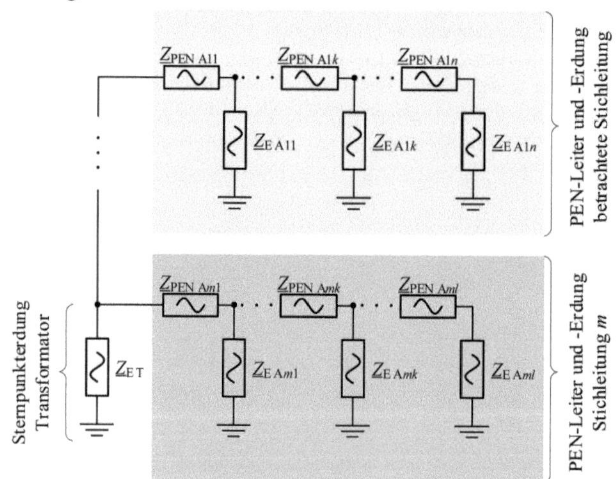

Bild 3-6:   Ersatzschaltbild der wirksamen Erdungsimpedanz eines TN-C-Systems

Unter der Annahme, dass der Leitungstyp entlang einer Stichleitung, der Abstand zwischen den Anschlusspunkten sowie die Erdungsimpedanzen je Anschlusspunkt jeweils gleich sind, ergibt sich das in Bild 3-7
dargestellte vereinfachte ESB. Dabei repräsentiert $\underline{Z}_{\text{E parallel}}$ die resultierende Impedanz der über denselben
Transformator gespeisten Stichleitungen.

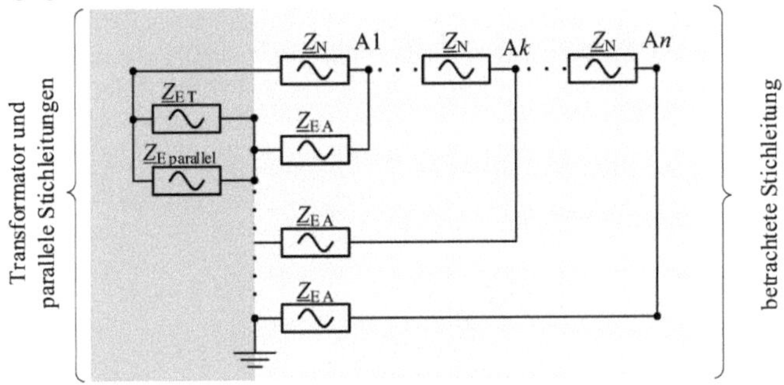

Bild 3-7:   Allgemeines Ersatzschaltbild der resultierenden Erdungsimpedanz am Anschlusspunkt An

Die Berechnung der Spannungsunsymmetrie erfolgt in dieser Arbeit anhand der Außenleiter-Rückleiter-
spannungen (siehe Gleichung (2-12)). Aus diesem Grund ist die resultierende Impedanz zwischen Neutral-
leiteranschluss einer Kundenanlage und dem Sternpunkt des Transformators von Bedeutung und wird im
Folgenden als Rückleiterimpedanz bezeichnet. Die für die Berechnung der Rückleiterimpedanz nach
Bild 3-7 benötigten Impedanzen sind für die verschiedenen Netzsysteme in Tabelle 3-1 aufgelistet. Die
Berechnung von $\underline{Z}_{\text{E parallel}}$ sowie der Rückleiterimpedanzen der Netzsysteme ist im Anhang A.5 dargestellt.

Tabelle 3-1:   Impedanzen zur Berechnung der Rückleiterimpedanzen verschiedener Netzsysteme

Netzsystem	$\underline{Z}_{\text{E T}}$	$\underline{Z}_{\text{E parallel}}$	$\underline{Z}_{\text{N}}$	$\underline{Z}_{\text{E A}}$
TT	$\underline{Z}_{\text{E T}}$	∞	$\underline{Z}_{\text{N}}$	∞
TN-C	$\underline{Z}_{\text{E T}}$	$\underline{Z}_{\text{E parallel TNC}}$	$\underline{Z}_{\text{PEN}}$	$\underline{Z}_{\text{E A}}$
TN-S	$\underline{Z}_{\text{E T}}$	$\underline{Z}_{\text{E parallel TNS}}$	$\underline{Z}_{\text{N}}$	∞

TT-System und TN-S-System

Wie aus Tabelle 3-1 ersichtlich, ist die Rückleiterimpedanz des TT-Systems und des TN-S-Systems gleich.
Sie kann für den Anschlusspunkt Ak allgemein wie folgt berechnet werden, wobei $\Delta\underline{Z}_{\text{N }x}$ der Neutralleiterimpedanz zwischen den Anschlusspunkten Ax und A$(x-1)$ entspricht. Dabei bezeichnet A0 die Transformatorsammelschiene.

$$\underline{Z}_{\text{Rü }k} = \sum_{x=1}^{k} \Delta\underline{Z}_{\text{N }x} \tag{3-11}$$

Unter Annahme, dass die Neutralleiterimpedanz zwischen allen Anschlusspunkten gleich ist, kann die
Rückleiterimpedanz vereinfacht angegeben werden

$$\underline{Z}_{\text{Rü }k} = k \cdot \Delta\underline{Z}_{\text{N }x} \tag{3-12}$$

Somit entspricht die Rückleiterimpedanz für diese Netzsysteme der Impedanz des Neutralleiters.

TN-C-System

In Bild 3-8 wird die Rückleiterimpedanz in Abhängigkeit des Anschlusspunktes dargestellt, der Wert der Erdungsimpedanz $\underline{Z}_{EA}$ wird innerhalb typischer Werte basierend auf Umfragen unter Netzbetreibern und normativ vorgegebenen Grenzwerten [74], [75] variiert. Es wird von einer 1000 m langen Kabelleitung des Typs NAYY 4x150 mm² ausgegangen, an der aller 50 m ein Anschlusspunkt mit Erdungsimpedanz vorhanden ist. Die Anzahl der parallelen Abgänge beträgt sechs und $\underline{Z}_{ET} = 5\,\Omega$ (nach [74]). Die in Bild 3-8 rot gestrichelt dargestellte Linie entspricht der Rückleiterimpedanz eines TT-Systems.

Neben der im Anhang A.5 dargestellten Berechnung gibt es in der Literatur weitere Ansätze zur Abschätzung der Rückleiterimpedanz. In [76] wird für die Flickerreferenzimpedanz die Neutralleiterimpedanz mit 2/3 der Außenleiterimpedanz angenommen.

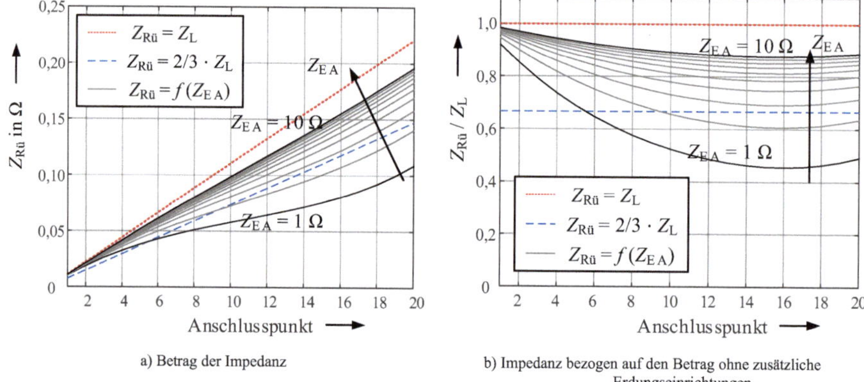

a) Betrag der Impedanz   b) Impedanz bezogen auf den Betrag ohne zusätzliche Erdungseinrichtungen

Bild 3-8: Rückleiterimpedanz entlang einer Stichleitung in Abhängigkeit der Erdungsimpedanz am Anschlusspunkt für ein TN-C-System mit sechs identischen parallelen Abgängen

Wie aus Bild 3-8 ersichtlich, hat die Erdungsimpedanz $\underline{Z}_{EA}$ einen signifikanten Einfluss auf die Rückleiterimpedanz. Die Ergebnisse bei einer Rückleiterimpedanz nach [76], bei der die Rückleiterimpedanz 2/3 der Außenleiterimpedanz entspricht, liegen innerhalb der Kurvenschar, welche sich bei typischen Erdungsimpedanzen nach [74], [75] ergibt. Anhand dessen wird die Rückleiterimpedanz nach [76] als realitätsnahe Abschätzung eingestuft und als Rückleiterimpedanz für TN-C-Systeme in dieser Arbeit genutzt.

Zur Abschätzung des Einflusses einer reduzierten Rückleiterimpedanz auf die Spannungsunsymmetrie sowie der Spannungsdifferenz zwischen maximaler und minimaler Außenleiter-Rückleiterspannung am Anschlusspunkt ist im Anhang A.5 ein Beispiel aufgeführt. Es zeigt, dass die Rückleiterimpedanz einen wesentlichen Einfluss auf die Nullsystemspannungsunsymmetrie k_{u0} und auf die Differenz zwischen höchster und kleinster Außenleiter-Rückleiterspannung hat. Der Einfluss auf die Gegensystemspannungsunsymmetrie k_{u2} ist gering und nur für leistungs- und impedanzkonstante Kundenanlagen nachweisbar. Der geringe Einfluss auf k_{u2} ist mit dem spannungsabhängigen statischen Verhalten der Kundenanlagen (siehe Gleichung (3-21) und (3-22)) zu begründen, infolgedessen sich unterschiedliche Leiterströme einstellen. Die unterschiedlichen Leiterströme wiederum führen zu einer Variation der Gegensystemspannung.

Ansatz zur non-invasiven messtechnischen Bestimmung der Nullsystemimpedanz

Die Nullsystemimpedanz ist maßgeblich abhängig von der Rückleiterimpedanz und somit vom Netzsystem und der Erdung. Da die Erdungswiderstände an den jeweiligen Verknüpfungspunkten im Netz i. A. unbekannt sind, wird für eine Bestimmung der Nullsystemimpedanz eine Impedanzmessung mit entsprechenden Impedanzmessgeräten durchgeführt (z. B. [77]). Die Gegensystemimpedanz kann hingegen anhand der Betriebsmittelparameter bestimmt werden. Nachfolgend werden zwei Ansätze vorgestellt, mit denen die Nullsystemimpedanz anhand der Null- und Gegensystemspannungsunsymmetrie abgeschätzt werden kann. Die Gegensystemimpedanz wird in beiden Fällen als gegeben angenommen. Der Vorteil dieser Ansätze ist, dass die Nullsystemimpedanz anhand von Spannungsmessungen an einem Verknüpfungspunkt erfasst werden kann und weder Strommessgeräte noch weiterer Messgeräte an anderen Stellen im Netz benötigt werden.

Unter der Annahme, dass der Großteil der im Niederspannungsnetz betriebenen Kundenanlagen mit einem Rückleiteranschluss ausgestattet und 1-phasig, 2 x 1-phasig bzw. 3 x 1-phasig betrieben wird, ist der Gegen- und Nullsystemstrom der Kundenanlage A gemäß Gleichung (2-19) gleich groß (siehe auch Tabelle 3-2). Es gilt

$$I_{0\,A} = I_{2\,A} \qquad\qquad (3\text{-}13)$$

Der Einfluss auf die entsprechende Spannungsunsymmetrie entspricht, unter Vernachlässigung der Koppelimpedanzen im symmetrischen System, dem Verhältnis aus dem Produkt des entsprechenden Stroms der Kundenanlage und der wirksamen Gegen- bzw. Nullsystemimpedanz zur Mitsystemspannung am Verknüpfungspunkt V.

$$k_{u0\,V} = \frac{U_{0\,V}}{U_{1\,V}} = \frac{Z_{0\,V} \cdot I_{0\,A}}{U_{1\,V}} \qquad\qquad (3\text{-}14)$$

und

$$k_{u2\,V} = \frac{U_{2\,V}}{U_{1\,V}} = \frac{Z_{2\,V} \cdot I_{2\,A}}{U_{1\,V}} \qquad\qquad (3\text{-}15)$$

Nach Umstellen und Einsetzen der Gleichungen (3-13) bis (3-15) gilt für eine Einzelanlage

$$\frac{k_{u0\,V}}{k_{u2\,V}} = \frac{Z_{0\,V}}{Z_{2\,V}} \qquad\qquad (3\text{-}16)$$

bzw. nach $Z_{0\,V}$ aufgelöst

$$Z_{0\,V} = Z_{2\,V} \cdot \frac{k_{u0\,V}}{k_{u2\,V}} \qquad\qquad (3\text{-}17)$$

Infolge des gleichzeitigen Betriebs mehrerer Kundenanlagen und der daraus resultierenden Überlagerung der Ströme kann es für Gegen- und Nullsystemstrom zu verschiedenen Kompensationseffekten führen, so dass das in Gleichung (3-16) gegebene Verhältnis nicht mehr gilt.

Um den Effekt parallel betriebener Kundenanlagen auf die Bestimmung der Nullsystemimpedanz anhand der Spannungsunsymmetrie zu verringern, wird der erwähnte Ansatz erweitert.

Dabei wird nur dann die Nullsystemimpedanz bestimmt, wenn sowohl Null- als auch Gegensystemspannung zeitgleich eine betragsmäßige Änderung $\Delta U_{0\,V}$ bzw. $\Delta U_{2\,V}$ erfahren, die einen zuvor festgelegten Schwellwert überschreiten. Dabei kann der Schwellwert für Gegen- und Nullsystemspannung unterschiedlich hoch sein.

Unter Annahme, dass die gleichzeitige Änderung von Null- und Gegensystemspannung durch den Null- und Gegensystemstrom einer Kundenanlage erfolgt, welche 1-phasig, 2 x 1-phasig oder 3 x 1-phasig betrieben wird, so ist der Betrag beider Stromkomponenten gleich groß.

Mit der getroffenen Annahme gilt

$$\Delta \underline{U}_{0\,V} = \underline{Z}_{0\,V} \cdot \Delta \underline{I}_{0\,A} \qquad \text{bzw.} \qquad \Delta \underline{U}_{2\,V} = \underline{Z}_{2\,V} \cdot \Delta \underline{I}_{2\,A} \qquad\qquad (3\text{-}18)$$

und es ergibt sich durch Umstellen und Einsetzen

$$\frac{\Delta k_{u0\,V}}{\Delta k_{u2\,V}} = \frac{\Delta U_{0\,V}}{\Delta U_{2\,V}} = \frac{Z_{0\,V}}{Z_{2\,V}} \cdot \frac{\Delta I_{0\,A}}{\Delta I_{2\,A}} = \frac{Z_{0\,V}}{Z_{2\,V}} \qquad\qquad (3\text{-}19)$$

Wird gleichzeitig eine ausreichend hohe Änderung $\Delta k_{u0\,V}$ und $\Delta k_{u2\,V}$ detektiert, so kann anhand deren Beträge das Verhältnis zwischen Null- und Gegensystemimpedanz am ausgewählten Messort bestimmt werden.

Beide Ansätze werden auf die Simulationsergebnisse von Lastflussberechnungen in Abschnitt 5.2.6 angewandt und bewertet.

3.5 Kundenanlagen

Der Einfluss einer Kundenanlage auf die Spannungsunsymmetrie ist maßgeblich von der Art des Anschlusses der Kundenanlage an das elektrische Netz und des statischen Verhaltens abhängig.

3.5.1 Anschluss der Kundenanlagen

Für den Anschluss an das elektrische Netz bestehen sechs Anschlussarten, wie sie in Bild 3-9 dargestellt sind. Dabei gibt es je Anschlussart durch die Außenleiterwahl verschiedene Varianten. Die Anschlussarten werden im Folgenden miteinander verglichen. Als Kriterien werden der Außenleiterstrom, der Rückleiterstrom, der Einfluss auf die Gegen- und Nullsystemunsymmetrie sowie der unsymmetrische Leistungsanteil herangezogen. Für alle Kriterien wird vereinfacht eine symmetrische Spannung am Anschlusspunkt angenommen, der Betrag der Spannung entspricht dem Nennwert.

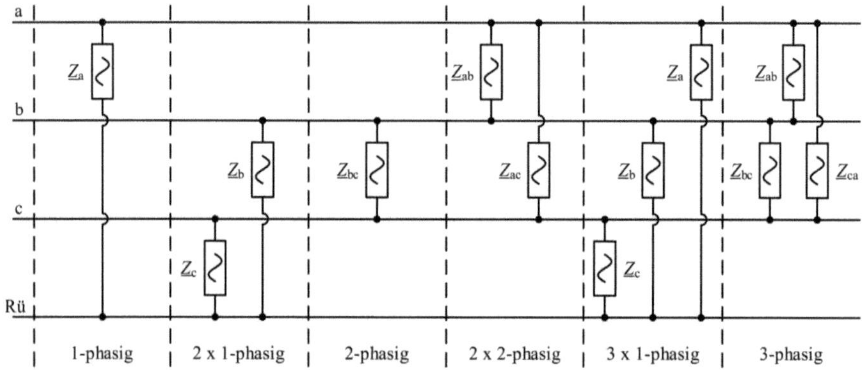

Bild 3-9:   Anschlussarten von Kundenanlagen

Für den Vergleich der Anschlussarten in Tabelle 3-2 wird vorausgesetzt, dass der symmetrische Leistungsanteil S_{sym} (siehe Gleichung (2-36)) für alle Anschlussarten gleich ist. Für einen besseren Überblick werden die Werte in Abhängigkeit des symmetrischen Leistungsanteils bzw. des Stroms I_{sym} angegeben

$$I_{sym} = \frac{S_{sym}}{\sqrt{3} \cdot U_n} \tag{3-20}$$

Für die unsymmetrischen Leistungsanteile wird von einem leistungskonstanten Verhalten und für alle weiteren Kenngrößen von einem stromkonstanten Verhalten ausgegangen. Die Koppelimpedanzen zwischen den symmetrischen Komponenten werden vernachlässigt. Unter den getroffenen Annahmen sind der 3-phasige Anschluss und der 3 x 1-phasige Anschluss gleich. Die in Tabelle 3-2 genutzte Impedanz $\underline{Z}_{ph}$ entspricht der Summe aus Transformator- und Außenleiterimpedanz der Leitung.

Tabelle 3-2:   Vergleich der Anschlussarten hinsichtlich ausgewählter Kenngrößen, formaler Zusammenhang nach [78]

<table>
<tr><th colspan="15">Anschlussart</th></tr>
<tr><th colspan="3">1-phasig</th><th colspan="3">2 x 1-phasig</th><th colspan="3">2-phasig</th><th colspan="3">2 x 2-phasig</th><th colspan="3">3 x 1-phasig und 3-phasig</th></tr>
<tr><th colspan="15">Verhältnis der Außenleiterströme zu I_{sym} ($I_{\text{L}}/I_{\text{sym}}$) bezogen auf die Anschlussarten nach Bild 3-9</th></tr>
<tr><th>a</th><th>b</th><th>c</th><th>a</th><th>b</th><th>c</th><th>a</th><th>b</th><th>c</th><th>a</th><th>b</th><th>c</th><th>a</th><th>b</th><th>c</th></tr>
<tr><td>3</td><td>0</td><td>0</td><td>0</td><td>$\frac{3}{2}$</td><td>$\frac{3}{2}$</td><td>0</td><td>$\sqrt{3}$</td><td>$\sqrt{3}$</td><td>$\frac{3}{2}$</td><td>$\frac{\sqrt{3}}{2}$</td><td>$\frac{\sqrt{3}}{2}$</td><td>1</td><td>1</td><td>1</td></tr>
<tr><th colspan="15">Rückleiterstrom $I_{\text{Rü}}$</th></tr>
<tr><td colspan="3">$3 \cdot I_{\text{sym}}$</td><td colspan="3">$\frac{3}{2} \cdot I_{\text{sym}}$</td><td colspan="3">0</td><td colspan="3">0</td><td colspan="3">0</td></tr>
<tr><th colspan="15">Netzverluste P_{v}</th></tr>
<tr><td colspan="3">$9 \cdot I_{\text{sym}}^2 \cdot (R_{\text{ph}} + R_{\text{Rü}})$</td><td colspan="3">$\frac{9}{4} \cdot I_{\text{sym}}^2 \cdot (2 \cdot R_{\text{ph}} + R_{\text{Rü}})$</td><td colspan="3">$6 \cdot I_{\text{sym}}^2 \cdot R_{\text{ph}}$</td><td colspan="3">$\frac{15}{4} \cdot I_{\text{sym}}^2 \cdot R_{\text{ph}}$</td><td colspan="3">$3 \cdot I_{\text{sym}}^2 \cdot R_{\text{ph}}$</td></tr>
<tr><th colspan="15">Gegensystemspannungsunsymmetrie k_{u2}</th></tr>
<tr><td colspan="3">$Z_{\text{ph}} \cdot \dfrac{\sqrt{3} \cdot I_{\text{sym}}}{U_{\text{n}}}$</td><td colspan="3">$Z_{\text{ph}} \cdot \dfrac{\sqrt{3} \cdot I_{\text{sym}}}{2 \cdot U_{\text{n}}}$</td><td colspan="3">$Z_{\text{ph}} \cdot \dfrac{\sqrt{3} \cdot I_{\text{sym}}}{U_{\text{n}}}$</td><td colspan="3">$Z_{\text{ph}} \cdot \dfrac{\sqrt{3} \cdot I_{\text{sym}}}{2 \cdot U_{\text{n}}}$</td><td colspan="3">0</td></tr>
<tr><th colspan="15">Nullsystemspannungsunsymmetrie k_{u0}</th></tr>
<tr><td colspan="3">$|\underline{Z}_{\text{ph}} + 3 \cdot \underline{Z}_{\text{Rü}}| \cdot \dfrac{\sqrt{3} \cdot I_{\text{sym}}}{U_{\text{n}}}$</td><td colspan="3">$|\underline{Z}_{\text{ph}} + 3 \cdot \underline{Z}_{\text{Rü}}| \cdot \dfrac{\sqrt{3} \cdot I_{\text{sym}}}{2 \cdot U_{\text{n}}}$</td><td colspan="3">0</td><td colspan="3">0</td><td colspan="3">0</td></tr>
<tr><th colspan="15">Unsymmetrischer Leistungsanteil S_{un2}</th></tr>
<tr><td colspan="3">S_{sym}</td><td colspan="3">$\frac{1}{2} \cdot S_{\text{sym}}$</td><td colspan="3">$S_{\text{sym}}$</td><td colspan="3">$\frac{1}{2} \cdot S_{\text{sym}}$</td><td colspan="3">0</td></tr>
<tr><th colspan="15">Unsymmetrischer Leistungsanteil S_{un0}</th></tr>
<tr><td colspan="3">S_{sym}</td><td colspan="3">$\frac{1}{2} \cdot S_{\text{sym}}$</td><td colspan="3">0</td><td colspan="3">0</td><td colspan="3">0</td></tr>
</table>

3.5.2 Statisches Verhalten hinsichtlich Spannungs- und Frequenzabhängigkeit

Das statische Verhalten kann durch ein Exponential- bzw. Polynomialmodell beschrieben werden [79], [80]. Für das Exponentialmodell gilt

$$P = P_{\text{bez}} \left(\frac{U}{U_{\text{bez}}}\right)^{k_{\text{P}U}} \cdot \left(\frac{f}{f_{\text{bez}}}\right)^{k_{\text{P}f}}$$

$$Q = Q_{\text{bez}} \left(\frac{U}{U_{\text{bez}}}\right)^{k_{\text{Q}U}} \cdot \left(\frac{f}{f_{\text{bez}}}\right)^{k_{\text{Q}f}}$$

(3-21)

und für das Polynomial- bzw. ZIP-Modell

$$P = P_{\text{bez}} \cdot \left(\alpha_{\text{P}} \cdot \left(\frac{U}{U_{\text{bez}}}\right)^2 + \beta_{\text{P}} \cdot \frac{U}{U_{\text{bez}}} + \gamma_{\text{P}}\right) \cdot \left(1 + \delta_{\text{P}} \cdot (f - f_{\text{bez}})\right)$$

$$Q = Q_{\text{bez}} \cdot \left(\alpha_{\text{Q}} \cdot \left(\frac{U}{U_{\text{bez}}}\right)^2 + \beta_{\text{Q}} \cdot \frac{U}{U_{\text{bez}}} + \gamma_{\text{Q}}\right) \cdot \left(1 + \delta_{\text{Q}} \cdot (f - f_{\text{bez}})\right)$$

(3-22)

mit $\qquad \alpha_{\text{P}} + \beta_{\text{P}} + \gamma_{\text{P}} = 1 \qquad$ und $\qquad \alpha_{\text{Q}} + \beta_{\text{Q}} + \gamma_{\text{Q}} = 1$ (3-23)

In Hinblick auf den physikalischen Hintergrund der Lasten kann das ZIP-Modell in drei Anteile zerlegt werden, die einzeln auch mit dem Exponentialmodell nachgebildet werden können:

- Impedanzkonstanter Anteil $k_{PU} = k_{QU} = 2$
- Stromkonstanter Anteil $k_{PU} = k_{QU} = 1$
- Leistungskonstanter Anteil $k_{PU} = k_{QU} = 0$

Wie das Beispiel im Anhang A.6 zeigt, beeinflusst das statische Verhalten unter realen Bedingungen, im Zuge einer von der Nennspannung abweichenden Spannung am entsprechenden Anschlusspunkt, die Leiterströme und somit die Spannungsänderungen über den Leitern und somit die Spannungsunsymmetrie. Erwartungswerte für die Exponenten für k_{PU} und k_{QU} heutiger Niederspannungsnetze sind in Abschnitt 4.4.3 gegeben.

3.5.3   Analytisches Modell zur vereinfachten Abschätzung der Spannungsunsymmetrie

Ausgehend von den in Bild 3-9 gezeigten Anschlussarten wird im Folgenden deren Einfluss auf die Spannungsunsymmetrie analytisch für impedanzkonstante Kundenanlagen beschrieben. Die in diesem Abschnitt genutzten Beziehungen sind auf die in Bild 3-10 dargestellten Zusammenhänge bezogen. Es wird allgemein ein Rückleiter genutzt, welcher die resultierende Impedanz aus möglichem Neutralleiter bzw. PEN-Leiter und / oder vorhandenen zusätzlichen *Erdungsanlagen* widerspiegelt. Die Koppelimpedanzen zwischen den einzelnen Leitern im natürlichen System sowie die Impedanz des übergeordneten Netzes werden vernachlässigt. Für die Transformatorimpedanz gelte

$$\underline{Z}_T = \underline{Z}_{aT} = \underline{Z}_{bT} = \underline{Z}_{cT} \tag{3-24}$$

und für die Außenleiterimpedanzen der Leitung

$$\underline{Z}_L = \underline{Z}_{aL} = \underline{Z}_{bL} = \underline{Z}_{cL} \tag{3-25}$$

Es wird eine starre Sternpunkterdung angenommen.

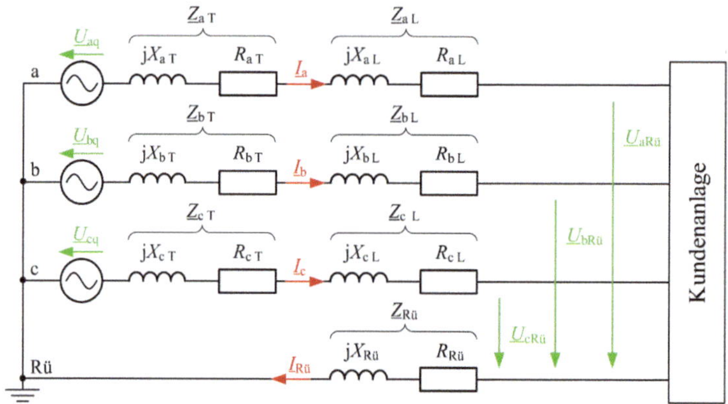

Bild 3-10: Ersatzschaltbild zur Berechnung des Einflusses der Anschlussart von Kundenanlagen

Nachfolgend sind die zusammengefassten Ergebnisse dargestellt. Zur besseren Übersichtlichkeit der Gleichungen wird eine Phasenimpedanz $\underline{Z}_{xph}$ wie folgt eingeführt

$$\underline{Z}_{xph} = \underline{Z}_{xT} + \underline{Z}_{xL} \tag{3-26}$$

Mit den oben aufgeführten Annahmen gilt

$$\underline{Z}_{xph} = \underline{Z}_{aph} = \underline{Z}_{bph} = \underline{Z}_{cph} \tag{3-27}$$

Für den 3-phasigen und den 3 x 1-phasigen Anschluss wird die Berechnung der Außenleiter-Rückleiterspannungen für den allgemeinen Fall im Anhang A.7 dargestellt. Aufbauend auf diesen Ergebnissen wird der Einfluss auf die Spannungsunsymmetrie am Anschlusspunkt der Kundenanlage unter Annahme einer symmetrischen Quellspannung für alle sechs in Bild 3-9 dargestellten Anschlussarten angegeben.

Für eine symmetrische Quellspannung gilt

$$\underline{U}_{aq} = U_{aq} \qquad \underline{U}_{bq} = \underline{a}^2 \cdot U_{aq} \qquad \underline{U}_{cq} = \underline{a} \cdot U_{aq} \tag{3-28}$$

Weiterhin gilt für die Impedanzen einer 3-phasig angeschlossenen Kundenanlage unter Anwendung der Dreieck-Stern-Transformation folgende Zusammenhänge

$$\underline{Z}_a = \frac{\underline{Z}_{ab} \cdot \underline{Z}_{ca}}{\underline{Z}_{ab} + \underline{Z}_{ca} + \underline{Z}_{bc}} \qquad \underline{Z}_b = \frac{\underline{Z}_{ab} \cdot \underline{Z}_{bc}}{\underline{Z}_{ab} + \underline{Z}_{ca} + \underline{Z}_{bc}} \qquad \underline{Z}_c = \frac{\underline{Z}_{ac} \cdot \underline{Z}_{bc}}{\underline{Z}_{ab} + \underline{Z}_{ca} + \underline{Z}_{bc}} \tag{3-29}$$

3-phasiger Anschluss

Unter der Annahme einer symmetrischen Quellspannung und der Nutzung der Umformung nach Gleichung (3-29) kann die Gegensystemspannungsunsymmetrie wie folgt berechnet werden (siehe Anhang A.7)

$$k_{u2} = \frac{\left| \underline{Z}_{x\,ph} \cdot \left(\underline{Z}_a + \underline{a} \cdot \underline{Z}_b + \underline{a}^2 \cdot \underline{Z}_c \right) \right|}{\left| \underline{Z}_{x\,ph} \cdot \left(\underline{Z}_a + \underline{Z}_b + \underline{Z}_c \right) + \underline{Z}_a \cdot \underline{Z}_b + \underline{Z}_a \cdot \underline{Z}_c + \underline{Z}_b \cdot \underline{Z}_c \right|} \tag{3-30}$$

Für einen symmetrischen 3-phasigen Anschluss gilt

$$\underline{Z}_{ab} = \underline{Z}_{ac} = \underline{Z}_{cb} = \underline{Z}_A \qquad \text{bzw.} \qquad \underline{Z}_a = \underline{Z}_b = \underline{Z}_c = \frac{1}{3} \cdot \underline{Z}_A \tag{3-31}$$

Und somit für k_{u2}

$$k_{u2} = 0 \tag{3-32}$$

Aufgrund des fehlenden Rückleiteranschlusses gilt für die Nullsystemspannungsunsymmetrie

$$k_{u0} = 0 \tag{3-33}$$

3 x 1-phasiger Anschluss

Gemäß der Berechnung der Außenleiter-Rückleiterspannungen nach Anhang A.7 und in der Transformation in die symmetrischen Komponenten kann die Spannungsunsymmetrie, unter der Annahme einer symmetrischen Quellspannung, wie folgt berechnet werden

$$k_{u2} = \frac{\left| \underline{Z}_{x\mathrm{ph}} \cdot \left(\left(3 \cdot \underline{Z}_{\mathrm{Rü}} + \underline{Z}_{x\mathrm{ph}} \right) \cdot \aleph_\beta - \underline{a}^2 \cdot \underline{Z}_a \cdot \underline{Z}_b - \underline{a} \cdot \underline{Z}_a \cdot \underline{Z}_c - \underline{Z}_b \cdot \underline{Z}_c \right) \right|}{\left| \left(2 \cdot \underline{Z}_{x\mathrm{ph}} + 3 \cdot \underline{Z}_{\mathrm{Rü}} \right) \cdot \beth + \left(\underline{Z}_{x\mathrm{ph}}^2 + 3 \cdot \underline{Z}_{x\mathrm{ph}} \cdot \underline{Z}_{\mathrm{Rü}} \right) \cdot \aleph_\alpha + 3 \cdot \gimel \right|} \tag{3-34}$$

und

$$k_{u0} = \frac{\left| \left(\underline{Z}_{x\mathrm{ph}} + 3 \cdot \underline{Z}_{\mathrm{Rü}} \right) \cdot \left(\underline{Z}_{x\mathrm{ph}} \cdot \aleph_\gamma - \underline{a} \cdot \underline{Z}_a \cdot \underline{Z}_b - \underline{a}^2 \cdot \underline{Z}_a \cdot \underline{Z}_c - \underline{Z}_b \cdot \underline{Z}_c \right) \right|}{\left| \left(2 \cdot \underline{Z}_{x\mathrm{ph}} + 3 \cdot \underline{Z}_{\mathrm{Rü}} \right) \cdot \beth + \left(\underline{Z}_{x\mathrm{ph}}^2 + 3 \cdot \underline{Z}_{x\mathrm{ph}} \cdot \underline{Z}_{\mathrm{Rü}} \right) \cdot \aleph_\alpha + 3 \cdot \gimel \right|} \tag{3-35}$$

Mit den Hilfskenngrößen

$$\aleph_\alpha = \underline{Z}_a + \underline{Z}_b + \underline{Z}_c$$

$$\aleph_\beta = \underline{Z}_a + \underline{a} \cdot \underline{Z}_b + \underline{a}^2 \cdot \underline{Z}_c$$

$$\aleph_\gamma = \underline{Z}_a + \underline{a}^2 \cdot \underline{Z}_b + \underline{a} \cdot \underline{Z}_c \tag{3-36}$$

$$\beth = \left(\underline{Z}_a \cdot \underline{Z}_b + \underline{Z}_a \cdot \underline{Z}_c + \underline{Z}_b \cdot \underline{Z}_c \right)$$

$$\gimel = \underline{Z}_a \cdot \underline{Z}_b \cdot \underline{Z}_c$$

Für den symmetrischen 3x1-phasigen Anschluss gilt

$$\underline{Z}_a = \underline{Z}_b = \underline{Z}_c = \underline{Z}_A \tag{3-37}$$

Durch Einsetzen von Gleichung (3-37) in Gleichung (3-34) bzw. (3-35) ergibt sich

$$k_{u2} = 0 \qquad \text{und} \qquad k_{u0} = 0 \tag{3-38}$$

2 x 2-phasiger Anschluss

Aus den Ergebnissen des 3-phasigen Anschlusses kann der Einfluss eines 2 x 2-phasigen Anschlusses abgeleitet werden. Unter Annahme, dass die Kundenanlage zwischen Außenleiter a und b sowie zwischen Außenleiter b und c angeschlossen ist, kann folgender Ansatz gewählt werden

$$\underline{Z}_{ab} = \underline{Z}_{ab} \qquad \underline{Z}_{bc} = \underline{Z}_{bc} \qquad \underline{Z}_{ca} \to \infty \tag{3-39}$$

Nach der Regel der Dreieck-Stern-Transformation gilt

$$\underline{Z}_a = \underline{Z}_{ab} \qquad \underline{Z}_b = 0 \qquad \underline{Z}_c = \underline{Z}_{bc} \tag{3-40}$$

Somit ergibt sich unter Annahme einer symmetrischen Quellspannung und durch Einsetzen in Gleichung (3-30) für die Spannungsunsymmetrie folgender Zusammenhang

$$k_{u2} = \frac{\left| \underline{Z}_{x\text{ph}} \cdot (\underline{Z}_{ab} + \underline{a}^2 \cdot \underline{Z}_{bc}) \right|}{\left| \underline{Z}_{x\text{ph}} \cdot \underline{Z}_{ab} + \underline{Z}_{x\text{ph}} \cdot \underline{Z}_{bc} + \underline{Z}_{ab} \cdot \underline{Z}_{bc} \right|} \tag{3-41}$$

und

$$k_{u0} = 0 \tag{3-42}$$

Der Einfluss auf die Spannungsunsymmetrie kann analog für andere Außenleiterkombinationen bestimmt werden.

2-phasiger Anschluss

Aus den Ergebnissen des 3-phasigen Anschlusses kann der Einfluss einer 2-phasigen Kundenanlage abgeleitet werden. Unter Annahme, dass die Kundenanlage zwischen Außenleiter a und b angeschlossen ist, kann folgender Ansatz gewählt werden

$$\underline{Z}_{ab} = \underline{Z}_{ab} \qquad \underline{Z}_{bc} = \underline{Z}_{ca} \to \infty \tag{3-43}$$

Nach der Regel der Dreieck-Stern-Transformation gilt

$$\underline{Z}_a = \frac{1}{2} \cdot \underline{Z}_{ab} \qquad \underline{Z}_b = \frac{1}{2} \cdot \underline{Z}_{ab} \qquad \underline{Z}_c \to \infty \tag{3-44}$$

Somit ergibt sich unter Annahme einer symmetrischen Quellspannung und durch Einsetzen in Gleichung (3-30) für die Spannungsunsymmetrie folgender Zusammenhang

$$k_{u2} = \frac{\left| \underline{Z}_{x\text{ph}} \cdot \underline{a}^2 \right|}{\left| \underline{Z}_{x\text{ph}} + \underline{Z}_{ab} \right|} \tag{3-45}$$

und

$$k_{u0} = 0 \tag{3-46}$$

Der Einfluss auf die Spannungsunsymmetrie kann analog für andere Außenleiterkombinationen bestimmt werden.

2 x 1-phasiger Anschluss

Aus den Ergebnissen des 3 x 1-phasigen Anschlusses kann der Einfluss einer 2 x 1-phasigen Kundenanlage abgeleitet werden. Unter Annahme, dass die Kundenanlage zwischen Außenleiter a und Rückleiter sowie Außenleiter b und Rückleiter angeschlossen ist, kann folgender Ansatz gewählt werden

$$\underline{Z}_a = \underline{Z}_a \qquad\qquad \underline{Z}_b = \underline{Z}_b \qquad\qquad \underline{Z}_c \rightarrow \infty \qquad\qquad (3\text{-}47)$$

Somit ergibt sich unter Annahme einer symmetrischen Quellspannung und durch Einsetzen der Impedanzen nach Gleichung (3-47) in Gleichung (3-34) für die Gegensystemspannungsunsymmetrie folgender Zusammenhang

$$k_{u2} = \frac{\left|\underline{a}^2 \cdot (\underline{Z}_{x\mathrm{ph}} + 3 \cdot \underline{Z}_{R\ddot{u}}) - \underline{a} \cdot \underline{Z}_a - \underline{Z}_b\right|}{\left|\underline{Z}_{x\mathrm{ph}}^2 + 3 \cdot \underline{Z}_{x\mathrm{ph}} \cdot \underline{Z}_{R\ddot{u}} + (2 \cdot \underline{Z}_{x\mathrm{ph}} + 3 \cdot \underline{Z}_{R\ddot{u}}) \cdot (\underline{Z}_a + \underline{Z}_b) + 3 \cdot \underline{Z}_a \cdot \underline{Z}_b\right|} \qquad (3\text{-}48)$$

und bei Einsetzen in Gleichung (3-35)

$$k_{u0} = \frac{\left|(\underline{Z}_{x\mathrm{ph}} + 3 \cdot \underline{Z}_{R\ddot{u}}) \cdot (\underline{a} \cdot \underline{Z}_{x\mathrm{ph}} - \underline{a}^2 \cdot \underline{Z}_a - \underline{Z}_b)\right|}{\left|\underline{Z}_{x\mathrm{ph}}^2 + 3 \cdot \underline{Z}_{x\mathrm{ph}} \cdot \underline{Z}_{R\ddot{u}} + (2 \cdot \underline{Z}_{x\mathrm{ph}} + 3 \cdot \underline{Z}_{R\ddot{u}}) \cdot (\underline{Z}_a + \underline{Z}_b) + 3 \cdot \underline{Z}_a \cdot \underline{Z}_b\right|} \qquad (3\text{-}49)$$

Der Einfluss auf die Spannungsunsymmetrie kann analog für andere Außenleiter-Rückleiterkombinationen bestimmt werden.

1-phasiger Anschluss

Aus den Ergebnissen des 3 x 1-phasigen Anschlusses kann der Einfluss einer 1-phasigen Kundenanlage abgeleitet werden. Unter Annahme, dass die Kundenanlage zwischen Außenleiter a und Rückleiter angeschlossen ist, kann folgender Ansatz gewählt werden

$$\underline{Z}_a = \underline{Z}_a \qquad\qquad \underline{Z}_b \rightarrow \infty \qquad\qquad \underline{Z}_c \rightarrow \infty \qquad\qquad (3\text{-}50)$$

Somit ergibt sich unter Annahme einer symmetrischen Quellspannung und durch Einsetzen der Impedanzen nach Gleichung (3-50) in Gleichung (3-34) für die Gegensystemspannungsunsymmetrie folgender Zusammenhang

$$k_{u2} = \frac{\left|-\underline{Z}_{x\mathrm{ph}}\right|}{\left|2 \cdot \underline{Z}_{x\mathrm{ph}} + 3 \cdot \underline{Z}_{R\ddot{u}} + 3 \cdot \underline{Z}_a\right|} \qquad (3\text{-}51)$$

und bei Einsetzen in Gleichung (3-35)

$$k_{u0} = \frac{\left|-\underline{Z}_{x\mathrm{ph}} - 3 \cdot \underline{Z}_{R\ddot{u}}\right|}{\left|(2 \cdot \underline{Z}_{x\mathrm{ph}} + 3 \cdot \underline{Z}_{R\ddot{u}}) + 3 \cdot \underline{Z}_a\right|} \qquad (3\text{-}52)$$

Der Einfluss auf die Spannungsunsymmetrie kann analog für den Anschluss an die anderen Außenleiter bestimmt werden.

Unsymmetrische Quellspannung

Der Einfluss der Kundenanlage auf eine unsymmetrische Quellspannung wird im Folgenden nur für symmetrischen 3-phasigen und 3 x 1-phasigen Anschluss betrachtet. Unter der Annahme impedanzkonstanter Kundenanlagen gelten Gleichung (3-31) und (3-37). Durch Einsetzen in Gleichung (A.7-56) im Anhang A.7 ergibt sich für beide Anschlussarten

$$k_{u2} = \frac{\left|\underline{U}_{aq} \cdot +\underline{a}^2 \cdot \underline{U}_{bq} + \underline{a} \cdot \underline{U}_{cq}\right|}{\left|\underline{U}_{aq} + \underline{a} \cdot \underline{U}_{bq} + \underline{a}^2 \cdot \underline{U}_{cq}\right|} \qquad (3\text{-}53)$$

Es ist ersichtlich, dass in diesem Fall die Kundenanlage keinen Einfluss auf die Spannungsunsymmetrie hat, da die Mit- und Gegenimpedanz der Kundenanlage sowohl in Betrag als auch Phase gleich ist. Kundenanlagen, bei denen diese Bedingung nicht erfüllt ist, z. B. Schenkelpolmaschinen, haben einen (reduzierenden) Einfluss auf k_{u2}.

Für die Nullsystem-Spannungsunsymmetrie ist eine Fallunterscheidung nötig. Für 3-phasigen Anschluss gilt

$$k_{u0} = \frac{\left|\left(3 \cdot \underline{Z}_A + 2 \cdot \underline{Z}_{x\mathrm{ph}}\right) \cdot \left(\underline{U}_{aq} + \underline{U}_{bq} + \underline{U}_{cq}\right)\right|}{\left|3 \cdot \underline{Z}_A \cdot \left(\underline{U}_{aq} + \underline{a} \cdot \underline{U}_{bq} + \underline{a}^2 \cdot \underline{U}_{cq}\right)\right|} \tag{3-54}$$

Da bei einem 3-phasigen Anschluss kein Nullsystemstrom fließt, wird die Nullsystemspannung nicht beeinflusst, jedoch die Mitsystemspannung. Dadurch wird bei einer angeschlossenen ohmschen Last die Mitsystemspannung am Anschlusspunkt verkleinert und somit k_{u0} erhöht. Bei Einspeisung wird der Realteil von $\underline{Z}_A$ negativ. Infolgedessen ist eine Reduzierung von k_{u0} möglich.

Für 3 x 1-phasigen Anschluss gilt

$$k_{u0} = \frac{\left|\left(\underline{Z}_{x\mathrm{ph}} + \underline{Z}_A\right) \cdot \left(\underline{U}_{aq} + \underline{U}_{bq} + \underline{U}_{cq}\right)\right|}{\left|\left(\underline{Z}_{x\mathrm{ph}} + \underline{Z}_A + 3 \cdot \underline{Z}_{\mathrm{Rü}}\right) \cdot \left(\underline{U}_{aq} + \underline{a}^2 \cdot \underline{U}_{bq} + \underline{a} \cdot \underline{U}_{cq}\right)\right|} \tag{3-55}$$

Wie Gleichung (3-55) zeigt, hat eine symmetrische 3 x 1-phasige Kundenanlage bei Leistungsbezug einen reduzierenden Charakter auf k_{u0} am Anschlusspunkt. Bei Leistungseinspeisung ist, im Zuge des Vorzeichenwechsels des Realteils der Anlagenleistung, eine Erhöhung von k_{u0} möglich. Wie stark die Reduzierung bzw. Erhöhung ist, ist ebenfalls abhängig von der Rückleiterimpedanz $\underline{Z}_{\mathrm{Rü}}$.

3.6 Zusammenfassende Bewertung der Einflussfaktoren

Anhand eines vereinfachten Beispielnetzes bestehend aus übergeordnetem Netz, Transformator, Leitung und einer angeschlossenen Abnehmeranlage wird der quantitative Einfluss verschiedener Betriebsmittel- und Kundenanlagenparameter auf folgende Kenngrößen abgeschätzt:

- Differenz zwischen größter und kleinster Außenleiter-Rückleiterspannung ΔU
- Spannungsunsymmetrie k_{u2} und k_{u0}
- Leitungsverlustleistung im Niederspannungsnetz P_v
- unsymmetrischen Leistungsanteile S_{un2} und S_{un0}

Ausgehend von einem Referenzfall (siehe Anhang Tabelle A.2-1) werden einzelne Parameter geändert und die Veränderung gegenüber dem Referenzfall dokumentiert (siehe Anhang Tabelle A.2-2 bis Tabelle A.2-4). In Tabelle 3-3 sind die Ergebnisse qualitativ für die ausgewählten Kenngrößen zusammengefasst. Die Farbskala beschreibt dabei die Abweichung der jeweiligen Kenngröße vom Referenzfall in Prozent.

kein / sehr geringer Einfluss Abweichung < 2 %	geringer Einfluss Abweichung: ≥ 2 % und < 10 %	hoher Einfluss Abweichung: ≥ 10 %

Tabelle 3-3: Einfluss verschiedener Betriebsmittel- und Anlagenparameter auf ausgewählte Kenngrößen

Betriebsmittel- und Anlagenparameter	Kenngrößen					
	ΔU	k_{u2}	k_{u0}	P_v	S_{un2}	S_{un0}
Leitung						
Kabelquerschnitt						
Betriebskapazität						
Kabellänge						
Reduzierte Impedanz des Rückleiters						
Unsymmetrische Leitungsimpedanz						
Transformator						
Relative Kurzschlussspannung						
Bemessungsleistung						
Sternpunktbehandlung[6]						
Übergeordnetes Netz						
Kurzschlussleistung						
Kundenanlagen						
Anschlussart						
Betriebsstrom						
Wirkfaktor $\cos(\varphi)$						
Statisches Verhalten						

Wie aus Tabelle 3-3 ersichtlich, haben Kabelquerschnitt, Kabellänge, Anschlussart sowie Betriebsstrom der Kundenanlagen den größten Einfluss auf die ausgewählten Kenngrößen. Aufgrund der geringen Impedanz des Transformators und des übergeordneten Netzes verglichen mit der wirksamen Leitungsimpedanz im Niederspannungsnetz ist deren Einfluss gering bis sehr gering, ebenso wie der Einfluss der unsymmetrischen Leitungsimpedanz. Der Wirkfaktor der Kundenanlagen hat einen hohen Einfluss auf die Spannungsdifferenz zwischen höchster und niedrigster Spannung im Netz, jedoch einen vernachlässigbar kleinen Einfluss auf alle anderen ausgewählten Kenngrößen.

---

[6] Untersucht wurde nur der Einfluss zwischen starr geerdetem Sternpunkt und isoliertem Sternpunkt ohne Berücksichtigung weiterer Erdungsanlagen im Netz. Da für die Bewertung des Einflusses die Spannung zwischen den Außenleitern und dem Rückleiter bewertet wurden, gibt es keinen Unterschied hinsichtlich der Sternpunktbehandlung.

3.7 Maßnahmen zur Reduzierung der Unsymmetrie

Unsymmetrie kann auf verschiedene Arten reduziert werden. In diesem Abschnitt werden mögliche Maßnahmen zur Reduzierung der Unsymmetrie erläutert. Eine Auswahl der hier aufgeführten Maßnahmen wird zudem in dieser Arbeit simulativ untersucht und bewertet (siehe Abschnitt 5.2.7).

Eine wirksame Reduzierung des Betrags der Spannungsunsymmetrie ist, gemäß der Definition der Spannungsunsymmetrie nach Gleichungen (2-10) und (2-11), durch eine Reduzierung der Gegen- bzw. Nullsystemspannung oder eine Erhöhung der Mitsystemspannung möglich. Da i. A. die Einhaltung eines Spannungsbandes gefordert ist, kann die Mitsystemspannung nur in geringem Maße erhöht werden, so dass eine Verringerung der Gegen- bzw. Nullsystemspannung anzustreben ist. Eine Änderung der Mitsystemspannung wird im Folgenden nicht weiter diskutiert.

Um Maßnahmen zur Reduzierung der Unsymmetrie zu beurteilen und deren Wirkung zu erklären ist der Zusammenhang in Bild 3-11 für einen vereinfachten Zusammenhang gezeigt. Dabei wird die Verschaltung der symmetrischen Systeme bei einphasiger Belastung zugrunde gelegt. Dabei entspricht:

- $\underline{U}_{1q}$ auf die NS-Seite übertragene Mitsystemspannung des MS-Netzes
- $\underline{U}_{2q}$ auf die NS-Seite übertragene Gegensystemspannung des MS-Netzes
- $\underline{Z}_{1V}, \underline{Z}_{2V}, \underline{Z}_{0V}$ wirksame Impedanzen (in symmetrischen Komponenten) am Verknüpfungspunkt
- $\underline{Z}_{L}$ Impedanz einer parallel zur betrachteten Kundenanlage betriebenen 1-phasigen, zwischen Bezugs- und Rückleiter angeschlossenen, Last am Verknüpfungspunkt
- $\underline{I}_{A}$ Anlagenstrom einer 1- phasig zwischen Bezugs- und Rückleiter angeschlossenen stromkonstanten Kundenanlage

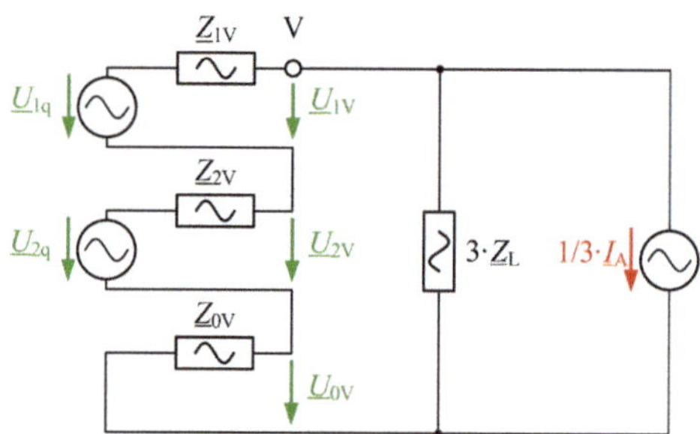

Bild 3-11:   Ersatzschaltbild zur Verdeutlichung der Entstehung der Gegensystem- und Nullsystemspannung am Verknüpfungspunkt (V)

Aufgrund der typischen Dyn-Transformatorschaltung (siehe Abschnitt 3.2) wird die Vorbelastung des übergeordneten Netzes auf die Nullsystemspannung vernachlässigt.

Für die Gegensystemspannung am Verknüpfungspunkt (V) gilt gemäß des Überlagerungssatzes

$$\underline{U}_{2V} = \underline{U}_{2V}(\underline{U}_{1q}) + \underline{U}_{2V}(\underline{U}_{2q}) + \underline{U}_{2V}(\underline{I}_{A}) \tag{3-56}$$

Mit

$$\underline{U}_{2V}(\underline{U}_{1q}) = \frac{-\underline{Z}_{2V} \cdot \underline{U}_{1q}}{\underline{Z}_{1V} + \underline{Z}_{2V} + \underline{Z}_{0V} + 3 \cdot \underline{Z}_{L}}$$

$$\underline{U}_{2V}(\underline{U}_{2q}) = \frac{(\underline{Z}_{1V} + \underline{Z}_{0V} + 3 \cdot \underline{Z}_{L}) \cdot \underline{U}_{2q}}{\underline{Z}_{1V} + \underline{Z}_{2V} + \underline{Z}_{0V} + 3 \cdot \underline{Z}_{L}} \tag{3-57}$$

$$\underline{U}_{2V}(\underline{I}_{A}) = \frac{1}{3} \cdot \frac{-\underline{Z}_{L} \cdot \underline{Z}_{2V} \cdot \underline{I}_{A}}{\underline{Z}_{1V} + \underline{Z}_{2V} + \underline{Z}_{0V} + 3 \cdot \underline{Z}_{L}}$$

Analog ergibt sich für die Nullsystemspannung

$$\underline{U}_{0\mathrm{V}} = \underline{U}_{0\mathrm{V}}(\underline{U}_{1\mathrm{q}}) + \underline{U}_{0\mathrm{V}}(\underline{U}_{2\mathrm{q}}) + \underline{U}_{0\mathrm{V}}(\underline{I}_{\mathrm{A}})$$

Mit

$$\underline{U}_{0\mathrm{V}}(\underline{U}_{1\mathrm{q}}) = \frac{-\underline{Z}_{0\mathrm{V}} \cdot \underline{U}_{1\mathrm{q}}}{\underline{Z}_{1\mathrm{V}} + \underline{Z}_{2\mathrm{V}} + \underline{Z}_{0\mathrm{V}} + 3 \cdot \underline{Z}_{\mathrm{L}}}$$

$$\underline{U}_{0\mathrm{V}}(\underline{U}_{2\mathrm{q}}) = \frac{-\underline{Z}_{0\mathrm{V}} \cdot \underline{U}_{2\mathrm{q}}}{\underline{Z}_{1\mathrm{V}} + \underline{Z}_{2\mathrm{V}} + \underline{Z}_{0\mathrm{V}} + 3 \cdot \underline{Z}_{\mathrm{L}}} \tag{3-59}$$

$$\underline{U}_{0\mathrm{V}}(\underline{I}_{\mathrm{A}}) = \frac{1}{3} \cdot \frac{-3 \cdot \underline{Z}_{\mathrm{L}} \cdot \underline{Z}_{0\mathrm{V}} \cdot \underline{I}_{\mathrm{A}}}{\underline{Z}_{1\mathrm{V}} + \underline{Z}_{2\mathrm{V}} + \underline{Z}_{0\mathrm{V}} + 3 \cdot \underline{Z}_{\mathrm{L}}}$$

Bei separater Betrachtung der der in den Gleichungen (3-57) und (3-59) aufgeführten Anteile an der Gegensystemspannung $\underline{U}_{2\mathrm{V}}$ und Nullsystemspannung $\underline{U}_{0\mathrm{V}}$ ist es anzustreben die jeweiligen Beträge der Anteile zu reduzieren. Dabei sind folgende Maßnahmen anzustreben:

- Reduzierung der Gegensystemspannung des übergeordneten Netzes $\qquad \underline{U}_{2\mathrm{q}} \to 0$
- Reduzierung der Gegensystemimpedanz $\qquad \underline{Z}_{2\mathrm{V}} \to 0$
- Erhöhung der Impedanz der 1-phasig angeschlossenen parallelen Anlagen im Netz

  $\qquad \underline{Z}_{\mathrm{L}} \to \infty$
- Reduzierung des unsymmetrischen Anlagenstroms $\qquad \underline{I}_{\mathrm{A}} \to 0$

Wie oben aufgeführt wird eine Änderung der Mitsystemspannung nicht weiterverfolgt. Für die Nullsystemimpedanz $\underline{Z}_{0\mathrm{V}}$ gilt für die Reduzierung der Nullsystemspannung $\underline{Z}_{0\mathrm{V}} \to 0$. Wohingegen eine Erhöhung der Nullsystemimpedanz mit dem Ziel $\underline{Z}_0 \to \infty$ gemäß Gleichung (3-57) die Gegensystemspannung reduziert. Für $\underline{Z}_{0\mathrm{V}} \to \infty$ könnten die 1-phasig angeschlossenen Anlagen nicht betrieben werden, so dass Maßnahmen, welche eine Erhöhung der Nullsystemimpedanz hervorrufen, nicht weiter betrachtet werden.

Unter Annahme einer vektoriellen Addition der Einflüsse der verschiedenen Quellen ist für die Gegensystemspannung folgender Zusammenhang anzustreben

$$\underline{U}_{2\mathrm{V}}(\underline{U}_{1\mathrm{q}}) + \underline{U}_{2\mathrm{V}}(\underline{U}_{2\mathrm{q}}) + \underline{U}_{2\mathrm{V}}(\underline{I}_{\mathrm{A}}) = 0 \tag{3-60}$$

Durch Umstellen und Einsetzen der Ausdrücke aus Gleichung (3-59) gilt

$$\frac{(\underline{Z}_{1\mathrm{V}} + \underline{Z}_{0\mathrm{V}} + 3 \cdot \underline{Z}_{\mathrm{L}}) \cdot \underline{U}_{2\mathrm{q}} - \underline{Z}_{2\mathrm{V}} \cdot \underline{U}_{1\mathrm{q}}}{\underline{Z}_{1\mathrm{V}} + \underline{Z}_{2\mathrm{V}} + \underline{Z}_{0\mathrm{V}} + 3 \cdot \underline{Z}_{\mathrm{L}}} = \frac{\underline{Z}_{\mathrm{L}} \cdot \underline{Z}_{2\mathrm{V}} \cdot \underline{I}_{\mathrm{A}}}{\underline{Z}_{1\mathrm{V}} + \underline{Z}_{2\mathrm{V}} + \underline{Z}_{0\mathrm{V}} + 3 \cdot \underline{Z}_{\mathrm{L}}} \tag{3-61}$$

Unter Annahme, dass der linke Ausdruck der Gegensystemspannung vor Anschluss der Kundenanlage entspricht, gilt

$$\underline{U}_{2\,\mathrm{vor}} = \frac{\underline{Z}_{\mathrm{L}} \cdot \underline{Z}_{2\mathrm{V}} \cdot \underline{I}_{\mathrm{A}}}{\underline{Z}_{1\mathrm{V}} + \underline{Z}_{2\mathrm{V}} + \underline{Z}_{0\mathrm{V}} + 3 \cdot \underline{Z}_{\mathrm{L}}} \tag{3-62}$$

Und unter Annahme $\underline{Z}_{1\mathrm{V}} + \underline{Z}_{2\mathrm{V}} + \underline{Z}_{0\mathrm{V}} \ll 3 \cdot \underline{Z}_{\mathrm{L}}$ folgt

$$\underline{U}_{2\,\mathrm{vor}} = 1/3 \cdot \underline{Z}_{2\mathrm{V}} \cdot \underline{I}_{\mathrm{A}} \tag{3-63}$$

Diese Bedingung ist hinsichtlich einer optimalen Kompensation der Gegensystemspannung am betrachteten Verknüpfungspunkt anzustreben. Es ist jedoch zu beachten, dass $\underline{U}_{2\mathrm{q}}$ und $\underline{I}_{\mathrm{A}}$ i. A. unabhängig voneinander und zeitlich veränderlich sind.

3.7.1 Verringerung der Gegensystemspannung des übergeordneten Netzes

Die Gegensystemspannung des übergeordneten Netzes resultiert zum einen aus den unsymmetrischen Koppelimpedanzen der Betriebsmittel zwischen den Außenleitern und zum anderen aus einer unsymmetrischen Belastung des Netzes.

Die Symmetrierung der Koppelimpedanzen zwischen den Außenleitern ist durch eine höhere Verdrillung [38], [42, Kap. 9.4.3] und einer geeigneten Verlegung der Leitungen sowie bei Kabelnetzen der Wahl der Drehstromkabel zu erreichen [42, Kap. 10]. Die genannten Maßnahmen sind bereits bei der Planung des Netzes und der Verlegung der Leitungen zu berücksichtigen. Eine nachträgliche Anpassung erscheint unter ökonomischen Gesichtspunkten nur in Zusammenhang mit Erweiterungs- und Instandhaltungsmaßnahmen als zweckmäßig.

Die unsymmetrische Belastung des übergeordneten Netzes kann durch Vorgaben des maximalen Gegensystemstroms von Kundenanlagen und untergeordneten (Niederspannungs-)Netzen, welche am übergeordneten Netz angeschlossen sind, und durch eine gleichmäßige Verteilung unsymmetrisch betriebener Kundenanlagen auf die Außenleiter begrenzt werden. Beide begrenzende Maßnahmen bieten sowohl technische als auch ökonomische Vorteile. Es ist zu empfehlen den resultierenden Gegensystemstrom mehrerer Kundenanlagen bzw. untergeordneter Netze messtechnisch über einen ausreichend langen Zeitraum zu erfassen. So kann eine geeignete Wahl der Außenleiter, an die neu zu installierende unsymmetrisch betriebene Kundenanlagen anzuschließen sind, getroffen werden. Ebenfalls ist es anhand der Messergebnisse möglich gezielte Umschaltungen von Kundenanlagen vorzunehmen.

3.7.2 Verringerung der wirksamen Gegen- bzw. Nullsystemimpedanz am Verknüpfungspunkt

Eine Verringerung der wirksamen Gegensystemimpedanz erfolgt durch eine Erhöhung der Kurzschlussleistung bspw. durch Einsatz von Leitungen mit größerem Querschnitt, parallele Leitungen, Tausch von Freileitungen durch Kabel, Einsatz von Transformatoren mit höheren Kurzschlussleistungen oder Parallelbetrieb von Transformatoren. Für die Nullsystemimpedanz gilt $\underline{Z}_0 = \underline{Z}_L + 3 \cdot \underline{Z}_{Rü}$ [65]. Somit kann die Nullsystemimpedanz zusätzlich durch eine Reduzierung der Rückleiterimpedanz bspw. infolge zusätzlicher *Erder* verringert werden (siehe Abschnitt 3.4).

Die erwähnten Maßnahmen sind mit einem Netzausbau verbunden. Dieser ist i. A. mit hohen Kosten und Aufwand behaftet. Daher ist es anzustreben zunächst andere Möglichkeiten zur Reduzierung der Unsymmetrie umzusetzen.

Eine zweite Möglichkeit zur Erhöhung der Kurzschlussleistung ist, falls es die geografischen Begebenheiten erlauben, der Betrieb des Netzes als Ringnetz oder vermaschtes Netz. Beide Betriebsarten erhöhen den Aufwand bei der Betriebsführung und erfordern ggf. eine Anpassung des Schutzkonzepts. Daher ist zwischen dem Nutzen einer erhöhten Kurzschlussleistung und den Herausforderungen an Schutz und Betriebsführung abzuwägen.

3.7.3 Verringerung des Gegen- bzw. Nullsystemstroms der anzuschließenden Kundenanlage

Der Gegen- bzw. Nullsystemstrom einer einzelnen Kundenanlage kann reduziert bzw. vermieden werden indem die Kundenanlage symmetrisch 3 x 1-phasig bzw. 3-phasig betrieben wird. Unter Berücksichtigung, dass einzelne Schaltkreise in Haushalten bzw. teils ganze Wohnungen nur 1-phasig versorgt und elektrische (Haushalts-) Geräte entsprechend nur über einen Außen- und einen Rückleiter versorgt werden, kann diese Maßnahme nur dann angewandt werden, wenn ein Drehstromanschluss zur Verfügung steht. Auch dann ist zu prüfen unter welchen Bedingungen die entsprechenden Geräte bzw. Kundenanlagen zum Einsatz kommen und inwieweit eine Umsetzung als 3 x 1-phasig bzw. 3-phasig zweckmäßig ist.

Eine weitere Möglichkeit ist die Verringerung des (unsymmetrischen) Betriebsstromes [19], [81]. Wobei hier zu berücksichtigen ist, dass ein bestimmter (minimaler) Betriebsstrom zur Aufrechterhaltung der Funktionalität notwendig ist. Somit kann der Betriebsstrom nicht beliebig weit reduziert werden.

Der Gegen- bzw. Nullsystemstrom kann ebenfalls durch passive Elemente basierend auf einer Steinmetzschaltung reduziert werden [82]. Diese Art der Schaltung wurde ursprünglich für den Betrieb von dreisträngigen Induktionsmaschinen am Wechselstromnetz entwickelt [83]. In Anhang A.7 sind Beispiele zur Anwendung der Steinmetzschaltung zur Kompensation des Gegensystem- bzw. Nullsystemstroms aufgeführt. Die Reduzierung des Gegen- bzw. Nullsystemstroms mittels Steinmetzschaltung erfordert einen Drehstromanschluss der, wie oben beschrieben, nicht überall zur Verfügung steht. Die entsprechenden Kapazitäten und Induktivitäten sind an den jeweiligen Betriebsstrom der Kundenanlage anzupassen. Durch den Einsatz der Kapazitäten und Induktivitäten können ungewollte Resonanzen im Netz entstehen und die

Beträge der Außenleiterströme der durch eine unsymmetrisch betrieben Kundenanlage nicht belasteten Außenleiter und somit auch die Netzverluste werden erhöht. Infolge der Vielzahl an Nachteilen ist diese Maßnahme nur für spezielle Einzelanwendungen zu empfehlen.

Eine weitere Maßnahme zur Verringerung ist es die Kundenanlage an einem modularen Netz zu betreiben, welches über entsprechende Umrichter vom öffentlichen (NS-)Netz entkoppelt ist [84]. Diese Maßnahme ist aufgrund der Mehrkosten und des entsprechenden Aufwands zum Betrieb eines modularen Netzes sowie mögliche negative Netzrückwirkungen (Harmonische, Supraharmonische) voraussichtlich nur für spezielle Einzelanwendungen zweckmäßig.

3.7.4 Erhöhung der unsymmetrischen Lastimpedanz parallel betriebener Anlagen

Eine Erhöhung der unsymmetrischen Lastimpedanz parallel betriebener Anlagen geht einher mit der Reduzierung des resultierenden Gegen- bzw. Nullsystemstroms. Dieser kann durch Maßnahmen zur Reduzierung des Gegen- bzw. Nullsystemstroms der einzelnen Kundenanlagen verringert werden (siehe vorangestellten Abschnitt 3.7.3). Weiterhin können ähnlich der Gruppenkompensation beim Einsatz von Blindleistungskompensationsanlagen [61, Sec. 12.6.3] mehrere Kundenanlagen gemeinsam über eine Steinmetzschaltung mit oder ohne vorgeschalteten Transformator symmetriert oder über ein modulares Netz versorgt werden. Auch in diesem Fall ist eine Kosten-Nutzenanalyse zwingend zu empfehlen. Aufgrund einer Vielzahl betriebener Kundenanlagen steigt der Nutzen gegenüber der Anwendung für einzelne Kundenanlagen.

Ohne Einsatz weiterer Schaltungen kann der Gegen- und Nullsystemstrom mehrerer unsymmetrisch betriebener Kundenanlagen im Netz durch eine zyklische und symmetrische Aufteilung auf die Außenleiter bei Anschluss der Kundenanlagen an das Netz reduziert werden z. B. zyklische und symmetrische Aufteilung der Leistung von PV-Anlagen auf die Außenleiter [15]. Diese Maßnahme erfordert Kenntnis darüber, welche Außenleiterzuordnung am Hausanschluss der Außenleiterzuordnung an der Transformatorsammelschiene entspricht und an welche Außenleiter die entsprechenden Kundenanlagen der anderen Hausanschlüsse angeschlossen sind.

Bei Betrieb von Kundenanlagen mit hoher Leistung, langer Betriebsdauer und hoher Gleichzeitigkeit z. B. EVs kann die Außenleiterzuordnung auch zu Beginn des Ladevorgangs erfolgen [85]. Neben der oben angesprochenen Kenntnis über die Außenleiterzuordnung ist eine Strommessung an einem übergeordneten Verknüpfungspunkt wie bspw. der Transformatorsammelschiene erforderlich. Neben der Installation der Messtechnik ist eine sichere und zuverlässige Übertragung und Auswertung der Messdaten notwendig. Weiterhin ist, bei gleichzeitigem Beginn mehrerer Ladevorgänge, eine entsprechende Regelung vorzusehen, die verhindert, dass alle EV den gleichen Außenleiter zugewiesen bekommen.

3.7.5 Beeinflussung des Phasenwinkels des Gegen- bzw. Nullsystemstroms

Durch Einspeisung eines Gegen- bzw. Nullsystemstroms mit entsprechendem Phasenwinkel kann eine Spannungsänderung über der wirksamen Impedanz generiert werden, die der Vorbelastung des Netzes entgegenwirkt.

Einsatz rotierender elektrischer Maschinen

Elektrische rotierende Maschinen wie z. B. Synchrongeneratoren (SG) bewirken durch ihr elektrisches Verhalten am Netz eine Reduzierung der Gegensystemspannung. Dieser Effekt wird anhand der ESBs in Bild 3-12 erläutert, wobei die Impedanz des vorgelagerten Netzes als Quellimpedanz $R_\mathrm{q} + j \cdot X_\mathrm{q}$ interpretiert wird.

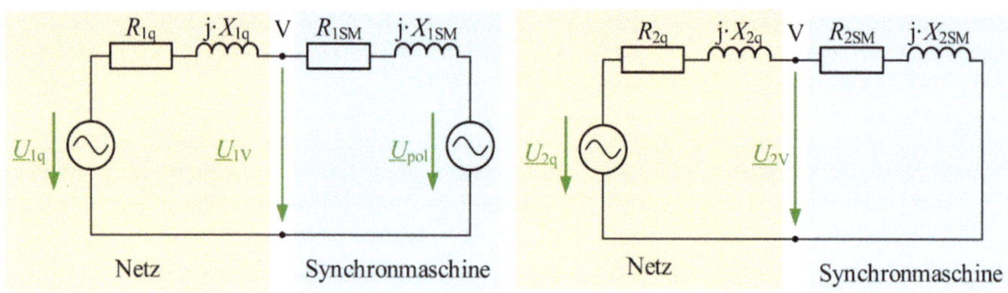

Bild 3-12:   Ersatzschaltbilder eines Synchrongenerators im Mit- und Gegensystem

Der Arbeitspunkt von SGs kann über die Polradspannung $\underline{U}_{pol}$ eingestellt werden. Somit wirken SGs nicht als passive Kundenanlagen und die in Abschnitt 3.5.3 gezeigten Zusammenhänge können nicht übertragen werden. Für die folgende Betrachtung wird angenommen, dass durch den Arbeitspunkt die Mitsystemspannung betragsmäßig nicht reduziert wird und k_{u2} maßgeblich von U_{2V} beeinflusst wird. Ausgehend von Bild 3-12 kann die Gegensystemspannung am Verknüpfungspunkt wie folgt berechnet werden

$$\underline{U}_{2V} = \frac{R_{2SM} + j \cdot X_{2SM}}{R_{2SM} + R_{2q} + j \cdot \left(X_{2SM} + X_{2q}\right)} \cdot \underline{U}_{2q} \tag{3-64}$$

Da sowohl die Impedanz des Netzes $R_{2q} + j \cdot X_{2q}$ als auch die des SGs $R_{2SM} + j \cdot X_{2SM}$ im Gegensystem ohmsch-induktiv wirken, wird die Gegensystemspannung am Verknüpfungspunkt mit abnehmender Impedanz der Maschine geringer. Da eine Gegensystemspannungsunsymmetrie zu zusätzlichen thermischen und mechanischen Beanspruchungen in einer elektrischen rotierenden Maschine führt [42], [43, Kap. 6] ist diese Art der Unsymmetriereduzierung nur eingeschränkt zu empfehlen.

Koordinierte Außenleiterzuordnung

Neben der in Abschnitt 3.7.3 erwähnten Außenleiterwahl zur Reduzierung des Betrags des Gegen- bzw. Nullsystemstroms mehrerer Kundenanlagen kann durch eine koordinierte Außenleiterzuordnung der Phasenwinkel des Gegen- bzw. Nullsystemstroms beeinflusst werden. Im Folgenden wird die Reduzierung am Beispiel der Gegensystemspannung dargestellt. Die Prinzipien können jedoch analog auf das Nullsystem übertragen werden.

Gemäß der Herleitung in Gleichung (3-61) bis (3-63) und den entsprechenden Annahmen gilt bei Anschluss einer 1-phasig betriebenen Kundenanlage zwischen Bezugsleiter „a" und Rückleiter

$$\underline{U}_{2V} = \underline{U}_{2\,vor} - \frac{1}{3} \cdot \underline{Z}_{2V} \cdot \underline{I}_{A} \tag{3-65}$$

Für eine allgemeine Betrachtung kann der Zusammenhang wie folgt beschrieben werden

$$\underline{U}_{2V} = \underline{U}_{2\,vor} - \underline{Z}_{2V} \cdot \underline{I}_{2} \tag{3-66}$$

Unter der Annahme, dass die Beträge von $\underline{Z}_2$, $\underline{U}_{2\,vor}$ und $\underline{I}_2$ sowie die Phasenwinkel von $\underline{U}_{2\,vor}$ und $\underline{Z}_2$ konstant bleiben, ist eine Reduzierung der Gegensystemspannung am Verknüpfungspunkt nur über den Phasenwinkel von $\underline{I}_2$ möglich. Gemäß Gleichung (3-66) gilt

$$U_{2V} \cdot e^{j \cdot \varphi_{U2V}} = U_{2\,vor} \cdot e^{j \cdot \varphi_{U2\,vor}} - Z_2 \cdot I_2 \cdot e^{j \cdot (\varphi_{Z2} + \varphi_{I2})} \tag{3-67}$$

Und durch Umstellen erhält man

$$U_{2V} \cdot e^{j \cdot (\varphi_{U2V} - \varphi_{U2\,vor})} = U_{2\,vor} - Z_2 \cdot I_2 \cdot e^{j \cdot (\varphi_{Z2} + \varphi_{I2} - \varphi_{U2\,vor})} \tag{3-68}$$

Für einen möglichst kleinen Betrag U_{2V} ist ein Winkel $\varphi_{Z2} + \varphi_{I2} - \varphi_{U2\,vor} = 0$ anzustreben bzw.

$$\varphi_{I2} = \varphi_{U2\,vor} - \varphi_{Z2} \tag{3-69}$$

Für 1-phasig betriebene Anlagen gilt, unter folgenden Annahmen:

- Außenleiter „a" ist Bezugsleiter
- Außenleiter-Rückleiterspannungen sind am Verknüpfungspunkt um jeweils 120° gegeneinander verschoben
- Winkel des Anlagenstroms φ_{IA} ist stets auf den Winkel der Außenleiter-Rückleiterspannung bezogen an den die Kundenanlage angeschlossen ist

Für den Winkel des Gegensystemstroms

Anschluss zwischen Außenleiter „a" und Rückleiter	$\varphi_{I2} = \varphi_{IA}$	
Anschluss zwischen Außenleiter „b" und Rückleiter	$\varphi_{I2} = \varphi_{IA} - 120°$	(3-70)
Anschluss zwischen Außenleiter „c" und Rückleiter	$\varphi_{I2} = \varphi_{IA} + 120°$	

Mit den so getroffenen Annahmen nimmt der Betrag des Winkels $\varphi_{Z2} + \varphi_{I2} - \varphi_{U2\,vor}$ seinen kleinsten Wert an, wenn gemäß Gleichung (3-71) der entsprechende Außenleiter (a, b, c) für den Anschluss der 1-phasig betrieben Anlage gewählt wird. Die benötigten Winkel φ_{IA} und φ_{Z2} können anhand der Gerätecharakteristik und der Kenntnis der Grundschwingungs-Netzimpedanz am Verknüpfungspunkt ermittelt werden. Der Winkel $\varphi_{U2\,vor}$ ist durch eine entsprechende Spannungsmessung zu bestimmen.

$$a: \; -60° < \varphi_{U2\,vor} - \varphi_{Z2} - \varphi_{IA} \leq 60°$$

$$b: \;\;\; 60° < \varphi_{U2\,vor} - \varphi_{Z2} - \varphi_{IA} \leq 180°$$

$$c: \; 180° < \varphi_{U2\,vor} - \varphi_{Z2} - \varphi_{IA} \leq 300°$$

$$(3\text{-}71)$$

Analog kann der am besten geeignete Außenleiter zur Reduzierung der Nullsystemspannung am Verknüpfungspunkt bestimmt werden. Für 1-phasig angeschlossene Kundenanlagen gilt

$$a: \; -60° < \varphi_{U0\,vor} - \varphi_{Z0} - \varphi_{IA} \leq 60°$$

$$b: \; 180° < \varphi_{U0\,vor} - \varphi_{Z0} - \varphi_{IA} \leq 300°$$

$$c: \;\;\; 60° < \varphi_{U0\,vor} - \varphi_{Z0} - \varphi_{IA} \leq 180°$$

$$(3\text{-}72)$$

Für Niederspannungsnetze, die über einen Transformator mit einer Dyn Schaltung mit dem übergeordneten Netz verbunden sind, gilt, dass keine Nullsystemspannung zwischen den Spanungsebenen übertragen wird (siehe Abschnitt 3.2). In diesem Fall resultiert die Nullsystemspannung aus dem Nullsystemstrom der mit dem Rückleiter verbundenen Kundenanlagen und der Nullsystemimpedanz des Niederspannungsnetzes. Somit bewirkt eine Verringerung der Nullsystemspannung ebenfalls eine Verringerung des Rückleiterstroms.

Nutzung der Blindleistungsregelung

Kundenanlagen, die über einen Wechsel- bzw. Gleichrichter mit dem Netz verbunden sind, können zur Blindleistungsregelung genutzt werden. So werden bspw. PV-Anlagen bestimmte Blindleistungskennlinien in Abhängigkeit der Spannung bzw. der eingespeisten Wirkleistung hinterlegt [47]. Diese Möglichkeit erlaubt es theoretisch die entsprechenden Kundenanlagen im Netz induktiv bzw. kapazitiv zu betreiben und somit eine Änderung des Phasenwinkels des Gegen- bzw. Nullsystemstroms zu bewirken. [86] zeigt dies beispielhaft für PV-Anlagen in Kombination mit einer phasenselektiven Reduzierung der Wirkleistungseinspeisung. Bei Nutzung der Blindleistungsregelung von Kundenanlagen zur Reduzierung der Spannungsunsymmetrie ist zu berücksichtigen, dass dies zu einer Erhöhung der Spannungsdifferenz führen kann.

3.8 Auswahl des Messorts zur Bestimmung der höchsten Spannungsunsymmetrie

Die Überwachung der Elektroenergiequalität in realen Netzen erfolgt mittels dafür geeigneter Messgeräte [87]. Da ein flächendeckender Einsatz von Messtechnik mit Messgeräten an jedem Verknüpfungspunkt, sowohl logistisch als auch ökonomisch nicht sinnvoll ist, ist eine zentrale Fragestellung einer messtechnischen Überwachung die Auswahl geeigneter Messstellen. Die Eignung der Messstelle hängt dabei vom zu untersuchenden Kriterium ab. In Hinblick der Bewertung der Spannungsunsymmetrie in einem Niederspannungsnetz wird im optimalen Fall an dem Verknüpfungspunkt gemessen an welchem der höchste zu bewertende Quantilwert der Spannungsunsymmetrie auftritt. Bezogen auf den in Gleichung (2-40) gegebenen Zusammenhang wird i. A. davon ausgegangen, dass die höchste Spannungsunsymmetrie am Ende eines Abgangs auftritt. Um für Messungen den Verknüpfungspunkt bzw. das entsprechende Abgangsende abzuschätzen, an dem die höchste Spannungsunsymmetrie zu erwarten ist, werden im Folgenden zwei mögliche Ansätze beschrieben. Beide Ansätze nutzen eine Hilfskenngröße $d_{\text{u2 }V}$ welche als abgeschätzte Spannungsunsymmetrie bezeichnet wird.

Für die nachfolgenden Erläuterungen werden Netzen mit Haushaltslasten HH, PVs und EVs betrachtet. Die Ansätze können jedoch um weitere unsymmetrisch betrieben Geräte(-klassen) erweitert werden.

Ohne Kenntnis der Außenleiterzuordnung der unsymmetrischen Kundenanalgen wird die abgeschätzte Spannungsunsymmetrie $d_{\text{u2 }V}$ je Verknüpfungspunkt V mittels eines Summationsexponenten α wie folgt bestimmt

$$d_{\text{u2 }V} = \sqrt[\alpha]{d_{\text{u2 }V-1}^{\alpha} + \sum_{x=1}^{n_{\text{HH }V}} \left(\left(\frac{S_{\text{un2 EV }x}}{S_{\text{k }V}} \right)^{\alpha} + \left(\frac{S_{\text{un2 PV }x}}{S_{\text{k }V}} \right)^{\alpha} + \left(\frac{S_{\text{un2 HH }x}}{S_{\text{k }V}} \right)^{\alpha} \right)} \tag{3-73}$$

Die Summe der Anzahl an Haushalten, die an dem zu betrachtenden Verknüpfungspunkt und an allen nachfolgenden Verknüpfungspunkten angeschlossen sind, ist mit $n_{\text{HH }V}$ gekennzeichnet. Für eine leichtere Interpretation der Zählvariablen V und x ist in Bild 3-13 vereinfacht ein einsträngiges Niederspannungsnetz mit drei Verknüpfungspunkten dargestellt.

Für das dargestellte Netz ist somit für den Verknüpfungspunkt $V = 3$ die Summe über $x = 1$ bis $x = 3$ und für den Verknüpfungspunkt $V = 2$ über $x = 1$ bis $x = 7$ zu bilden.

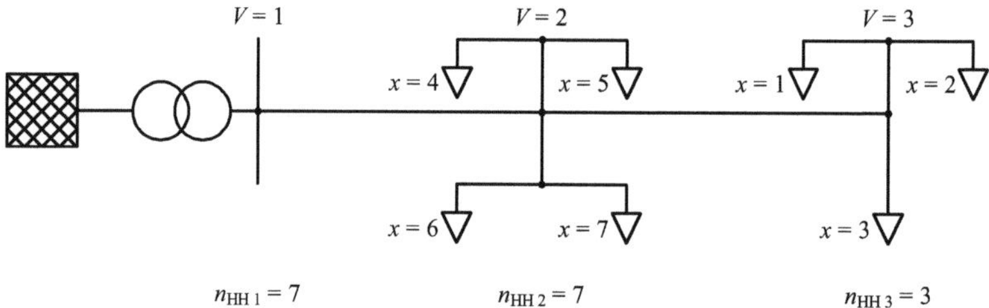

Bild 3-13: Darstellung eines einsträngigen Niederspannungsnetzen zur Verdeutlichung der genutzten Zählvariablen

Mit $V - 1$ wird der vorgelagerte Verknüpfungspunkt bezeichnet und für die Transformatorsammelschiene gilt $V = 1$. Für die entsprechende Berechnung von $d_{\text{u2 }1}$ an der Transformatorsammelschiene wird $d_{\text{u2 }0}$ zu Null gesetzt. $S_{\text{un2 EV }x}$, $S_{\text{un2 PV }x}$ und $S_{\text{un2 HH }x}$ beschreiben den jeweils unsymmetrischen Leistungsanteil der EVs, PV-Anlagen und Haushaltslasten, die sich anhand ihrer installierten Leistung und der Anzahl der Außenleiter, an die sie angeschlossen sind, ergeben. Für $S_{\text{un2 HH }x}$ ist ein geeigneter Wert zu wählen.

Mit Kenntnis der Außenleiterzuordnung der unsymmetrischen Kundenanlagen wird zunächst der unsymmetrische Leistungsanteil je Haushalt x wie folgt berechnet

$$\underline{S}_{\mathrm{un2}\,x} = \underline{S}_{\mathrm{un2\,EV}\,x} + \underline{S}_{\mathrm{un2\,PV}\,x} \tag{3-74}$$

Es wird angenommen, dass die Außenleiterzuordnung der Haushaltslasten unbekannt ist. Aus diesem Grund ist der unsymmetrische Leistungsanteil der Haushaltslasten für diesen Ansatz nicht mit aufgeführt. Der unsymmetrische Leistungsanteil je EV wird anhand der installierten Leistung je Außenleiter wie folgt berechnet

$$\underline{S}_{\mathrm{un2\,EV}\,x} = \left(\underline{S}_{\mathrm{a\,EV}\,x} + \underline{a}^2 \cdot \underline{S}_{\mathrm{b\,EV}\,x} + \underline{a} \cdot \underline{S}_{\mathrm{c\,EV}\,x}\right) \tag{3-75}$$

Die abgeschätzte Spannungsunsymmetrie je Verknüpfungspunkt V wird wie folgt bestimmt

$$\underline{d}_{\mathrm{u2}\,V} = \underline{d}_{\mathrm{u2}\,V-1} + \frac{1}{S_{\mathrm{k}\,V}} \cdot \sum_{x=1}^{n_{\mathrm{HH}\,V}} \underline{S}_{\mathrm{un2}\,x} \tag{3-76}$$

Für die Berechnung von $\underline{d}_{\mathrm{u2}\,1}$ an der Transformatorsammelschiene wird $\underline{d}_{\mathrm{u2}\,0}$ zu Null gesetzt. Wie aus Gleichung (3-76) ersichtlich, bleibt der Netzimpedanzwinkel unberücksichtigt.

Für beide Ansätze wird der Verknüpfungspunkt als Messort gewählt, der den höchsten höchsten Betrag $d_{\mathrm{u2}\,V}$ aufweist. Trifft dies auf mehrere Verknüpfungspunkte zu, so wird aus diesen Verknüpfungspunkten derjenige mit der geringsten Kurzschlussleistung bestimmt und bei erneuter Parität wird der Verknüpfungspunkt des Abgangs mit der höheren Anzahl an Haushaltslasten als Messort gewählt. Sollte danach erneut eine Parität vorliegen wird der Messort aus allen verbleibenden Verknüpfungspunkten über eine Gleichverteilung bestimmt.

Beide Ansätze werden in Abschnitt 5.2.6 anhand von Simulationsergebnissen bewertete.

4 Simulationskonzept und -modelle

Das vorliegende Kapitel beschreibt Grundlagen, Vorgehen und Vorbetrachtungen zur simulativen Untersuchung des Einflusses unsymmetrisch betriebener Kundenanlagen auf die Unsymmetrie. In Abschnitt 4.1 wird ein Überblick über die im Niederspannungsnetz installierten Erzeugungsanlagen und die Abschätzung deren Ausbaupotentials sowie der in Deutschland zugelassenen EVs gegeben. In Abschnitt 4.2 wird der prinzipielle Simulationsablauf vorgestellt. Abschnitt 4.3 legt die stochastische Beschreibung für Berechnungen mit Verteilungsfunktionen dar und Abschnitt 4.4 beschreibt Simulationsmodell für Monte-Carlos-Simulationen.

4.1 Auswahl an Kundenanlagen

Die Auswahl an Kundenanlagen konzentriert sich, hinsichtlich des Fokus' der Arbeit, auf PV-Anlagen und EVs. Für einen Gesamtüberblick wird jedoch eine Übersicht der Erzeugungsanlagen im Niederspannungsnetz gegeben. Zudem werden als Grundlast des Netzes Haushaltslasten als weitere Kundenanlagen gewählt, jedoch nicht explizit in diesem Kapitel aufgeführt.

4.1.1 Erzeugungsanlagen im Niederspannungsnetz

Zur Abschätzung der Erzeugungsanlagen im Niederspannungsnetz werden die veröffentlichten EEG-Anlagenstammdaten bis zum 31.12.2018 nach [88] sowie die in [89] veröffentlichten Daten zu installierten KWK-Anlagen bis zum 31.12.2017 betrachtet. Dabei werden alle KWK-Anlagen mit einer installierten Leistung bis 50 kW dem Niederspannungsnetz zugeordnet. Die installierte KWK-Anlagenleistung wird anhand einer durchschnittlichen installierten Anlagenleistung basierend auf den in [90] aufgeführten Daten abgeschätzt. Die veröffentlichten Zahlen sind in Tabelle 4-1 zusammengefasst.

Tabelle 4-1: Übersicht installierte Erzeugungsanlagen in deutschen Niederspannungsnetzen bis einschließlich 31.12.2018 [88]–[90]

Erzeugungstyp	Anzahl Anlagen	Summe der installierten Leistung in MW	Prozentualer Anteil an der gesamt installierten Anzahl an Anlagen	Prozentualer Anteil an der gesamt installierten Leistung
Biomasse	3.682	534,5	0,21	2,08
Deponie-, Klär- und Grubengas	107	12,1	0,01	0,05
Solarstrom	1.691.261	24.105,6	96,97	93,83
Wasserkraft	5.229	220,7	0,30	0,86
Windkraft	904	39,4	0,05	0,15
KWK-Anlagen[7]	48.888	780,0	2,46	3,03

Aus Tabelle 4-1 ist ersichtlich, dass in heutigen deutschen Niederspannungsnetzen PV-Anlagen sowohl bei den installierten Erzeugungsanlagen, als auch bei der installierten Leistung von Erzeugungsanlagen mit jeweils über 90 % an der Gesamtzahl der installierten Anlagen und installierten elektrischen Leistung den mit Abstand größten Anteil aufwiesen. Verglichen mit dem Jahr 2013 ist der relative Anteil geringfügig gestiegen (siehe Anhang Tabelle A.2-7). Es wird davon ausgegangen, dass sich die relativen Zahlen auch zukünftig in Deutschland nur marginal ändern.

Unter Berücksichtigung der politischen Umweltziele zur Begrenzung des anthropogenen CO_2-Ausstoßes [91] ist neben einer stärkeren Sektorenkopplung auch eine höhere installierte elektrische Leistung von *erneuerbaren Energien* nötig [4]. Tabelle 4-2 gibt einen Überblick der bis 2040 benötigten installierten elektrischen Leistung zum Erreichen einer klimaneutralen Energieversorgung bei Berücksichtigung von Effizienzmaßnahmen.

---

[7] Daten basieren auf Abschätzungen der Daten von installierten KWK-Anlagen bis zum 31.12.2017

Tabelle 4-2:   Entwicklung der regenerativen Stromerzeugung in Deutschland

Erzeugung	Installierte Leistung 2019 in GW [92]	Installierte Leistung 2040 in GW [4]
Photovoltaik	49,0	415
Windkraft onshore	53,3	199
Windkraft offshore	7,5	76
Biomasse[8]	8,9	20
Wasserkraft	5,6	7
Summe	124,3	717

In Hinblick auf den Zubau neuer Erzeugungsanlagen ist anzunehmen, dass Windkraftanlagen sowohl onshore als auch offshore aufgrund der installierten Leistung weiterhin in höheren Netzebenen angeschlossen werden. Ebenfalls ist davon auszugehen, dass ein Großteil der Biomasseanlagen infolge höherer elektrischer installierter Leistung nicht an das Niederspannungsnetz angeschlossen werden. Hinsichtlich der Wasserkraft werden keine oder nur sehr wenige neue Wasserkraftanlagen installiert. Die höhere Leistung wird insbesondere durch Umbaumaßnahmen an bestehenden Anlagen erzielt [85, S. 75].

Die Installation der zusätzlich benötigten PV-Anlagen sollte aus ökologischer Sicht so erfolgen, dass keine zusätzlichen Flächen dafür benötigt werden. Das Potential für PV-Anlagen in Deutschland wird in [94] abgeschätzt (siehe Tabelle 4-3). Studien, wie bspw. [95] mit einem besonderen Schwerpunkt für Bayern, kommen zu einem vergleichbaren Ergebnis.

Tabelle 4-3:   Potential an installierbarer PV-Leistung in Deutschland [94]

Flächenart	Geschätztes Potential in GW
Dachflächen	96 – 240
Fassadenflächen	19 – 47
Versiegelte Flächen	54 – 134
Flächen entlang von Schienenwegen	45 – 111
Flächen entlang von Autobahnen	15 – 37
Gesamt	229 – 569

Wie aus Tabelle 4-3 ersichtlich, ist das Potential für Dach- und Fassadenflächen sehr hoch. Beide Flächenarten sind prädestiniert für PV-Anlagen mit einem Anschluss an das Niederspannungsnetz, so dass von einer weiteren Zunahme an PV-Anlagen in deutschen Niederspannungsnetzen auszugehen ist.

In Hinblick auf die Unsymmetrie ist die Anzahl der Außenleiter, über die die Erzeugungsanlagen im Betrieb in das Netz einspeisen, von besonderer Bedeutung. Bezugnehmend auf den in [35] maximal zulässigen unsymmetrischen Leistungsanteil für Kundenanlagen im NS-Netz von 4,6 kVA ist davon auszugehen, dass KWK-Anlagen höhere installierter elektrischer Leistung 3-phasig betrieben werden und KWK-Anlagen i. A. über einen Generator bzw. Umrichter in das Netz einspeisen. Untersuchungen an großen PV-Anlagen bspw. [96] zeigen, dass diese u. U. aus einer Vielzahl 1-phasig betriebener Wechselrichter bestehen, wobei die Vorgabe hinsichtlich der Unsymmetrie nach [35] eingehalten werden. Anhand eines Datensatzes installierter PV-Wechselrichter eines deutschen Flächennetzbetreibers [97] sowie der Datenblätter von PV-Wechselrichterherstellern geht hervor, dass in Übereinstimmung mit [35] Wechselrichter bis 4,6 kVA vorwiegend 1-phasig, bis 7 kVA 2 x 1-phasig sowie für größere Leistungen überwiegend 3 x 1-phasig bzw. 3-phasig betrieben werden.

Die in Deutschland beantragte installierte Leistung von PV-Anlagen wird in [88] aufgeführt. Dabei ist zu berücksichtigen, dass Gesamtanlagen teils aus mehreren beantragten Teilanlagen bestehen und somit nicht auf die tatsächliche Anzahl an PV-Anlagen geschlossen werden kann. Dennoch werden diese Angaben genutzt, um den Anteil an vorwiegend 1-phasig, 2 x 1-phasig sowie 3-phasig bzw. 3 x 1-phasig angeschlossenen PV-Anlagen abzuschätzen (siehe Bild 4-1). Anhand durchgeführter Untersuchungen zeigte sich, dass die beantragte Leistung u. U. größer als die Leistung des installierten Wechselrichters ausfällt, so dass angenommen wird, dass bis zu Leistung von 5,75 kW ein 1-phasiger und bis 8 kW ein 2 x 1-phasiger An-

---

[8] Für die Installierte Leistung 2019 sind biogene Brennstoffe, Biogas, Biomethan, Klär- und Deponiegas zu Biomasse zusammengefasst

schluss bzw. der Anschluss über zwei 1-phasige Wechselrichter des gleichen Typs an das Niederspannungsnetz erfolgt. Es ist ersichtlich, dass die vorwiegend unsymmetrisch betriebenen PV-Anlagen in deutschen Niederspannungsnetzen ca. 50 % der Gesamtzahl der PV-Anlagen entsprechen.

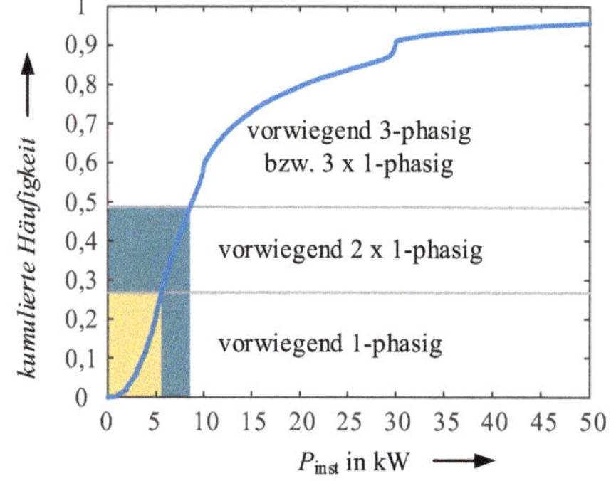

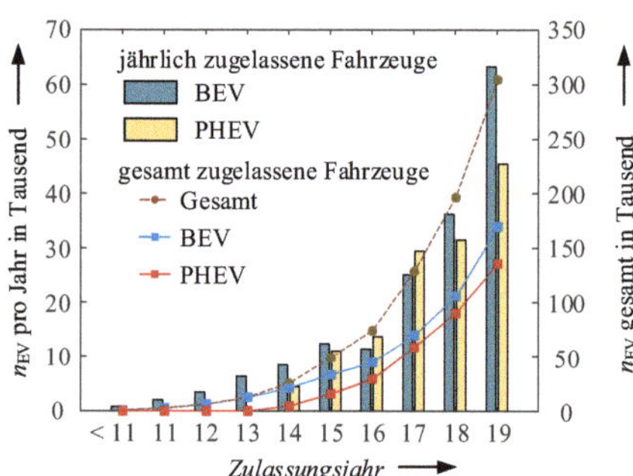

Bild 4-1:	Anlagengröße angemeldeter PV-Anlagen und Untergliederung in typische Anschlusstopologien in Deutschland [88], [97]	**Bild 4-2:**	Seit 2011 in Deutschland angemeldete BEV und PHEV in jährlicher Auflistung und aggregierter Gesamtanzahl zugelassener EVs [98], [99]

Die aufgezeigten Zusammenhänge rechtfertigen die Konzentration der vorliegenden Arbeit auf PV-Anlagen, da diese sowohl bei der Anlagenanzahl als auch der installierten elektrischen Leistung den mit Abstand größten Anteil in deutschen Niederspannungsnetzen bilden.

4.1.2 Elektrofahrzeuge

Die Typen und Anzahl der in Deutschland zugelassenen (Elektro- und Hybrid-) Kraftfahrzeuge sind in [98], [99] aufgeführt, wobei erst ab 2014 PHEVs separat in den Statistiken ausgewiesen werden. Bild 4-2 stellt die Angaben grafisch dar. Die Gesamtzahl der zugelassenen Fahrzeuge entspricht der Summe aller seit 2009 neu zugelassenen EVs ohne Berücksichtigung der aus dem Verkehr gezogenen Fahrzeuge.

EVs können über vier verschiedene Ladebetriebsarten geladen werden [100].

- Ladebetriebsart 1: Laden des EVs am Wechselstromnetz
- Ladebetriebsart 2: Laden des EVs am Drehstromnetz
- Ladebetriebsart 3: Laden des EVs am Wechselstromnetz mit spezifischem Ladesteckystem
- Ladebetriebsart 4: Laden des EVs durch ein externes Ladegerät

Während das Laden der EVs mittels der Ladebetriebsarten 1 bis 3 über einen im Fahrzeug installierten Gleichrichter erfolgt, werden EVs bei Ladebetriebsart 4 über ein externes Ladegerät geladen. Diese Ladebetriebsart wird für das Schnellladen (DC-Laden) genutzt. Messungen an Schnellladesäulen im Zuge verschiedener Projekte z. B. „ElmoNetQ" und „Daten Tanken" [15], [101] zeigen, dass der unsymmetrische Leistungsanteil dieser *Ladesäulen* im Betrieb i. A. ≤ 200 VA ist. Diese Leistung spiegelt den Leistungsbedarf der Steuerelektronik der Ladesäule wider. Infolge des sehr geringen Einflusses dieser Ladebetriebsart auf die Unsymmetrie wird sie, genauso wie weitere in der Literatur diskutierten Ansätze für schnelles Laden wie bspw. das Tauschen der Batterie des EVs [102], in dieser Arbeit nicht weiter betrachtet.

Anhand der in [98] angegebenen Fahrzeugtypen und der entsprechenden Herstellerangaben kann neben dem maximalen Energiegehalt der Fahrzeugbatterie auch die Anzahl der Außenleiter bestimmt werden, über die ein EV bei einem AC-Ladevorgang, gemäß [100] Ladebetriebsart 2, geladen wird. Daraus ergibt sich der in Tabelle 4-4 dargestellte prozentuale Zusammenhang. Wie viele der EVs der Kategorie „1-phasig und 3 x 1-phasig bzw. 3-phasig nach Zuzahlung"[9] 1-phasig ausgeführt sind, konnte nicht ermittelt werden. Es wird jedoch davon ausgegangen, dass solange die Option für 3-phasiges Laden mit einer Zuzahlung verbunden ist, 1-phasiges Laden weiterhin Verbreitung findet. Untersuchungen an der TU Dresden im Rahmen des Projekts „ElmoNetQ" [15] ergaben, dass EVs, die über mehr als nur einen Außenleiter laden können, 1-phasig laden, sobald nur ein Außenleiter zur Verfügung steht z. B. bei Laden an einem nur 1-phasig angeschlossenem LP.

Tabelle 4-4: Prozentuale Unterteilung der bis zum 31.12.2019 in Deutschland zugelassenen EVs in Abhängigkeit des Anschlusses an das Netz bei Ladebetriebsart 2

Anschlussart für Ladebetriebsart 2	1-phasig	1-phasig und 3 x 1-phasig bzw. 3-phasig nach Zuzahlung	3-phasig bzw. 3 x 1-phasig	2 x 1-phasig und unbekannt
Prozentualer Anteil	57,81	13,74	26,37	2,07

Die statistische Auswertung der Zulassungszahlen sowie der Erfahrungen aus Fahrzeugmessungen zeigen, dass min. 50 % aller zugelassenen EVs bei Ladebetriebsart 2 1-phasig geladen werden. Welche Ladebetriebsart in der Praxis wie oft zu Anwendung kommt ist bislang noch nicht bekannt.

4.2 Simulationsablauf

Der Simulationsablauf zur Bestimmung des Einflusses von PV-Anlagen und EVs auf die Unsymmetrie in Niederspannungsnetzen ist für die zwei Simulationsszenarien „zentrales Laden" und „dezentrales Laden" getrennt voneinander zu betrachten. Bei zentralem Laden werden ausschließlich EV-Ladevorgänge berücksichtigt. Der Simulationsaufwand ist dadurch geringer und die Auswirkung auf die Unsymmetrie kann durch Verteilungsfunktionen abgebildet werden.

Bei dezentralem Laden werden neben EVs auch Haushalte, PV-Anlagen sowie das übergeordnete Netz berücksichtigt. Zudem werden zwei verschiedene Simulationsnetze (Stadtrandnetz und ländliches Netz) betrachtet. Der Simulationsaufwand erhöht sich dadurch gegenüber dem zentralen Laden, so dass auf eine Monte-Carlo-Simulation zurückgegriffen wird.

Der Simulationsablauf erfolgt gemäß dem in Bild 4-3 dargestellten Ablauf, dessen einzelne Schritte im Folgenden näher beschrieben werden. Für dezentrales Laden werden alle und für zentrales Laden nur die ersten drei Schritte durchlaufen.

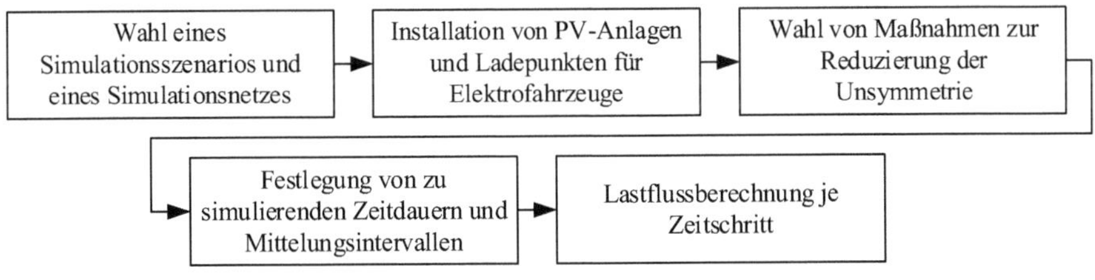

Bild 4-3: Übersicht des Simulationsablaufs

Zum leichteren Verständnis werden folgende Begriffe definiert

- *Simulationsszenario*

  Beschreibt ein Szenario untergliedert in zentrales und dezentrales Laden

---

[9] Diese Kategorie wird aktuell von einer Vielzahl an Herstellern bevorzugt angeboten. Daher ist zu erwarten ist, dass der prozentuale Anteil dieser Kategorie in Zukunft steigt.

- *Simulationsnetz*

  Elektrisches Netz mit einer vorgegebenen Topologie, bestehend aus verschiedenen Betriebsmitteln und Kundenanlagen die miteinander verschaltet sind.

- *Simulationsvariante*

  Beschreibt neben der Durchdringung eines Simulationsnetzes mit PV-Anlagen und EVs auch die ggf. umgesetzten Maßnahmen wie bspw. Reduzierung des Ladestroms.

- *Simulationsdurchlauf*

  Je Simulationsvariante werden die Spannungs- und Stromverhältnisse im Simulationsnetz für eine festgelegte Anzahl an Tagen simuliert. Jeder simulierte Tag wird als ein Simulationsdurchlauf definiert.

4.2.1 Wahl eines Simulationsszenarios und eines Simulationsnetzes

Die Wahl und Beschreibung eines Szenarios und der daraus abgeleiteten Netzstrukturen beziehen sich in dieser Arbeit auf den Ort des Ladens von EVs. Es wird in zwei Simulationsszenarien, zentrales und dezentrales Laden, unterschieden.

Für die Simulationen wird angenommen, dass alle EVs über einen Typ-2 Ladestecker verfügen und mit Ladebetriebsart 2 über eine Typ-2 Ladebuchse [103] geladen werden. Diese Art von Anschluss erlaubt die Ladebetriebsarten 1 bis 3. Netzmessungen zeigen, dass bei 1-phasigem Laden immer zwischen L1-Pin des Typ-2 Ladesteckers und N-Pin geladen wird [16]. Daher ist auf die Zuordnung des L1-Pins der Ladebuchse auf die Außenleiter des Netzes zu achten und wird in Kapitel 5 diskutiert.

Zentrales Laden – Abbildung der tatsächlichen Verteilungsfunktionen

Zur Analyse der Unsymmetrie bei zentralem Laden wird davon ausgegangen, dass alle LPs zentral an eine Unterverteilung angeschlossen sind, welche über einen separaten Abgang mit der Transformatorsammelschiene verbunden ist. Die Bewertung der Unsymmetrie erfolgt an dieser Unterverteilung, da an ihr weitere Kundenanlagen angeschlossen werden können. Erzeugungsanlagen werden in diesem Szenario nicht bewertet, da in Bezug auf [35] angenommen wird, dass der maximale unsymmetrische Leistungsanteil zentraler Anlagen 4,6 kVA beträgt.

Angaben zu den Betriebsmitteldaten sind im Anhang aufgeführt (siehe Tabelle A.2-8).

Dezentrales Laden – Monte-Carlo-Simulationen

Dezentrales Laden beschreibt das Laden der EVs durch den Nutzer über den eigenen Hausanschluss. Dieses Szenario wird in zwei Netze, mit der entsprechenden typischen Netztopologie, untergliedert. Dabei werden unter Berücksichtigung einer möglichst hohen Wahrscheinlichkeit für die private Nutzung eines EVs und das Vorhandenseins eines privaten LPs sowie einer möglichst hohen Wahrscheinlichkeit einer installierten PV-Anlage ein Stadtrandnetz mit Einfamilienhausbebauung und ein ländliches Netz gewählt [104], [105]. Die maximale installierte Leistung vorhandener PV-Anlagen wurde in Anlehnung an [88] und [106] sowie die zu erwartende verfügbare (Dach-)Fläche für PV-Anlagen für das ländliche Netz auf 30 kVA[10] und für das Stadtrandnetz mit 10 kVA festgelegt. Anhand der Postleitzahlen der angemeldeten Erzeugungsanlagen nach [88] und dem jeweils zugeordneten Grad der Verstädterung nach [106] können Häufigkeitsverteilungen der installierten PV-Anlagenleistung für die beiden Netze bestimmt werden (siehe Anhang Bild A.2-2).

Die schematischen Netzpläne der entsprechenden Netze, basierend auf den in [107] vorgestellten Niederspannungsreferenznetzen und den in [104] getroffenen Annahmen, sowie die Parameter der simulierten Betriebsmittel sind im Anhang Bild A.2-1 und Tabelle A.2-8 zu entnehmen. Um den Einfluss eines Netzausbaus durch Erneuerung der Leitungen zu bewerten, weist das ländliche Netz jeweils zwei Freileitungs- und zwei Kabelabgänge auf. Zur Unterscheidung beider Leitungsarten wird im Folgenden in „ländliches

---

[10] Aufgrund der zunehmenden Anforderung an Erzeugungsanlagen mit einer Leistung > 30 kVA (siehe [47]) wird in dieser Arbeit angenommen, dass maximal 30 kVA für einzelne Haushalte installiert werden.

Freileitungsnetz" und „ländliches Kabelnetz" unterschieden. Ist das ländliche Netz allgemein ohne spezifische Unterscheidung der Leitungsart gemeint, wird der Begriff „ländliches Netz" genutzt.

4.2.2 Installation von Photovoltaikanlagen und Ladepunkten für Elektrofahrzeuge

Für zentrales Laden wird, wie oben beschrieben, keine Bewertung des Einflusses von PV-Anlagen durchgeführt. Die Anzahl der LPs wird für verschiedene Simulationsvarianten variiert und der Einfluss auf ausgewählte Kenngrößen in Abhängigkeit der gleichzeitig ladenden EVs bewertet.

Für dezentrales Laden wird die Durchdringung des Simulationsnetzes mit PV-Anlagen und EVs je Simulationsnetz variiert. Dabei ist jedem EV ein LP zugeordnet, so dass die Durchdringung der EVs und die der LPs gleich ist. Die jeweiligen Durchdringungen werden als Verhältnis der Anzahl an PV-Anlagen bzw. EVs zur Anzahl der Hausanschlüsse angegeben. Die installierte PV-Anlagenleistung in Bezug auf die Transformatorbemessungsleistung variiert infolge der zufälligen Wahl der installierten Leistung je PV-Anlage und Simulationsdurchlauf. Bild 4-4 stellt die Häufigkeitsverteilungen der gesamt installierten PV-Leistung über alle Simulationsdurchläufe in Abhängigkeit der PV-Durchdringung für beide Netze dar. Für das Stadtrandnetz ist ersichtlich, dass die gesamte installierte PV-Anlagenleistung bei einer PV-Durchdringung von 100 % stets die Bemessungsleistung des installierten Transformators überschreitet.

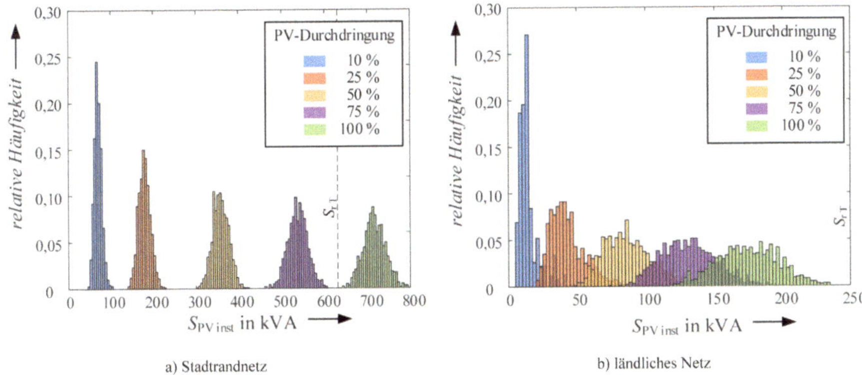

Bild 4-4: Histogramme der installierten PV-Anlagenleistung für Stadtrandnetz und ländliches Netz in Abhängigkeit der PV-Durchdringung mit einer Schrittweite 2,5 kVA

Bislang liegen keine statistisch belastbaren Daten hinsichtlich einer möglichen Korrelation zwischen installierter PV-Anlage und installiertem LP für ein EV vor. Daher werden entsprechend der gewählten EV- und PV-Durchdringung des Netzes getrennt für PV-Anlagen und EVs über eine Gleichverteilung zufällig die Hausanschlüsse bestimmt, die über eine PV-Anlage bzw. ein EV verfügen, wobei jeder Hausanschluss maximal über eine PV-Anlage und ein EV verfügt. Die Außenleiterzuordnung richtet sich nach der Anzahl der anzuschließenden Außenleiter der LPs bzw. PV-Anlagen. Bei weniger als drei anzuschließenden Außenleitern erfolgt, wenn nicht anders angegeben, über eine Gleichverteilung eine zufällige Zuordnung.

Nach der Wahl einer Simulationsvariante wird ggf. eine Maßnahme in Hinblick auf den Anschluss bzw. Betrieb der Kundenanlagen (EV/LP und PV-Anlagen) gewählt. Wird keine Maßnahme explizit erwähnt, so wird jede Kundenanlage gemäß der oben beschriebenen Außenleiterzuordnung angeschlossen.

In dieser Arbeit werden Maßnahmen ausgewählt, welche weder einer zusätzlichen Kommunikation zwischen einzelnen Kundenanlagen noch zusätzlicher Kompensationsanlagen bedürfen (siehe Abschnitt 3.7).

4.2.3 Festlegung von zu simulierender Zeitdauer und Mittelungsintervall

Das in PowerFactory DIgSILENT umgesetzte Netzmodell sowie die integrierten in Abschnitt 4.4.3 vorgestellten Modelle erlauben prinzipiell eine freie Wahl des Mittelungsintervalls und der zu simulierenden

Zeitdauer. Für diese Arbeit wurde für die Lastflussberechnung ein 1-Minuten Mittelungsintervall gewählt, wodurch ebenfalls die Werte einer 10-Minuten Mittelung berechnet werden können. Abweichend von [34], welche sich auf die Bewertung von Wochenintervallen bezieht, werden nur einzelne Werktage simuliert. Infolge der Nutzung der in Abschnitt 4.3 beschriebenen Modelle ist die Differenz zwischen den einzelnen Tagen einer Woche gering, so dass eine Bewertung nach [34] angewandt auf einen Werktag keine signifikant abweichenden Ergebnisse gegenüber einer Anwendung auf die Simulation einer Woche liefert.

4.2.4 Lastflussberechnung je Zeitschritt

Nach Festlegung des Simulationsszenarios und -variante wird je Simulationsdurchlauf ein einzelner Tag in jeweils 1440 (1-Minutenschritte) einzelnen Lastflussberechnungen durchgeführt (Begriffsdefinition siehe Abschnitt 4.2). Die Simulationsergebnisse sind in Kapitel 5 dargestellt.

Für die statistische Auswertung wird für jede Simulationsvariante eine festgelegte Anzahl an Simulationsdurchläufen durchgeführt (siehe Abschnitt 5.2.1). Die Simulationsvarianten unterscheiden sich hinsichtlich der spezifischen Lastverläufe je Haushalt, der Außenleiterzuordnung und installierten Leistung der PV-Anlagen und/oder der Außenleiterzuordnung der LPs sowie der Nutzung der LPs durch EVs. Nähere Ausführungen sind in den Abschnitten 4.3 und 5.2.1 gegeben.

4.3 Stochastische Beschreibung der gleichzeitig ladenden Elektrofahrzeuge je Außenleiter – zentrales Laden

Für das zentrale Laden werden einzelne LPs über eine gemeinsame Unterverteilung versorgt. Die Anzahl gleichzeitig ladender EVs ist u. a. vom jeweiligen Nutzungsszenario abhängig. So ist bspw. bei einer öffentlichen Ladeinfrastruktur in der Nähe von Einkaufscentern mit einer höheren Gleichzeitigkeit ladender EVs zu rechnen als in einer nicht-öffentlichen Tiefgarage zu der nur Anwohner der Wohnanlage Zutritt haben[11]. Um Ergebnisse für verschiedene Nutzungsszenarien ableiten zu können, wird auf eine Simulation von Lastgängen verzichtet. Stattdessen erfolgt eine stochastische Beschreibung der gleichzeitig ladenden EVs je Außenleiter auf Grundlage der Regeln der Kombinatorik.

Unter den folgenden Annahmen:

- die maximale Anzahl gleichzeitig ladender EV entspricht der Anzahl installierter LPs
- jede Anzahl gleichzeitig ladender EVs zwischen eins und der Anzahl installierter LPs ist gleich wahrscheinlich
- die Anzahl installierter LPs entspricht einer ganzen, durch Drei teilbaren Zahl

erfolgt eine allgemeine stochastische Beschreibung für drei Anschlussvarianten, welche sich in Hinblick auf den Anschluss des L1-Pins der Typ-2 Ladebuchse der einzelnen LPs an die Außenleiter des Netzes unterscheiden.

- Anschlussvariante „Gleich":
  Alle L1-Pins der Ladebuchsen sind mit dem gleichen Außenleiter des Netzes verbunden
- Anschlussvariante „Zufall":
  Zufällige Zuordnung der L1-Pins der Ladebuchsen zu den Außenleitern des Netzes
- Anschlussvariante „Verteilt":
  Zyklische Zuordnung der L1-Pins der Ladebuchsen zu den Außenleitern des Netzes
  (je Außenleiter des Netzes sind gleich viele L1-Pins der Ladebuchsen angeschlossen)

Wie die Ergebnisse in [16] zeigen, sind alle drei Anschlussvarianten denkbar bzw. bei existierenden Ladeinfrastrukturen zu finden. Folgende Variablen werden genutzt

- n_{LP} Anzahl der insgesamt installierten LPs der Infrastruktur
- $n_{EV\,ges}$ Anzahl der EVs die gleichzeitig geladen werden
- $n_{EV\,a}$ Anzahl der EVs die gleichzeitig über einen Außenleiter a geladen werden
- $n_{EV\,b}$ Anzahl der EVs die gleichzeitig über einen Außenleiter b geladen werden
- $n_{EV\,c}$ Anzahl der EVs die gleichzeitig über einen Außenleiter c geladen werden

---

[11] Auswertungen der Nutzung einer solchen Ladeinfrastruktur zeigten, dass maximal an 20 % der LP gleichzeitig geladen wurde [146]

Weiterhin gelte

$$n_{\mathrm{EV\,a}} \geq n_{\mathrm{EV\,b}} \geq n_{\mathrm{EV\,c}} \tag{4-1}$$

Die Summe aller gleichzeitig ladenden EVs berechnet sich zu

$$n_{\mathrm{EV\,ges}} = n_{\mathrm{EV\,a}} + n_{\mathrm{EV\,b}} + n_{\mathrm{EV\,c}} \tag{4-2}$$

Die Berechnung der Wahrscheinlichkeit, mit der eine bestimmte Verteilung der ladenden EVs auf die Außenleiter unter den oben getroffenen Annahmen auftritt, wird nachfolgend für die gewählten Anschlussvarianten „Gleich", „Zufall" und „Verteilt" beschrieben. Dabei beschreibt p_{abc} die Wahrscheinlichkeit für eine bestimmte Kombination, bei der EVs entsprechend der Anzahl $n_{\mathrm{EV\,a}}$ über einen Außenleiter a, $n_{\mathrm{EV\,b}}$ über einen Außenleiter b und $n_{\mathrm{EV\,c}}$ über einen Außenleiter c geladen werden.

Anschlussvariante „Gleich"

Für Anschlussvariante „Gleich" laden aller EVs über Außenleiter a. Es gilt unabhängig von der Anzahl $n_{\mathrm{EV\,ges}}$

$$p_{\mathrm{abc}} = \begin{cases} 1 & \text{für } n_{\mathrm{EV\,ges}} = n_{\mathrm{EV\,a}} \\ 0 & \text{sonstige Fälle} \end{cases} \tag{4-3}$$

Anschlussvariante „Zufall"

Unter der Annahme, dass die Außenleiterzuordnung je LP zufällig nach einer Gleichverteilung erfolgt, kann die Wahrscheinlichkeit p_{abc} mit den Regeln der Kombinatorik (z. B. [82, S. 810–812]) berechnet werden. Das vorliegende Problem entspricht einer $n_{\mathrm{EV\,ges}}$-fachen Ziehung aus einer Urne mit drei unterscheidbaren Kugeln mit Zurücklegen ohne Berücksichtigung der Reihenfolge. Wird der am häufigsten gezogenen Kugel stets $n_{\mathrm{EV\,a}}$ und der am zweit häufigsten gezogenen Kugel $n_{\mathrm{EV\,b}}$ zugeordnet, so gilt

$$p_{\mathrm{abc}} = \frac{(n_{\mathrm{EV\,a}} + n_{\mathrm{EV\,b}} + n_{\mathrm{EV\,c}})!}{n_{\mathrm{EV\,a}}! \cdot n_{\mathrm{EV\,b}}! \cdot n_{\mathrm{EV\,c}}!} \cdot \frac{3!}{\gamma!} \cdot \frac{1}{3^{(n_{\mathrm{EV\,a}}+n_{\mathrm{EV\,b}}+n_{\mathrm{EV\,c}})}} \tag{4-4}$$

mit

$$\gamma = \begin{cases} 3 & \text{für } n_{\mathrm{EV\,a}} = n_{\mathrm{EV\,b}} = n_{\mathrm{EV\,c}} \\ 1 & \text{für } n_{\mathrm{EV\,a}} \neq n_{\mathrm{EV\,b}} \wedge n_{\mathrm{EV\,a}} \neq n_{\mathrm{EV\,c}} \wedge n_{\mathrm{EV\,b}} \neq n_{\mathrm{EV\,c}} \\ 2 & \text{sonstige Fälle} \end{cases} \tag{4-5}$$

Anschlussvariante „Verteilt"

Unter der Annahme, dass die L1-Pins der LPs gleichmäßig auf die drei Außenleiter verteilt sind, kann die Wahrscheinlichkeit p_{abc} ebenfalls mit den Regeln der Kombinatorik (z. B. [82, S. 810–812]) berechnet werden. Das vorliegende Problem entspricht einer $n_{\mathrm{EV\,ges}}$-fachen Ziehung aus einer Urne mit drei unterscheidbaren Kugelsorten, wobei sich je Kugelsorte $n_{\mathrm{LP}}/3$ Kugeln in der Urne befinden. Es werden nun $n_{\mathrm{EV\,ges}}$ Kugeln ohne Zurücklegen und ohne Berücksichtigung der Reihenfolge gezogen. Wird dabei der am häufigsten gezogenen Kugelsorte stets $n_{\mathrm{EV\,a}}$ und der am zweit häufigsten gezogenen Kugelsorte $n_{\mathrm{EV\,b}}$ zugeordnet, so gilt

$$p_{\mathrm{abc}} = \frac{\binom{n_{\mathrm{LP}}/3}{n_{\mathrm{a}}} \cdot \binom{n_{\mathrm{LP}}/3}{n_{\mathrm{b}}} \cdot \binom{n_{\mathrm{LP}}/3}{n_{\mathrm{c}}} \cdot \frac{3!}{\gamma!}}{\binom{n_{\mathrm{LP}}}{n_{\mathrm{a}} + n_{\mathrm{b}} + n_{\mathrm{c}}}} \tag{4-6}$$

Für γ gilt der in (4-5) angegebene Zusammenhang.

4.4 Simulationsmodelle - dezentrales Laden

Aufbauend auf die in Kapitel 3 beschriebenen Einflussfaktoren auf die Unsymmetrie wird in diesem Abschnitt die Modellierung der einzelnen Einflussfaktoren beschrieben.

4.4.1 Übergeordnetes Netz

Die Modellierung des übergeordneten Netzes setzt die Annahme voraus, dass die Niederspannungsnetze über einen Transformator der Schaltgruppe Dyn5 mit dem Mittelspannungsnetz verbunden sind. Um die Simulationsvarianten für diese Arbeit zu reduzieren, werden weder die Netzstruktur des Mittelspannungsnetzes noch weitere am Mittelspannungsnetz angeschlossene Niederspannungsnetze und Kundenanlagen modelliert. Der Einfluss des übergeordneten Netzes wird daher wie in Abschnitt 3.1 erläutert, als eine Kombination aus unsymmetrischer Spannungsquelle und Netzimpedanz nachgebildet. Aufgrund der Annahme eines Transformators der Schaltgruppe Dyn5 wird für die Modellierung der unsymmetrischen Spannungsquelle nur die Mit- und Gegensystemspannung berücksichtigt. Die Diskussion der (relativen) Beträge sowie der Phasenwinkel der Mit- und Gegensystemspannung erfolgt anhand der Gegensystemspannungsunsymmetrie.

Gegensystemspannungsunsymmetrie

Die Festlegung der Gegensystemspannungsunsymmetrie des übergeordneten Netzes basiert auf der Analyse von 127 unterschiedlichen, gemessenen Niederspannungsnetzen [41]. Dabei wurden die Summenströme des gesamten Niederspannungsnetzes und die Außenleiter-Rückleiterspannungen an der Unterspannungsseite des Transformators gemessen. Der Bezugsleiter war stets der als Außenleiter „a" markierte Außenleiter der Unterspannungsseite der jeweiligen MS/NS-Transformatoren. Die gemessenen Ströme und Spannungen wurden in die symmetrischen Komponenten überführt, so dass die in Bild 4-5 angegebenen Kenngrößen $\underline{U}_{1US}$, $\underline{I}_{1US}$, $\underline{U}_{2US}$ und $\underline{I}_{2US}$ auf Messwerten beruhen. Die Berechnung der oberspannungsseitigen Spannungen in den symmetrischen Komponenten, bezogen auf die Unterspannungsseite des Transformators ($\underline{U}'_{1OS}$ und $\underline{U}'_{2OS}$), erfolgte unter Verwendung der gegebenen Transformatordaten und unter Annahme eines symmetrischen Aufbaus des Transformators zu

$$\underline{U}'_{1OS} = \underline{U}_{1US} + \underline{Z}_{1T} \cdot \underline{I}_{1US} \tag{4-7}$$

$$\underline{U}'_{2OS} = \underline{U}_{2US} + \underline{Z}_{2T} \cdot \underline{I}_{2US} \tag{4-8}$$

Durch die so gewählte Berechnung wird der Einfluss der real vorhandenen Koppelimpedanzen zwischen den symmetrischen Komponenten auf die Gegensystemspannungsunsymmetrie des übergeordneten Netzes übertragen (siehe Abschnitt 3.1).

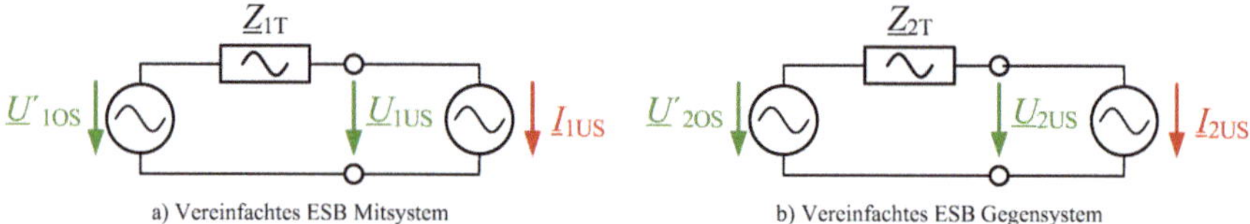

Bild 4-5: Ersatzschaltbilder zur Bestimmung, der auf die Transformator-Unterspannungsseite bezogenen Mit- und Gegensystemspannung des übergeordneten Netzes

Die komplexe Gegensystemspannungsunsymmetrie des übergeordneten Netzes, bezogen auf die Unterspannungsseite des Transformators, wird wie folgt bestimmt

$$\underline{k}_{u2MS} = \frac{\underline{U}'_{2OS}}{\underline{U}'_{1OS}} = k_{u2MS} \cdot e^{j \cdot \varphi_{ku2MS}} \tag{4-9}$$

Der Phasenwinkel ist dabei auf den Winkel der Mitsystemspannung bezogen.

Betrag

Infolge zeitlich veränderlicher Gegen- und Mitsystemspannung bspw. durch veränderliche Außenleiterströme ist die Spannungsunsymmetrie über einen Tag i. A. nicht konstant. Bild 4-6 zeigt beispielhaft die Verläufe eines Mittelspannungsanschlusspunktes für 14 Tage (grau) sowie $q^{(0,05)}(k_{u2MS\,t})$, $q^{(0,95)}(k_{u2MS\,t})$ (blau) und den Median (rot) über die gemessenen Tage je Zeitpunkt. Es ist ersichtlich, dass die Verläufe der einzelnen Tage einander ähneln.

Bild 4-7 stellt den, auf den Medianwert des Tages bezogenen, Tagesverlauf von k_{u2MS} zweier Mittelspannungsanschlusspunkte gegenüber. Beide Verläufe sind deutlich voneinander zu unterscheiden. Somit ist eine Vorgabe eines einheitlichen Profils für die Gegensystemspannungsunsymmetrie des übergeordneten Netzes nicht zielführend. Inwieweit, unter Kenntnis der Struktur des Mittelspannungsnetzes und der daran angeschlossenen Anlagen und Niederspannungsnetze, eine Ableitung eines Profils für k_{u2MS} möglich ist, ist Gegenstand weiterer Untersuchungen.

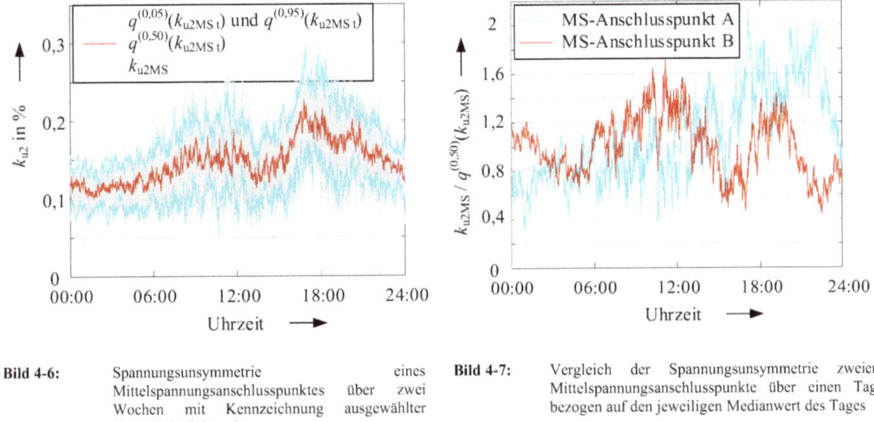

Bild 4-6: Spannungsunsymmetrie eines Mittelspannungsanschlusspunktes über zwei Wochen mit Kennzeichnung ausgewählter Quantile je Zeitpunkt

Bild 4-7: Vergleich der Spannungsunsymmetrie zweier Mittelspannungsanschlusspunkte über einen Tag bezogen auf den jeweiligen Medianwert des Tages

In dieser Arbeit wird der Betrag von k_{u2MS} als konstanter Wert simuliert. Um Anhaltspunkte für die Höhe des Betrags zu erhalten, wird für alle untersuchten Netze $q^{(0,95)}(k_{u2})$ und $q^{(0,99)}(k_{u2})$ der 1- und 10-Minutenmittelwerte über eine Woche ermittelt. Anschließend wird aus den sich somit ergebenden 127 Werten[12] je Quantil eine kumulierte Summenhäufigkeit gebildet und typische Quantile bestimmt. Sie sind in Tabelle 4-5 aufgeführt.

Tabelle 4-5: Gegensystemspannungsunsymmetrie in % des übergeordneten Netzes für 1- und 10-Minutenmittelwerte für ausgewählte Quantile über 127 Niederspannungsnetze

Mittelungsintervall	Quantil	Relative Anzahl der Netze				
		1 %	5 %	50 %	95 %	99 %
1 Minute	95 %	0,126	0,145	0,252	0,508	0,677
	99 %	0,151	0,175	0,295	0,551	0,756
10 Minuten	95 %	0,123	0,140	0,246	0,504	0,667
	99 %	0,144	0,163	0,287	0,544	0,736

Die ermittelten und in Tabelle 4-5 angegebenen Werte der Spannungsunsymmetrie des übergeordneten Netzes geben die resultierende Spannungsunsymmetrie des Mittelspannungsnetzes wieder. Der entsprechende Planungspegel nach [39], der jedoch nur als Indikativ zu interpretieren ist, beträgt 1,8 % und liegt deutlich oberhalb der in Tabelle 4-5 aufgeführten Werte. Die Grundlage für den gegebenen Planungspegel

---

[12] 127 entspricht der Anzahl an untersuchten Netzen

ist ein in [109] veröffentlichter internationaler Vergleich von Messergebnissen der Spannungsunsymmetrie in der Mittelspannungsebene.

Für die Simulation der Spannungsunsymmetrie des übergeordneten Netzes wird ein, für deutsche Netze, realistischer und gleichzeitig ausreichend robuster Wert angestrebt. Daher wird für alle Szenarien das 95 %-Quantil der 10-Minutenwerte gewählt, welches 95% aller gemessenen Netze unterschreiten. Somit wird ein konstanter Betrag für $\underline{k}_{u2\,MS}$ von 0,504 % gewählt (siehe Tabelle 4-7).

Winkelvorzugslage

Zur Bestimmung des Winkels von $\underline{k}_{u2}$ werden die komplexen Werte aller nutzbaren Zeitpunkte der Netzmessungen in Bild 4-8 als Heatmap dargestellt. Es ist ersichtlich, dass eine Häufung der Werte bei einem Phasenwinkel zwischen 180° und 240° auftritt. Jedoch ist jeder andere Phasenwinkel ebenfalls vorhanden. Je untersuchtem Netz wurde der Gleichphasigkeitsgrad *PR* (siehe Abschnitt 2.2.1) bestimmt. Über 84 % der Netze wiesen eine Gleichphasigkeit ($PR \geq 0{,}8$) und somit eine Winkelvorzugslage über den gesamten betrachteten Zeitraum auf (siehe Anhang Tabelle A.2-9). Die resultierende Winkelvorzugslage je Netz mit einem Wert $PR \geq 0{,}8$ ist in Bild 4-9 dargestellt. Dabei wird der Betrag je Netz über eine quadratische Mittelung des Betrags je Zeitpunkt

$$k_{u2MS} = \sqrt{\frac{1}{n} \cdot \sum_{t=1}^{n} k_{u2MS}^2 (t)} \tag{4-10}$$

und der Winkel über eine geometrische Addition der komplexen Zeiger bestimmt

$$\varphi_{ku2MS} = \arg\left(\sum_{t=1}^{n} \underline{k}_{u2MS}(t) \right) \tag{4-11}$$

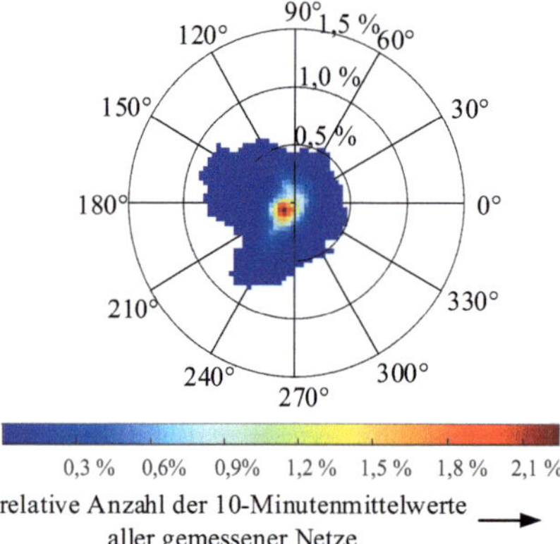

relative Anzahl der 10-Minutenmittelwerte aller gemessener Netze

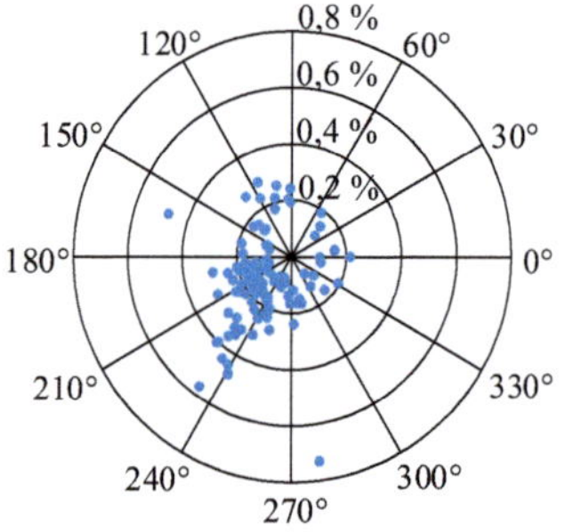

| **Bild 4-8:** | Gemessene $\underline{k}_{u2MS}$ des übergeordneten Netzes, mit Bezugsleiter „a" des Niederspannungsnetzes | **Bild 4-9:** | Winkelvorzugslage von $\underline{k}_{u2MS}$ je Netz, mit Bezugsleiter „a" des Niederspannungsnetzes nach [41] |

Als Bezugsspannung wurde $\underline{U}_{aRü}$ der Unterspannungsseite der Transformatoren gewählt.

Wie ersichtlich gibt es eine hohe Variation der Winkelvorzugslage für $\underline{k}_{u2MS}$ zwischen den betrachten Netzen, so dass keine typische Winkelvorzugslage existiert. Für die untersuchten Netze tritt jedoch eine Häufung (66 % aller Netze mit Winkelvorzugslage) im 3. Quadranten auf.

Für die Simulation der Spannungsunsymmetrie des übergeordneten Netzes wird für alle Szenarien ein konstanter Winkel für $\underline{k}_{u2MS}$ von 240° angenommen (siehe Tabelle 4-7).

Netzimpedanz

Die Kurzschlussleistung von Mittelspannungsnetzen ist stark von der Spannungsebene abhängig. Im Zuge eines Projekts zur Überarbeitung der D-A-CH-CZ Richtlinie 2 [110] wurden verschiedene Netze untersucht und hinsichtlich ihrer Nennspannung und minimalen Kurzschlussleistung charakterisiert [111]. Eine weitere auf Deutschland bezogene Studie beschäftigte sich mit der Kurzschlussleistung von Verknüpfungspunkten im Mittelspannungsnetz [107]. Die Ergebnisse beider Studien sind in Tabelle 4-6 aufgeführt. Die als niedrig und hoch definierte Kurzschlussleistung geben den Bereich an, in dem die Kurzschlussleistung von 90 % aller Verknüpfungspunkte liegen.

Tabelle 4-6:   Kurzschlussleistungen von Verknüpfungspunkten im Mittelspannungsnetz

Spannungsebene	Minimale Kurzschlussleistung $S_{kV\,min}$ in MVA [111]	Kurzschlussleistung von Verknüpfungspunkten im Mittelspannungsnetz S_{kV} in MVA [107]		
		hoch	typisch	niedrig
10 kV	39 .. 62	170	95	80
15 kV	Keine Angaben	190	115	100
20 kV	33 .. 91	225	135	105
30 kV	25 .. 184	310	185	150

Das X/R-Verhältnis der Impedanz des übergeordneten Netzes hängt von der Netzstruktur und den eingesetzten Leitungen ab. Für die definierten Szenarien (siehe Abschnitt 4.2.1) wird für dezentrales Laden in einem ländlichen Netz angenommen, dass die Versorgung des Netzes über ein 20 kV-Mittelspannungsnetz mit hohem Freileitungsanteil erfolgt, wohingegen für alle anderen Szenarien ein 10 kV-Mittelspanungsnetz mit hohem Kabelanteil zugrunde gelegt wird. Hinsichtlich der Kurzschlussleistung wird für das zentrale Laden angenommen, dass zur Reduzierung ungewollter Netzrückwirkungen die erforderliche Infrastruktur an einem MS-Anschlusspunkt mit hoher Kurzschlussleistung installiert wird. Für das ländliche Netz wird angenommen, dass sich das zu versorgende Niederspannungsnetz am Ende eines offen betriebenen MS-Rings befindet. Somit wird entsprechend Tabelle 4-6 für dieses Netz der niedrige Wert gewählt. Für das Stadtrandnetz wird ein typischer Wert für die Kurzschlussleistung gewählt. Die resultierenden Annahmen für das übergeordnete Netz sind je Simulationsnetz in Tabelle 4-7 zusammengefasst. Die Mitsystemspannung des übergeordneten Netzes beträgt jeweils $U_{1\,MS} = U_n/\sqrt{3}$.

Tabelle 4-7:   Gewählte Parameter des übergeordneten Netzes je Simulationsnetz

Parameter	zentrales Laden	dezentrales Laden	
		ländliches Netz	Stadtrandnetz
Nennspannung U_n	10 kV	20 kV	10 kV
Leitungstyp MS-Netz	Kabelnetz	Freileitungsnetz	Kabelnetz
Kurzschlussleistung S_{kV}	170 MVA	105 MVA	95 MVA
Netzimpedanz in Ω bezogen auf MS-Seite	$0{,}339 + j{\cdot}0{,}481$	$1{,}773 + j{\cdot}3{,}371$	$0{,}775 + j{\cdot}0{,}713$
Gegensystemspannungsunsymmetrie $\underline{k}_{u2MS}$	0,504 % $\angle 240°$		

4.4.2   Betriebsmittel des Niederspannungsnetzes

Transformator

Wie in Abschnitt 3.2 und Abschnitt 4.4.1 erwähnt, wird der Einfluss der Koppelimpedanzen zwischen den Systemen der symmetrischen Komponenten des Transformators auf die Spannungsunsymmetrie in der Modellierung des übergeordneten Netzes mit berücksichtigt. Aus diesem Grund werden die Koppelimpedanzen zwischen den symmetrischen Komponenten bei der Modellierung des Transformators vernachlässigt. In den einzelnen Szenarien wird stets ein Dyn5 Dreischenkelkern-Transformator[13] [61] mit starrer

---

[13] Umfragen unter Netzbetreibern ergaben, dass über 90 % der in Deutschland eingesetzten MS/NS-Transformatoren eine Dyn5 Schaltgruppe aufweisen [64].

Sternpunkterdung simuliert. Weitere Transformatorkenngrößen je Szenario sind dem Anhang Tabelle A.2-8 zu entnehmen.

Das auf die Sekundärseite bezogene ESB eines Transformators unter Vernachlässigung der Koppelimpedanzen zwischen den symmetrischen Komponenten für das Mit- und Gegensystem ist in Bild 4-10 dargestellt.

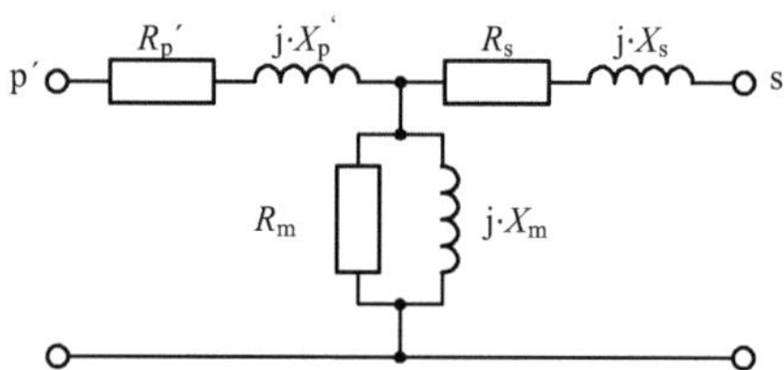

Bild 4-10: Ersatzschaltbild der Transformatoren im Mit- und Gegensystem

Die dem ESB nach Bild 4-10 entsprechenden Resistanzen und Reaktanzen können mit Richtwerten für typische MS/NS-Transformatoren nach [64], [112], [113] abgeschätzt werden. Es gilt:

- $S_\mathrm{r\,T} = 100\,\mathrm{kVA} .. 1000\,\mathrm{kVA}$
- $u_\mathrm{k} = 4\,\% .. 6\,\%$
- $P_\mathrm{leer} = 125\,\mathrm{W} .. 3800\,\mathrm{W}$
- $I_\mathrm{leer}/I_\mathrm{r\,T} = 0{,}007 .. 0{,}019$

so dass für das Verhältnis der Hauptfeld- zur Längsimpedanz des Transformators $Z_\mathrm{m}/Z_\mathrm{ps}$ mit den im Anhang A.9 gegebenen Beziehungen gilt

$$Z_\mathrm{m}/Z_\mathrm{ps} = \frac{1}{u_\mathrm{k} \cdot I_\mathrm{leer}/I_\mathrm{r\,T}} \tag{4-12}$$

Die Werte dieses Verhältnisses $Z_\mathrm{m}/Z_\mathrm{ps}$ liegen in der Größenordnung $1315 .. 3125$. Da Z_m sehr viel größer als Z_ps ist, wird sie in dieser Arbeit nicht nachgebildet. Die Impedanz des Mit- und Gegensystems ist somit eine Reihenschaltung bestehend aus X_1T und R_1T bzw. X_2T und R_2T. Es gilt

$$\underline{Z}_\mathrm{1T} = \underline{Z}_\mathrm{2T} = R_\mathrm{s} + \mathrm{j}\cdot X_\mathrm{s} + R_\mathrm{p}' + \mathrm{j}\cdot X_\mathrm{p}' = R_\mathrm{T} + \mathrm{j}\cdot X_\mathrm{T} \tag{4-13}$$

Für das Nullsystem eines Transformators mit Dyn-Schaltgruppe gilt das ESB nach Bild 3-2. Gemäß [114] gilt für Dyn Dreischenkelkerntransformatoren geringer Leistung das Verhältnis $X_0/X_1 \approx 1{,}0$. Für diese Arbeit wird daher vereinfacht für die Nullsystemimpedanz $\underline{Z}_0 = \underline{Z}_1$ gewählt.

Für die Bestimmung der Phasenwinkel der Gegen- und Mitsystemspannung des übergeordneten Netzes wurde als Bezugsleiter der Außenleiter „a" des Niederspannungsnetzes gewählt. Aus diesem Grund kann auf eine Berücksichtigung der Phasendrehung durch die Transformatorschaltgruppe verzichtet werden.

Leitung

Wie in Abschnitt 3.3 gezeigt, ist der Einfluss der unsymmetrischen Koppelimpedanzen der Leitungen auf die Spannungsunsymmetrie vom Belastungszustand abhängig. Um die Simulationsdauer zu begrenzen wird, wenn nicht anders angegeben, mit symmetrischen Leitungs- und Koppelimpedanzen im natürlichen System gerechnet. Nur für ausgewählte Fälle werden unsymmetrische Koppelimpedanzen berücksichtigt.

Da aufgrund der geringen Spannungen und kurzer Leitungslänge die Leitungskapazitäten keinen nachweisbaren Einfluss auf die untersuchten Kenngrößen haben (siehe Tabelle 3-3), werden sie in dieser Arbeit vernachlässigt. Die Leitungen werden mit drei Außenleitern und einem Neutralleiter nachgebildet.

Erdung

Die wirksame Impedanz des Rückleiters am entsprechenden Verknüpfungspunkt des Netzes ist abhängig von der Anzahl an Erdern und den Erdübergangswiderständen (siehe Abschnitt 3.4). Die Simulationsnetze werden als TN-C System ausgeführt und der Effekt der Erdung wird vereinfacht durch eine Reduzierung der Impedanz des nachgebildeten PEN-Leiters berücksichtigt. Für das Stadtrandnetz mit einer hohen Anzahl an Hausanschlüssen wird von einer hohen Anzahl an zusätzlichen Erden ausgegangen. Die simulierte Neutralleiterimpedanz entspricht in Anlehnung an [76] 2/3 der Außenleiterimpedanz. Für des ländliche Netz und für das Simulationsnetz für zentrales Laden wird von einer geringen Anzahl an zusätzlichen Erdern ausgegangen. Die simulierte Neutralleiterimpedanz entspricht in diesem Fall der Außenleiterimpedanz.

Wie oben erwähnt, wird der Transformator je Simulationsnetz starr geerdet. Somit ist die Impedanz der Sternpunkterdung Null.

4.4.3 Kundenanlagen

In dieser Arbeit werden folgende drei Kategorien als Kundenanlage verstanden.

- Haushaltslasten
- Photovoltaikanlagen
- Elektrofahrzeuge

Wie in Abschnitt 3.5 dargestellt, können Kundenanlagen durch ihre Anschlussart (siehe Bild 3-9) und ihr Lastverhalten beschrieben werden. Während der Anschluss meist technologisch bedingt ist, hängt das Lastverhalten über einen betrachteten Zeitraum sowohl von elektrischen (z. B. Spannungsabhängigkeit) als auch nicht elektrischen Eigenschaften (z. B. Nutzerverhalten) ab. Beide Komponenten werden je Kategorie diskutiert und in der Modellierung berücksichtigt.

Haushaltslasten - Modell

Für die Modellierung des elektrischen Leistungsbedarfs von Haushalten existieren in der Literatur verschiedene Ansätze, die i. A. auf den jeweiligen Schwerpunkt der Untersuchung angepasst sind. Für die Berechnung des Energiebedarfs einer großen Anzahl an Haushalten werden standardisierte *Lastprofile* wie bspw. [115] in Kombination mit Skalierungsfaktoren genutzt. Die Berechnung der Betriebsmittelauslastung kann über Modelle zur Bestimmung des maximalen Stroms erfolgen z. B. [116], [117]. Zur Modellierung des Einflusses von Haushaltslasten auf die Unsymmetrie ist es jedoch nötig den elektrischen Strom je Außenleiter und Zeitpunkt sowohl für einzelne als auch für Summen von Haushalten möglichst exakt nachzubilden. Für diese Zielstellung sind „Bottom-up" Modelle mit einer (zu erweiternden) Zuweisung der Haushaltsgeräte (z. B. [118]–[120]) auf die einzelnen Außenleiter prädestiniert. Infolge der für diese Modelle benötigten Vielzahl an Eingabeparametern wird für diese Arbeit ein weiterer Ansatz verfolgt. Basierend auf der Messung von Einzelhaushalten wurde ein probabilistisches Haushaltslastmodell entwickelt, welches anhand hinterlegter Häufigkeitsverteilungen die bezogene Wirk- und Blindleistung je Außenleiter ermittelt [121]. Im Folgenden wird das Modell näher erläutert.

Nichtelektrische Eigenschaften

Die nichtelektrischen Eigenschaften, wie bspw. Wetter oder Tagesabläufe der Bewohner eines Haushaltes, resultieren in einem Verhalten zur Nutzung der verschiedenen Haushaltsgeräte über einen Tag. Dieses wiederum bewirkt einen tageszeitabhängigen Leistungsbezug. Bild 4-11 verdeutlicht dies für einen gemessenen außenleiterselektiven Leistungsbezug eines Haushaltes über einen Tag. Dieser kann als Kombination einzelner Lastspitzen (LS) und einer Grundbelastung (im Folgenden Standby-Last genannt) aufgefasst werden.

Die Lastspitzen werden anhand folgender Kriterien beschrieben (vergleiche Bild 4-11)

- Uhrzeit zu der eine LS auftritt t_{start} („Wann wird ein Haushaltsgerät eingeschaltet?")
- Zeitdauer die eine LS anhält t_{LS} („Wie lange bleibt ein Haushaltsgerät eingeschaltet?")
- Betrag der LS S_{LS} („Wie leistungsintensiv ist das Haushaltsgerät?")
- Außenleiter in der LS auftritt („Wo ist das Haushaltsgerät angeschlossen?")

Wirk- und Blindleistung je LS und der Standby-Last werden als elektrische Eigenschaft aufgefasst und im nachfolgenden Abschnitt beschrieben.

Die Charakterisierung der LS beruht auf der Auswertung von 47 Einzelhaushaltsmessungen über eine Woche mit einem 1-Minutenmittelungsintervall. Über mehrere Iterationsschleifen hinsichtlich der Verifikation des Modells (siehe unten) wurden LS als solche identifiziert, sobald die Wirkleistung für mindestens einen der drei Außenleiter einen Wert größer 450 W aufwies. Die Auswertung der Haushaltsmessungen ergab die in Bild 4-12 dargestellte Wahrscheinlichkeitsdichte je Stunde eines Tages, mit der eine Lastspitze auftritt. Ebenfalls wurde, in Abhängigkeit der Uhrzeit, zu der eine Lastspitze auftritt, die Dauer der Lastspitze ermittelt. Diese kann ebenfalls durch eine Wahrscheinlichkeitsverteilung beschrieben werden. Die zugrunde liegende Summenhäufigkeit zur vereinfachten Bestimmung der Dauer einer LS ist in Bild 4-13 dargestellt. Diese Nachbildung wird gewählt, da Schätzungen möglicher Verteilungsfunktionen den Kolmogorow-Smirnow-Test (KS-Test) nicht bestanden. Die entsprechenden Parameter der in Bild 4-13 beschriebenen Summenhäufigkeit sind im Anhang in Tabelle A.2-10 aufgeführt.

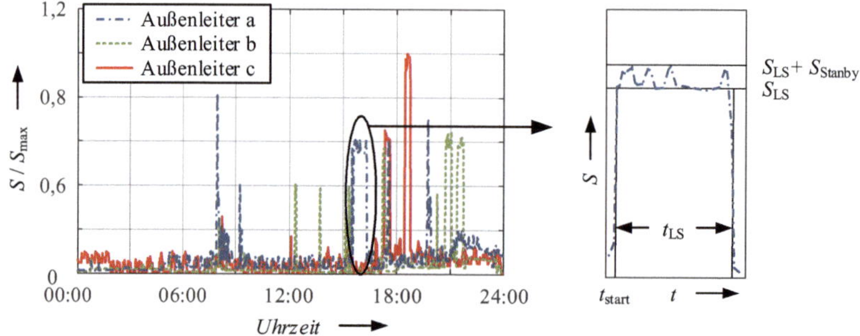

Bild 4-11: Gemessener außenleiterselektiver, tageszeitabhängiger Leistungsbezug eines Haushalts und Charakterisierung einer Lastspitze nach [121]

Zur Erstellung eines Lastverlaufs über einen Tag wird je Stunde h gemäß Bild 4-12 ermittelt, ob eine LS zur entsprechenden Stunde auftritt. Ist dies der Fall, so wird zur Stunde h eine über eine Gleichverteilung bestimmte Minute m addiert. Die Zeitdauer der LS, die innerhalb einer Stunde h beginnt, wird entsprechend der Summenhäufigkeit nach Bild 4-13 und den der Stunde h entsprechenden Parametern nach Anhang Tabelle A.2-10 bestimmt. Dabei ist es möglich, dass eine LS auch länger als 60 Minuten andauert.

Das Modell erlaubt somit je Stunde h den Beginn einer LS. Infolge der Verschiebung des Startzeitpunktes der LS um eine bestimmte Minute m und der Dauer der verschiedenen LS können jedoch mehrere LS gleichzeitig andauern.

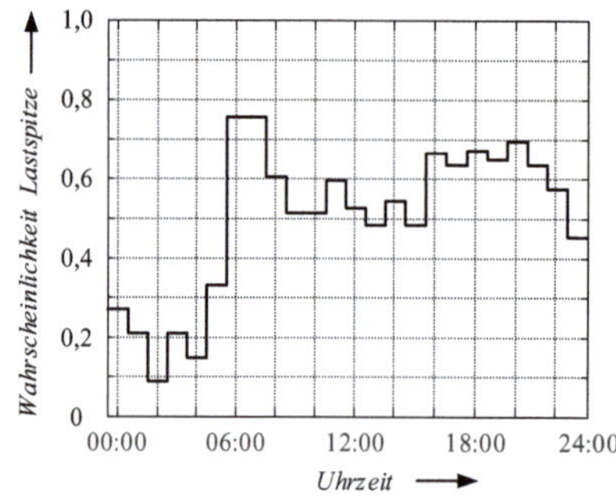

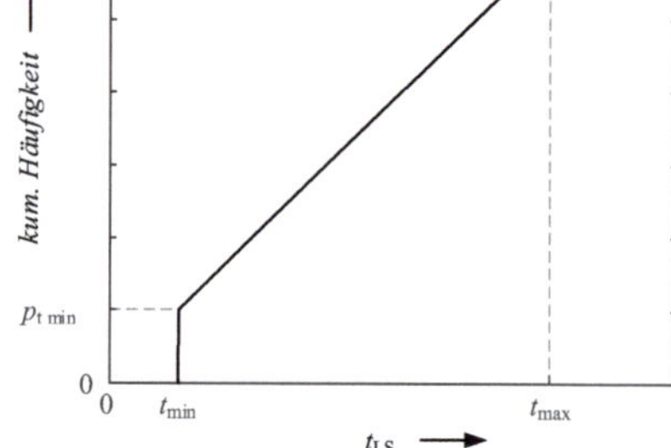

Bild 4-12: Wahrscheinlichkeit des Auftretens einer Lastspitze innerhalb eines bestimmten Zeitintervalls

Bild 4-13: Schematische Darstellung zur Beschreibung der Zeitdauer einer Lastspitze

Der Betrag der LS ist abhängig von der Wirk- und Blindleistung und wird als elektrische Eigenschaft im folgenden Abschnitt beschrieben. Der bzw. die Außenleiter, in denen die LS auftritt, wird über eine ungewichtete Gleichverteilung mit einer Wahrscheinlichkeit von 1/3 je Außenleiter bestimmt.

Die getroffenen Annahmen, die zugrunde gelegten Wahrscheinlichkeiten und die Einteilung der Zeitintervalle (hier 1-Stundenintervalle) sind durch weitere Haushaltsmessungen zu verifizieren, anzupassen und zu erweitern.

Elektrische Eigenschaften

Die elektrischen Eigenschaften gliedern sich in Wirk- und Blindleistung der Lastspitzen und der Standby-Last, den Anschluss an das elektrische Netz sowie das statische Lastverhalten.

Wirkleistung

Die Wirkleistung einer zum Zeitpunkt t beginnenden LS wird als Multiplikation eines, über eine logarithmische Normalverteilung ermittelten Leistungswertes nach [122] mit dem (interpolierten) Wert eines auf den Maximalwert bezogenen H0-Profils [115] zum Zeitpunkt t, bestimmt.

In [122] wurde anhand von Haushaltsmessungen die Verteilung der bezogenen Leistung für verschiedene Uhrzeiten bestimmt. Sie kann als logarithmische Normalverteilung wie folgt beschrieben werden

$$\frac{P(x)}{W} = \frac{1}{x \cdot \sigma \cdot \sqrt{2\pi}} \cdot e^{\left(-\frac{(\ln(x)-\mu)^2}{2 \cdot \sigma^2}\right)} \qquad \text{mit} \qquad \{x \in \mathbb{R} : 0 \leq x \leq 1\} \tag{4-14}$$

Zu der Uhrzeit mit dem höchsten Mittelwert gilt gemäß [122] für $\mu = 6{,}69531$ und $\sigma = 0{,}771546$. Für den Verlauf des H0-Profils wird in dieser Arbeit ein Profil entsprechend „Sommer / Werktag" gewählt. Die Wirkleistung wird so lange über das beschriebene Vorgehen bestimmt, bis gilt $0{,}45\,\text{kW} \leq P \leq 3{,}3\,\text{kW}$. Die Bestimmung der Blindleistung ist abhängig von der Wirkleistung der LS und ist unten beschrieben.

Die Wirkleistung der Standby-Last wird als konstanter Wert mit 150 W angenommen. Die Standby-Last wird zufällig auf die drei Außenleiter verteilt und je Außenleiter ein Wirkfaktor $\cos(\varphi)$ nach Gleichung (4-15) und Tabelle 4-8 bestimmt. Die komplexe Standby-Last je Außenleiter bleibt über je Simulationsdurchlauf, in dieser Arbeit ein Tag, konstant. Ein Ablaufdiagramm zur Beschreibung der Erstellung eines *Tageslastgangs* eines Haushaltes ist im Anhang in Bild A.2-3 dargestellt.

Der Energiebedarf je simulierten Haushalt und Tag, resultierend aus LS und Standby-Last, ist normalverteilt mit dem Erwartungswert $\mu = 9{,}12\,\text{kWh/d}$ und der Streuung $\sigma^2 = 3{,}22\,\text{kWh/d}$.

Blindleistung

Zur Bestimmung des Blindleistungsanteils der Lastspitzen und der Standby-Last wurden die 1-Minuten-Mittelwerte der Haushaltsmessungen herangezogen und der Wirkfaktor $\cos(\varphi)$ bestimmt. Die Ergebnisse zeigen, dass unabhängig vom untersuchten Wochentag die Blindleistung zu 51 % kapazitiv und zu 49 % induktiv ist. So dass von einer Gleichverteilung zwischen induktivem und kapazitivem Verhalten ausgegangen werden kann.

Der minimale Wirkfaktor wird über eine Exponentialfunktion angeglichen, wobei 99 % aller Messwerte einen höheren Wirkfaktor aufweisen (siehe Anhang Bild A.2-7). Die Berechnung des minimalen Wirkfaktors erfolgt über Gleichung (4-15) mit den Parametern nach Tabelle 4-8.

$$\cos(\varphi)_{\min} = a_\varphi - e^{-b_\varphi \cdot P} \tag{4-15}$$

Tabelle 4-8: Parameter zur Berechnung des minimalen Wirkfaktors

	Kapazitive Blindleistung	**Induktive Blindleistung**
a_φ	0,99	0,99
b_φ in 1/kW	1,605	4,904

Die Häufigkeitsverteilung des Wirkfaktors zwischen 1 und $\cos(\varphi)_{\min}$ wird, basierend auf den vorhandenen Messdaten, als Gleichverteilung angenommen.

Unter Annahme, dass einzelne Schaltkreise in einem Haushalt mit 16 A Sicherungen ausgestattet sind und eine spezifische LS nur in einem Schaltkreis und Außenleiter auftritt, wird der Strom der LS unter Berücksichtigung der Standby-Last des entsprechenden Außenleiters begrenzt, so dass maximal 16 A je Außenleiter auftreten.

Anschluss an das Netz und statisches Verhalten

Der überwiegende Anteil aller Haushaltsgeräte wird 1-phasig mit dem elektrischen Netz verbunden (Anschluss zwischen Außenleiter und Neutralleiter). Da Haushalte in Deutschland i. A. über einen 3-phasigen Anschluss verfügen wird der Haushalt als 3x1-phasige Kundenanlage mit unterschiedlichem Leistungsbezug je Außenleiter simuliert. Die statische Spannungsabhängigkeit wird mit dem Exponentialmodell gemäß Gleichung (3-21) nachgebildet. Da die Simulationen ausschließlich bei 50 Hz durchgeführt werden, wird die Frequenzabhängigkeit in dieser Arbeit vernachlässigt.

Zur Bestimmung der Exponenten für Wirk- und Blindleistung wurden Messungen in öffentlichen Niederspannungsnetzen bei variabler Netzspannung und -frequenz durchgeführt. Dafür wurden die entsprechenden Netze über ein eigenes Notstromaggregat betrieben [80]. Die Ergebnisse der Untersuchungen zeigen, dass die Exponentialexponenten nach Gleichung (3-21) mit einer Normalverteilung beschrieben werden können.

Für den Erwartungswert μ gilt:

- $k_{\mathrm{PU}} = 1{,}46$
- $k_{\mathrm{QU}} = 0{,}91$

Für das Simulationsmodell wird ein fester Wert für die Exponentialkoeffizienten genutzt, welcher dem Erwartungswert μ entspricht.

Modellverifikation

Die Verifikation des Modells ist in [121] beschrieben. Die Ergebnisse (siehe Anhang Bild A.2-4 bis Bild A.2-6) zeigen, dass der Tagesverlauf der bezogenen Leistung und der unsymmetrische Leistungsanteil für einzelne Haushalte als auch für Kombinationen aus mehreren Haushalten sehr gut nachgebildet werden. Die Spitzenleistung wird um ca. den Faktor 1,1 zu gering nachgebildet. Der Vergleich mit Netzmessungen aus einer Messkampagne mit Aufzeichnung der Ströme und Spannungen an der Transformatorsammleschiene [37] zeigt, dass für Netze mit überwiegend Haushaltslasten das vorgestellte Modell genutzt werden kann um den unsymmetrischen Leistungsanteil und die maximale bezogene Scheinleistung abschätzen zu können.

Photovoltaikanlagen - Modell

PV-Anlagen werden in dieser Arbeit als Einheit aus PV-Panels und Wechselrichter betrachtet. Dabei wird der Wechselrichter vereinfacht als verlustfrei und stets im MPP (engl. *maximum power point*) arbeitend angenommen. Der Anschluss einer PV-Anlage über entsprechende PV-Wechselrichter ist je nach Modell und Leistungsklasse als 1-phasig, 2 x 1-phasig, 3 x 1-phasig oder 3-phasig ausgeführt.

Das Einspeiseverhalten einer PV-Anlage ist von den klimatischen Bedingungen (nicht elektrischen Eigenschaften) und der Spannung am Anschlusspunkt des PV-Wechselrichters (elektrische Eigenschaft) abhängig. Beide Einflussgrößen werden getrennt voneinander betrachtet.

Nichtelektrische Eigenschaften

Der Einfluss der klimatischen Bedingungen, wie Globalstrahlung G und Temperatur T sowie der Einfluss von (Teil-) Abschattung einzelner PV-Panels auf die einzuspeisende Leistung, ist in der Literatur bereits beschrieben bspw. [123]. Unter Anwendung eines Zweidiodenmodells zur Beschreibung der Paneleigenschaften nach [123] ergibt sich, für eine PV-Anlage die bei einer Globalstrahlung von 1000 W/m^2 und einer Zelltemperatur von 25 °C eine MPP-Spannung von 400 V und einen MPP-Strom von 11,5 A aufweist, der in Bild 4-14 dargestellte Zusammenhang der DC-Leistung in Abhängigkeit der Temperatur und Globalstrahlung.

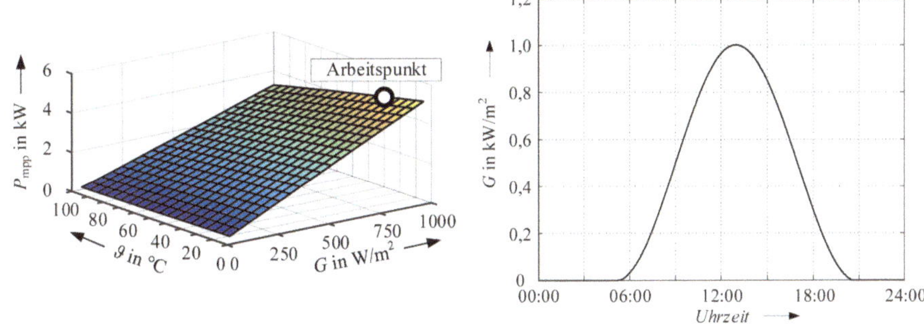

| **Bild 4-14:** | Abhängigkeit der maximal einspeisbaren Leistung einer PV-Anlage in Abhängigkeit der Globalstrahlung und Zelltemperatur | **Bild 4-15:** | Globalstrahlung während eines sonnigen, wolkenlosen Tages im Juli nach [124] |

Wie aus Bild 4-14 ersichtlich, nimmt die Leistung nahezu linear mit der Globalstrahlung zu und wird im Bereich zwischen 0°C und 100°C in guter Näherung linear mit steigender Temperatur verringert.

Während die Globalstrahlung von Wetterstationen aufgezeichnet wird und die Daten für verschiedene Tage und Orte weltweit zur Verfügung stehen, sind Daten zur Zelltemperatur sehr selten vorhanden. Die Herausforderung besteht darin, dass die Zelltemperatur neben der als bekannt zu voraussetzenden Umgebungstemperatur auch von einer Vielzahl weiterer i. A. unbekannten Faktoren wie bspw. Kühlung oder Aufstellung der Panels abhängt.

Infolgedessen wird für diese Arbeit eine konstante Zelltemperatur von 25°C angenommen. Für die Nachbildung der Globalstrahlung wird ein idealer Verlauf im Sommer ohne Berücksichtigung von Wolkendurchzügen mit einer maximalen Globalstrahlung von 1000 W/m^2 um 13:00 Uhr Ortszeit simuliert (siehe Anhang Bild 4-15). Wie [20] zeigt, hat die unterschiedliche Nord-Südausrichtung zwischen den PV-Anlagen in einem Netz mit 1-phasige angeschlossenen PV-Anlagen gleicher Leistung bei zyklischer Aufteilung der PV-Anlagen auf die Außenleiter einen nachweisbaren Einfluss auf die Spannungsunsymmetrie. Infolge des durch die Nord-Südausrichtung bedingte Varianz der aktuell eingespeisten Leistung wird die Spannungsunsymmetrie für diese Konfiguration erhöht. Bei unsymmetrischer Aufteilung der 1-phasigen PV-Anlagen auf die Außenleiter kann eine Varianz der aktuell eingespeisten Leistung jedoch zu einer geringeren Spannungsunsymmetrie führen. Diese Aspekte werden in dieser Arbeit jedoch nicht berücksichtigt.

Es wird angenommen, dass alle PV-Anlagen die gleiche Nord-Südausrichtung als auch den gleichen Neigungswinkel haben. Somit speisen alle PV-Anlagen nach dem gleichen Profil in das Netz ein. Hinsichtlich der Betriebsmittelbelastung ist dies als worst-case zu sehen. Hinsichtlich der Spannungs- und Unsymmetriekenngrößen können in Abhängigkeit der Außenleiterzuordnung sowie der Verteilung der PV-Anlagen im Netz ungünstigere Fälle durch eine Variation der Nord-Südausrichtung konstruiert werden.

Elektrische Eigenschaften

Zur Charakterisierung der eingespeisten Leistung von PV-Anlagen in Abhängigkeit der Spannung an den Anschlussklemmen wurden verschiedene PV-Wechselrichter im Labor bei konstanten klimatischen Bedingungen untersucht [15], [125]. Unabhängig der Filtertopologie oder der Anzahl der angeschlossenen Außenleiter ist die in das Netz abgegebene Gesamtwirkleistung, bestehend aus der Summe der einzelnen Strangleistungen, im Spannungsbereich von $U_\mathrm{n} \pm 10\,\%$ konstant. Bei höheren bzw. kleineren Spannungen ist die eingespeiste Leistung abhängig von der eingestellten Regelung [47], diese wird im Folgenden nicht weiter betrachtet. Die Gesamtwirkleistung resultiert dabei vom Arbeitspunkt der PV-Anlage (siehe Bild 4-14).

Wirkleistung

Die Wirkleistungseinspeisung je Außenleiter ist abhängig von der Anzahl der Außenleiter, an die die PV-Anlage angeschlossen ist. Die Wirkleistung für 1-phasige PV-Anlagen ist bei veränderlicher Außenleiter-Rückleiterspannung konstant. Aus Sicht des statischen Verhaltens gemäß Gleichung (3-21) gilt für die Wirkleistung in diesem Fall ein Exponent $k_{\mathrm{PU}} = 0$.

Die Gesamtwirkleistung P_{ges} bei 3-phasigen bzw. 3 x 1-phasigen Wechselrichtern ist ebenfalls bei variablen Außenleiter-Rückleiterspannung konstant, jedoch können sich die Wirkleistungen je Außenleiter bei unsymmetrischer Spannung voneinander unterscheiden.

Für die untersuchten 3 x 1-phasigen Wechselrichter kann die Wirkleistung je Außenleiter in Abhängigkeit der Außenleiter-Rückleiterspannungen anhand der Messergebnisse wie folgt beschrieben werden

$$\begin{bmatrix} P_{\mathrm{a}} \\ P_{\mathrm{b}} \\ P_{\mathrm{c}} \end{bmatrix} = \frac{P_{\mathrm{ges}}}{U_{\mathrm{aR\ddot{u}}} + U_{\mathrm{bR\ddot{u}}} + U_{\mathrm{cR\ddot{u}}}} \cdot \begin{bmatrix} U_{\mathrm{aR\ddot{u}}} \\ U_{\mathrm{bR\ddot{u}}} \\ U_{\mathrm{cR\ddot{u}}} \end{bmatrix} \tag{4-16}$$

Die Aufteilung der Leistung auf die Außenleiter erfolgt gemäß der wechselrichterinternen Regelung. Zu beachten ist, dass nur der Betrag der Außenleiter-Rückleiterspannung von Bedeutung ist. Bei einer Änderung der Winkel der Spannungen zueinander bleibt der Betrag des Stroms und der Phasenwinkel zwischen Außenleiterstrom und der dazugehörigen Außenleiter-Rückleiterspannung konstant. Das bedeutet, dass bei zunehmender Winkelverschiebung der Außenleiter-Rückleiterspannungen zueinander der Betrag des Rückleiterstroms vergrößert wird.

Das Verhalten der untersuchten 3-phasigen Wechselrichter unterscheidet sich in der Art, dass kein Rückleiterstrom ausgebildet wird und das Einspeiseverhalten von der Spannung zwischen zwei Außenleitern bestimmt wird. Die daraus resultierende Wirkleistung zwischen zwei Außenleitern kann wie folgt bestimmt werden

$$\begin{bmatrix} P_{\mathrm{ab}} \\ P_{\mathrm{bc}} \\ P_{\mathrm{ca}} \end{bmatrix} = \frac{P_{\mathrm{ges}}}{U_{\mathrm{ab}} + U_{\mathrm{bc}} + U_{\mathrm{ca}}} \cdot \begin{bmatrix} U_{\mathrm{ab}} \\ U_{\mathrm{bc}} \\ U_{\mathrm{ca}} \end{bmatrix} \tag{4-17}$$

Blindleistung

Das Blindleistungsverhalten wird durch die hinterlegten (Software-)Einstellungen bestimmt und kann zwischen Wechselrichtern des gleichen Typs variieren [126]. Die Untersuchungen an 3-phasigen und 3 x 1-phasigen Wechselrichtern zeigen, dass die Blindleistung bezogen auf die Außenleiter, mit den in Gleichung (4-16) und (4-17) angegebenen Verhalten beschrieben werden kann, wobei P_{ges} durch eine Blindleistung Q_{ges} zu ersetzen ist, welche wiederum von den anliegenden Spannungen und der eingespeisten Wirkleistung abhängen kann. Um die Anzahl an zu simulierenden Simulationsvarianten in einem angemessenen Rahmen zu halten, wird in dieser Arbeit für alle PV-Anlagen das gleiche Blindleistungsverhalten hinterlegt. Dabei werden die PV-Anlagen als reine Wirkleistungserzeuger simuliert.

PV-Wechselrichter, die als 2-phasige Ausführung angeboten werden wurden im Zuge von Feldmessungen verschiedener Projekte z. B. [15] nur unter Netzbedingungen untersucht. Das dokumentierte Verhalten entspricht einem 2 x 1-phasig angeschlossenem Wechselrichter. Es kann mit der Gleichung (4-16) beschrieben werden, wobei die Außenleiter-Rückleiterspannung des Außenleiters, an dem kein Anschluss erfolgt zu Null zu setzten ist.

Elektrofahrzeuge - Modell

Ähnlich der Betrachtung von Haushaltslasten existieren in der Literatur verschiedene Ansätze zur Bestimmung der maximalen (zusätzlichen) Leistung und des Energiebedarfs durch EVs z. B. [7], [10]. Dabei wird eine Kombination aus Gleichzeitigkeitsfaktor und einem standardisierten Lastprofil favorisiert. Um den Einfluss auf die Unsymmetrie untersuchen zu können ist jedoch die Nachbildung einzelner EVs notwendig.

Nichtelektrische Eigenschaften

Die nichtelektrischen Eigenschaften beschreiben das Fahrverhalten der EV-Nutzer. In dieser Arbeit werden folgende Punkte betrachtet

- Zeitpunkt ab dem das Fahrzeug mit dem Netz verbunden ist t_{start}
- Gefahrene Strecke zwischen zwei Ladevorgängen s_{ges}

Diese haben Einfluss auf den Ladezustand der Batterie (SOC engl. *state of charge*) zu Beginn des Ladevorgangs sowie auf die Zeit, ab der ein EV an das elektrische Netz angeschlossen ist und die Batterie geladen werden kann. Weitere nichtelektrische Eigenschaften, wie Temperatur und Witterung, welche ggf. das Verhalten und den Energiebedarf durch zusätzlichen Wärmebedarf beeinflussen, bleiben in dieser Arbeit unberücksichtigt. Die im Folgenden beschriebenen Auswertungen und Annahmen beziehen sich auf Szenario „dezentrales Laden".

Die Datengrundlage für das Verhalten der EV-Nutzer bildet die Studie „Mobilität in Deutschland 2008 (MiD2008)" [127]. Darin sind die Verhaltensweisen für Nutzer von PKWs dokumentiert. Da die zukünftige Nutzung von PKWs im Allgemeinen und EVs im Speziellen nicht abschätzbar ist, wird in dieser Arbeit angenommen, dass diese unabhängig vom Antriebskonzept konstant bleibt. Aus den Daten der „MiD2008" geht u. a. hervor welche Strecke s_{ges} mit dem PKW an einem Tag zurückgelegt wurde (siehe Bild 4-16) und wann die letzte Fahrt des Tages endete (siehe Bild 4-17). Hinsichtlich der EVs wird für diese Arbeit für „dezentrales Laden" angenommen, dass nach Ende der letzten Fahrt des Tages das EV an den (heimischen) LP angeschlossen wird und mit dem Netz verbunden ist. Weiterhin wird angenommen, dass der Ladevorgang des EVs startet, sobald es mit dem Netz verbunden ist. Der Zeitpunkt wird zufällig gemäß der als Histogramm in Bild 4-17 dargestellten Verteilung bestimmt. Weiterhin wird angenommen, dass jedes EV erst dann vom elektrischen Netz getrennt wird, wenn die Batterie voll aufgeladen ist.

Die nachzuladende Energie bei Anschluss eines EVs an das Netz wird anhand der am Tag zurückgelegten Strecke wie folgt berechnet

$$E_{\text{EV}} = \frac{E'_{\text{bedarf}}}{s_{\text{ges}}} \tag{4-18}$$

E'_{bedarf} beschreibt den pro Kilometer bezogenen Energiebedarf. Dabei wird abweichend von den Herstellerangeben für jedes EV ein Energiebedarf von $E'_{\text{bedarf}} = 0{,}2$ kWh/km angenommen. Weiterhin wird angenommen, dass der SOC, ausgedrückt durch E_{batt}, vor Fahrtbeginn dem maximalen Energiegehalt der Batterie $E_{\text{batt max}}$ entsprach. Der SOC zum Ladebeginn ergibt sich zu

$$E_{\text{batt}} = E_{\text{batt max}} - E_{\text{EV}} \tag{4-19}$$

Die zur Berechnung notwendige maximale Energie der Batterie $E_{\text{batt max}}$ ist abhängig vom Fahrzeugtyp und wird den Herstellerangaben entnommen. Nimmt gemäß Gleichung (4-19) E_{batt} einen negativen Wert an, so wird für BEVs so lange zufällig über die gegebene Verteilung ein s_{ges} bestimmt, bis gilt $E_{\text{batt}} \geq 0$ und für PHEVs wird $E_{\text{batt}} = 0$ gesetzt. Diese Herangehensweise liegt der Annahme zu Grunde, dass BEV-Nutzer die Batterie bei längeren Strecken im öffentlichen Raum (zentrales Laden) so häufig laden, dass sie den heimischen LP erreichen, wohingegen PHEV-Nutzer die verbleibende Strecke mit einem anderen Energieträger (bspw. Benzin) fortsetzen.

Abweichend zu [127] wird weiterhin angenommen, dass jedes zu simulierende EV täglich gefahren und geladen wird. Diese Annahme stellt für die implementierten Simulationen einen worst case dar. Auf Grundlage der in [98] gegebenen Daten hinsichtlich der Zulassungszahlen von BEVs und PHEVs wird die Marktdurchdringung in Deutschland[14] ermittelt. Aus den sich daraus ergebenden Verteilungen hinsichtlich der zugelassenen Fahrzeuge wird für jedes zu simulierende EV zufällig die Art (PHEV oder BEV) und der maximale Energiegehalt der Batterie $E_{\text{batt max}}$ bestimmt.

---

[14] Für die Simulationen liegt die Marktdurchdringung zum Dezember 2017 zugrunde

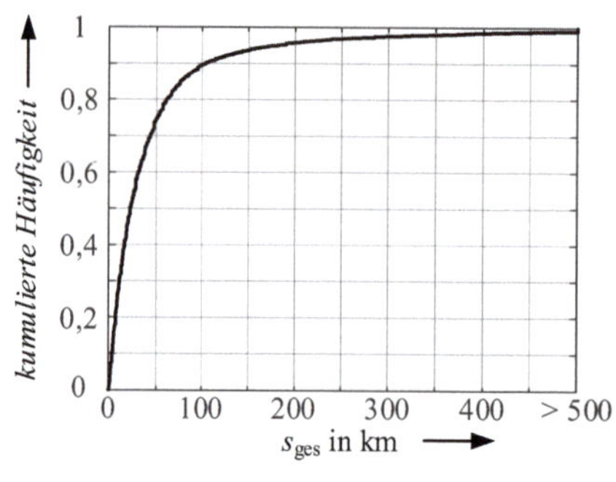

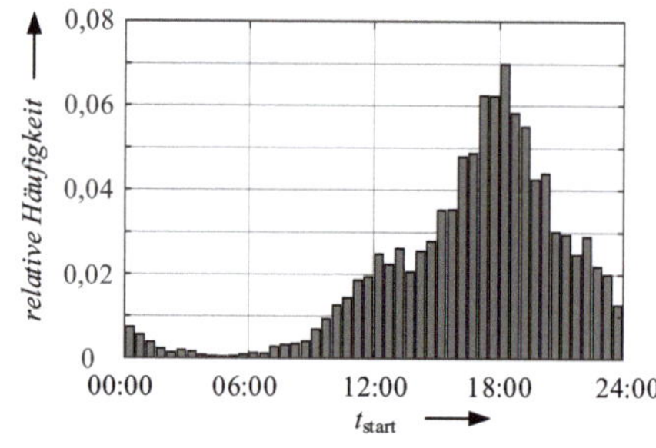

Bild 4-16: Kumulierte Häufigkeit der mit dem PKW am Tag zurückgelegten Strecke nach [127]

Bild 4-17: Histogramm mit einer Auflösung von 30 min zur Darstelleung der Verteilung der Uhrzeit, ab der ein EV mit dem elektrischen Netz verbunden ist nach [127], entspricht „dezentralem Laden"

Elektrische Eigenschaften

Die elektrischen Eigenschaften beziehen sich auf den (eingestellten) maximalen Ladestrom, die Spannung an den Klemmen, die Anzahl der Außenleiter, über die das Fahrzeug geladen wird und den charakteristischen Ladeverlauf.

Das elektrische Verhalten sowie die Verifikation sind in [128] dokumentiert, so dass in diesem Abschnitt nur eine Zusammenfassung der wichtigsten Punkte erfolgt.

Charakteristischer Ladeverlauf

Bild 4-18 stellt den Ladezyklus drei ausgewählter EVs dar. Jeder der Ladezyklen kann anhand von verschiedenen Zuständen beschrieben werden. Diese gliedern sich in: konstanter Ladestrom mit überwiegendem Wirkanteil (A1, A2), konstanter Ladestrom mit überwiegendem Blindanteil (C1) und einem exponentiell abklingendem Ladestrom mit überwiegendem Wirkanteil (B1). Die Ladezyklen sind abhängig vom Batterieladeverfahren. Während Zustand A1 bzw. A2 wird mit konstantem Strom und während Ladezustand B1 mit konstanter Spannung geladen [93, Sec. 7.4.7].

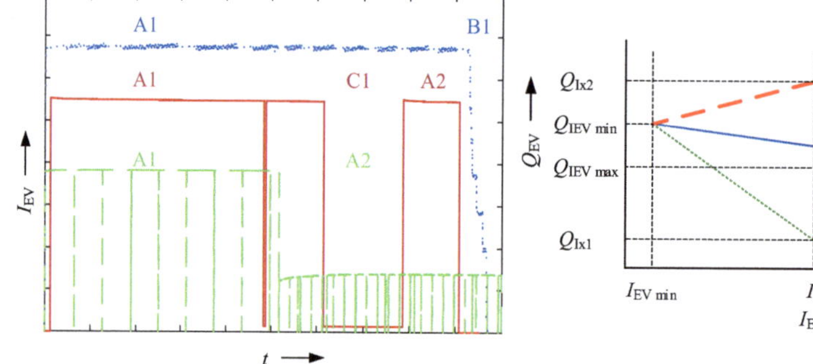

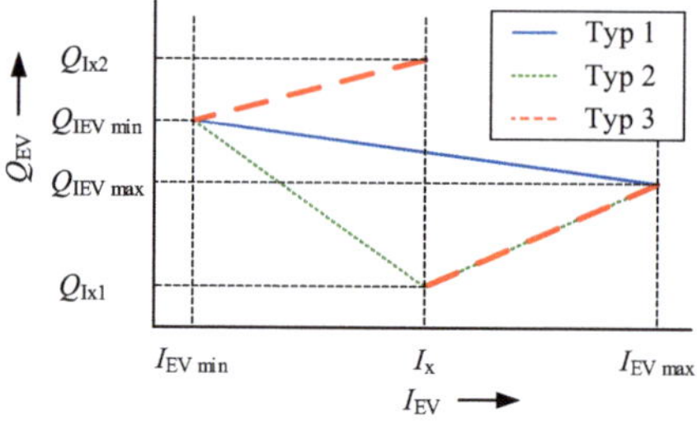

Bild 4-18: Ladezyklus ausgewählter EVs nach [128]

Bild 4-19: Ladestromabhängige Blindleistung von EVs nach [128]

Auf Grundlage durchgeführter Labor- und Feldmessungen [16]–[18] an verschiedenen EVs zeigte sich, dass der Ladezyklus bestehend aus der Kombination A1 und B1 überwiegt. Andere Kombinationen sind geprägt von Prototypen, Kleinserien (die teils nicht mehr produziert werden) und Fahrzeugumbauten. Der Übergang von Zustand A1 zu B1 ist abhängig vom SOC und erfolgt i. A. zwischen $E_{\mathrm{batt}} = 0{,}85 \cdot E_{\mathrm{batt\,max}}$ und $E_{\mathrm{batt}} = 0{,}98 \cdot E_{\mathrm{batt\,max}}$.

Spannungsabhängigkeit

EVs können als stromkonstante Last mit Leistungsbegrenzung nachgebildet werden. Die Spannung, zu der der Wechsel zwischen strom- zu leistungskonstanter Last erfolgt, ergibt sich zu

$$U_\mathrm{W} = \frac{S_{\mathrm{EV\,max}}}{I_{\mathrm{EV\,max}}}$$

Dabei entspricht $S_{\mathrm{EV\,max}}$ und $I_{\mathrm{EV\,max}}$ den fahrzeugspezifischen Größen und bezieht sich auf die Außenleiterströme bzw. die entsprechende Leistung. Da fahrzeugintern der Ladestrom für jeden Außenleiter einzeln angepasst wird, kann es bei EVs, welche über mehrere Außenleiter geladen werden, bei unterschiedlichen Beträgen der Außenleier-Rückleiterspannungen zu unterschiedlichen Außenleiterströmen kommen. Der tatsächliche (maximale) Ladestrom je Außenleiter kann durch den LP vorgegeben werden und unterhalb von $I_{\mathrm{EV\,max}}$ liegen.

Das Blindleistungsverhalten der untersuchten EVs kann in drei Typen untergliedert werden, sie sind in Bild 4-19 schematisch dargestellt. Dabei ist $I_{\mathrm{EV\,min}}$ ebenfalls eine fahrzeugspezifische Größe. Wie ersichtlich, ist die Blindleistung abhängig vom aktuellen Ladestrom, welcher wie erwähnt vom SOC, der aktuellen Außenleiter-Rückleiterspannung und der Vorgabe durch den LP abhängt. Auf Grundlage der erwähnten Labor- und Feldmessungen und unter Bezug auf die in [98] veröffentlichten Zahlen zugelassener EVs in Deutschland zeigte sich, dass über 90 % des aktuellen Marktanteils[15] von EVs in Deutschland dem Blindleistungstyp 1 entsprechen.

Anzahl angeschlossener Außenleiter

Die Untersuchung des Ladeverhaltens der EVs ergab, dass sich EVs hinsichtlich der Außenleiter, mit denen sie an das Netz angeschlossen sind, in vier Gruppen unterteilen lassen (vergleiche Tabelle 4-4)

    a)   1-phasig angeschlossene EVs
    b)   2 x 1-phasig angeschlossene EVs
    c)   3 x 1-phasig angeschlossene EVs
    d)   3-phasig angeschlossene EVs

Für Gruppe a), b) und c) können die oben aufgeführten Zusammenhänge für die einzelnen Außenleiter direkt übernommen werden, da deren Blind- und Wirkleistung von den Außenleiter-Rückleiterspannungen abhängen. Gleiches gilt für Fahrzeuge, die theoretisch über mehrere Außenleiter geladen werden können jedoch nur an einen Außen- und Neutralleiter angeschlossen sind.

Für Gruppe d) sind die Spannungen zwischen den Außenleitern ausschlaggebend. Für diese Gruppe kann in Abhängigkeit der Außenleiterspannungen eine Gesamtblind- und Wirkleistung bestimmt werden. Die Aufteilung der Leistungen auf die einzelnen Außenleiter erfolgt gemäß (4-16).

Für die einzelnen Simulationsvarianten wird, bis auf die Simulation des Einflusses von 3-phasigem Laden, stets 1-phasiges Laden simuliert. Zum einen stellt dies einen „Worste Case" dar (siehe Tabelle 3-2) zum anderen erscheint dieses Szenario für dezentrales Laden wahrscheinlich, da nicht jeder Stellplatz, und somit der zu installierende LP, über einen 3-phasigen Anschluss verfügt. Eine Aufwertung auf einen 3-phasigen Anschluss würde Kosten mit sich bringen, die für dezentrales Laden aufgrund der langen Stehzeiten über Nacht, nicht zwingend von jedem EV-Nutzer erbracht werden, da in diesem Fall ein schnelles Laden nicht nötig ist.

Modellverifikation

Anhand der oben getroffenen Annahmen für die elektrischen und nichtelektrischen Eigenschaften der EVs kann ein „standarisiertes" Lastprofil analog zu [10] und [7] abgeleitet werden. Für das abgeleitete EV-Lastprofil in dieser Arbeit werden 10.000 Tageslastverläufe von n_{EV} EVs auf Basis von 10-Minutenmittelwerten erzeugt. Je Tagesverlauf und Zeitschritt wird die Bezugsleistung aller EVs addiert und durch n_{EV} geteilt. Anschließend wird aus den 10.000 resultierenden Tagesverläufen je Zeitpunkt das 99 %-Quantil bestimmt und als standardisiertes EV-Lastprofil definiert. Analog zu diesem Verfahren kann auch der

---

[15] Stand Dezember 2019

Gleichzeitigkeitsfaktor g_{EV} bestimmt werden. Dafür wird das EV-Lastprofil zusätzlich durch die Ladeleistung je EV geteilt. Für Kapitel 6 wird der mit diesem Verfahren bestimmte maximale Gleichzeitigkeitsfaktor als g_{EV} ausgewiesen.

Bild 4-20 vergleicht die EV-Lastprofile für $n_{EV} = 10.000$. Das „Lastprofil nach Heinz" [7] entspricht dem unter [129] frei verfügbaren Lastprofil „Alle Werktage / Laden zu Hause", das „Lastprofil nach Probst" entspricht dem in [10] Abbildung 6.8 dargestellten Verlauf und das „Lastprofil nach Möller" basiert auf den oben getroffenen Annahmen sowie einem 1-phasigen Laden der EVs mit einem Ladestrom von $I_{EV\,max} = 16\,A$. Alle drei Modelle haben die Studie „MiD2008" [127] als Grundlage. Unterschiede gibt es jedoch hinsichtlich des Energiebedarfs der EVs z. B. durch Übernahme der Herstellerangaben bzw. Annahme eines realitätsnahen Energiebedarfs und der Ladeleistung mit der die EVs geladen werden. Infolgedessen ergeben sich die verschiedene in Bild 4-20 gezeigten Verläufe und Spitzenleistungen.

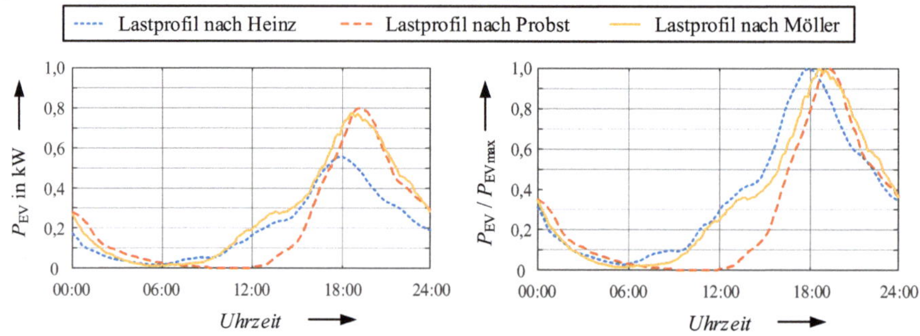

a) Abgeleitetes Lastprofil mit der angenommene Leistung je EV

b) Auf den Maximalwert bezogenes Lastprofil

Bild 4-20:   Vergleich verschiedener Lastprofile für EVs bei Annahme von 10.000 EVs im betrachteten Gebiet nach [10], [129]

Variationen der Ladeleistung und des Energiebedarfs der EVs zeigen für das in dieser Arbeit genutzte Modell die in Tabelle 4-9 qualitativ zusammengefassten Einflüsse. Als Referenz für die qualitative Einschätzung wird ein Energiebedarf von 0,2 kWh/km und einer Ladeleistung von 3,7 kW gewählt. Eine quantitative Beschreibung ist Tabelle A.2-11 im Anhang aufgeführt.

Tabelle 4-9:   Qualitative Bewertung des Einflusses verschiedener Parameter auf das EV-Lastprofil

Parameter		Betrag der Spitzenlast	Zeitpunkt der Spitzenlast
Ladeleistung $P_{EV\,max}$	Erhöhung	höher	früher
	Reduzierung	niedriger	später
Energiebedarf E'_{bedarf}	Erhöhung	höher	später
	Reduzierung	niedriger	früher

Die Verifikation der elektrischen Eigenschaften erfolgte bereits in [128] und wird in dieser Arbeit nicht erläutert.

5 Simulationsergebnisse

Für die Szenarien „zentrales Laden" und „dezentrales Laden" (Abschnitt 4.2.1) wird anhand von EVs und PV-Anlagen der Einfluss einer zunehmenden Durchdringung der elektrischen Niederspannungsnetze mit unsymmetrisch betriebenen Kundenanlagen hoher Leistung und Betriebsdauer auf ausgewählte Kenngrößen untersucht. Die im Folgenden bewerteten Kenngrößen sind:

- Auslastung der Betriebsmittel (siehe Abschnitt 2.3)
- Leitungsverluste (siehe Abschnitt 2.4)
- Spannungsdifferenz zwischen höchster und niedrigster Spannung im Netz (siehe Abschnitt 2.5)
    - bezogen auf einen Zeitpunkt ΔU_{ZP}
    - bezogen auf einen Tag ΔU_{d}
- Unsymmetrischer Leistungsanteil S_{un2} (siehe Abschnitt 2.6.3)
- Gegensystem-Spannungsunsymmetrie k_{u2} (siehe Abschnitt 2.6.1)

Wie in den vorangegangenen Kapiteln beschrieben, wird jeweils nur der Grundschwingungsanteil von Strom und Spannung berücksichtigt. Der Einfluss weiterer Frequenzanteile auf die gewählten Kenngrößen wird in dieser Arbeit vernachlässigt.

5.1 Zentrales Laden

Auf Grundlage der in Abschnitt 4.3 aufgeführten stochastischen Beschreibung der Anzahl gleichzeitig ladender EVs je Außenleiter wird der Einfluss 1-phasig ladender EVs auf die oben aufgeführten Kenngrößen diskutiert. Für die Diskussion der Spannungsdifferenz bzw. der Spannungsunsymmetrie wird die Länge der Kabel zwischen Transformator und Unterverteilung variiert.

5.1.1 Methodik

Zur Bewertung des Einflusses der Anzahl an LPs n_{LP} und somit der maximal gleichzeitig ladenden EVs sowie des maximalen vorgegebenen Ladestroms der EVs $I_{\mathrm{EV\,max}}$ auf die betrachteten Kenngrößen werden acht verschiedene Simulationsvarianten gewählt (siehe Tabelle 5-1).

Tabelle 5-1: Überblick der Simulationsvarianten für zentrales Laden

Simulationsvariante	Anzahl paralleler Kabel zwischen Transformator und LPs	$I_{\mathrm{EV\,max}}$ in A	n_{LP}	S_{A} in kVA
1	1	10	27	187
2	1	16	15	166
3	1	20	12	166
4	1	32	6	133
5	2	10	54	374
6	2	16	33	366
7	2	20	27	374
8	2	32	15	332

Alle gleichzeitig ladenden EVs werden mit dem vorgegebenen maximalen Ladestrom $I_{\mathrm{EV\,max}}$ und gleichem *Leistungsfaktor* geladen. Für $I_{\mathrm{EV\,max}}$ werden folgende Werte simuliert:

- 10 A typische Ladestromstärke für Ladebetriebsart 1 und bei eingesetzten Ladestrombegrenzungen [18], [100]
- 16 A typische Ladestromstärke für 1-phasig ladende EVs [15]
- 20 A Ladestromstärke, die sich bei Ausnutzung einer maximalen unsymmetrischen Leistung von 4,6 kVA nach [35] einstellt
- 32 A typische Ladestromstärke für 3-phasig ladende EVs, unabhängig von der tatsächlich zur Verfügung stehenden Außenleiteranzahl [15]

Das Vorgehen zur Bewertung der Simulationsergebnisse ist in Bild 5-1 exemplarisch für die Spannungsunsymmetrie k_{u2} beschrieben. Es kann analog für alle weiteren diskutierten Kenngrößen übernommen werden.

Für jede Anzahl an EVs zwischen eins und n_LP der zentralen Ladeinfrastruktur wird pro Leitungslänge l die Spannungsunsymmetrie k_u2 berechnet. Dabei werden alle möglichen Kombinationen der Verteilung der gleichzeitig zu ladenden EVs auf die Außenleiter berücksichtigt und über das in Abschnitt 4.3 beschriebene Verfahren die Wahrscheinlichkeit je Kombination und Simulationsvariante berechnet. Zur Beschreibung der sich ergebenden Häufigkeitsverteilung werden das 95 %-Quantil und der Maximalwert bestimmt (siehe Bild 5-1 a). Der Wert der Quantile ist abhängig von der Anzahl gleichzeitig ladender EVs. Die Wahrscheinlichkeitsverteilung der gleichzeitig ladenden EVs wird als unbekannt angenommen. Zur weiteren Bewertung wird daher der Maximalwert der, von der Anzahl gleichzeitig ladender EV abhängigen, 95 %-Quantile bzw. 100 %-Quantile ermittelt (siehe Bild 5-1 b). Der Betrag der gewählten Quantile ist für die spannungsbezogenen Kenngrößen von der Leitungslänge abhängig. Diese wird in 1 m Schritten zwischen 1 m und 1000 m variiert. Um verschiedene Einflüsse auf die spannungsbezogenen Kenngrößen miteinander zu vergleichen (siehe Abschnitt 5.1.5) werden die Leitungslängen bewertet, bis zu denen keine Grenzwerte überschritten werden (siehe Bild 5-1 c)).

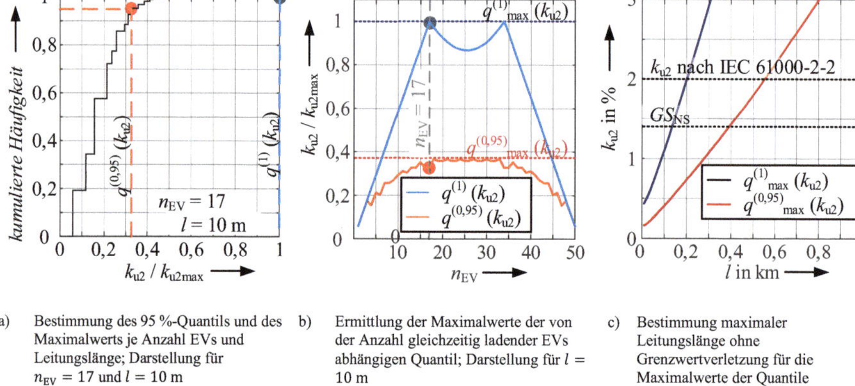

a) Bestimmung des 95 %-Quantils und des Maximalwerts je Anzahl EVs und Leitungslänge; Darstellung für $n_\mathrm{EV} = 17$ und $l = 10$ m	b) Ermittlung der Maximalwerte der von der Anzahl gleichzeitig ladender EVs abhängigen Quantil; Darstellung für $l = 10$ m	c) Bestimmung maximaler Leitungslänge ohne Grenzwertverletzung für die Maximalwerte der Quantile

Bild 5-1:   Vorgehen bei der Auswertung der Simulationsergebnisse für zentrales Laden

5.1.2   Auslastung der Betriebsmittel

Die betrachtete Ladeinfrastruktur verfügt, wie in Abschnitt 4.2.1 erwähnt, über LPs mit Typ-2 Ladebuchsen und sei so ausgelegt, dass auch 3-phasiges Laden möglich ist. In Hinblick auf die Betriebsmittelwahl wird deshalb ein 3-phasiges Laden zugrunde gelegt, so dass der maximale Strom je Außenleiter dem Produkt aus Anzahl an LPs und maximalen (vorgegebenem) Ladestrom $I_\mathrm{EV\,max}$ entspricht. Zur Vermeidung von Betriebsmittelüberlastungen kann die maximal installierte Anzahl an LPs wie folgt über die Anzahl der parallelen Leitungen n_Ltg sowie des maximalen Betriebsstroms der Leitung $I_\mathrm{b\,max}$ bestimmt werden

$$n_\mathrm{LP} \leq \left\lfloor \frac{n_\mathrm{Ltg} \cdot I_\mathrm{b\,max}}{I_\mathrm{EV\,max}} \right\rfloor \tag{5-1}$$

Für die Wahl der Simulationsvarianten nach Tabelle 5-1 ist die in Gleichung (5-1) gegebene Bedingung erfüllt. Daher wird, hinsichtlich der gewählten Kabel und des Transformators (siehe Anhang Tabelle A.2-8), bei keiner der gewählten Simulationsvarianten der Bemessungsstroms der Betriebsmittel durch den Maximalstrom je Außenleiter überschritten.

5.1.3 Leitungsverluste

Da für zentrales Laden keine Nutzerprofile der EVs hinterlegt werden, erfolgt eine analytische Bewertung der Verlustleistung anhand der in Abschnitt 4.3 aufgeführten stochastischen Beschreibung jedoch keine Bewertung der Verlustenergie. Die Verlustleistung entspricht der Summe der Verlustleistungen der Außen- und des Rückleiters im Kabel zwischen Transformatorsammelschiene und Unterverteilung der zentralen Ladeinfrastruktur. Zur Bewertung wird je Simulationsvariante (siehe Tabelle 5-1) gemäß Bild 5-1 b) der Maximalwert der Quantile der Verlustleistung $q_{\mathrm{max}}^{(x)}(P_\mathrm{v})$ je gewählten Quantil $q^{(x)}(P_v)$ bestimmt. Anschließend wird der ermittelte Maximalwert ins Verhältnis zur maximalen Verlustleistung $P_{\mathrm{vmax\,3ph}}$ gesetzt, die sich ergibt, wenn alle angeschlossenen EVs 3-phasig laden und die bezogene Leistung der EVs gleichbleibt (siehe Gleichung (5-2)).

$$q_{\mathrm{max}}^{(x)}(P_\mathrm{v}') = \frac{q_{\mathrm{max}}^{(x)}(P_\mathrm{v})}{P_{\mathrm{v\,max\,3ph}}} \tag{5-2}$$

mit

$$P_{\mathrm{v\,max\,3ph}} = 3 \cdot n_{\mathrm{LP}} \cdot \frac{1}{n_{\mathrm{Ltg}}} \cdot R_{\mathrm{L}}' \cdot \left(\frac{I_{\mathrm{EV\,max}}}{3}\right)^2 \cdot l \tag{5-3}$$

Die Ergebnisse sind in Tabelle 5-2 für alle Simulationsvarianten aufgeführt. Zur besseren Übersicht ist zudem die Anzahl an LPs je Simulationsvariante dargetsellt.

Die Ergebnisse aus Tabelle 5-2 zeigen, dass die Werte $q_{\mathrm{max}}^{(x)}(P_\mathrm{v}')$ zum einen von der Anschlussvariante und zum anderen von n_{LP}, jedoch nicht von $I_{\mathrm{EV\,max}}$ oder der Anzahl an parallelen Kabeln abhängt. Die Quantile der maximalen Verlustleistung bei 1-phasigem Laden variieren zwischen dem einfachen und sechsfachen Wert der maximalen Verlustleistung bei 3-phasigem Laden (vergleiche Tabelle 3-2). Während bei Anschlussvariante „Gleich" stets der sechsfache Wert auftritt, ist bei Anschlussvariante „Verteilt" der Maximalwert der betrachteten Quantile stets gleich der maximalen Verlustleistung bei 3-phasigem Laden. Bei Anschlussvariante „Zufall" wird die bezogene Verlustleistung für $q^{(0,95)}(P_\mathrm{v}')$ mit zunehmenden n_{LP} kleiner. Der Grund für dieses Verhalten ist, dass aufgrund der höheren n_{LP} die Wahrscheinlichkeit einer weniger stark unsymmetrischen Belastung zunimmt.

Tabelle 5-2: Verlustleistung bei zentralem Laden 1-phasiger EVs bezogen auf die maximale Verlustleistung bei 3-phasigem Laden für verschiedene Simulationsvarianten

Anschluss-variante	Quantil	Einfachkabel				Doppelkabel			
		n_{LP}							
		27	15	12	6	54	33	27	15
		$I_{\mathrm{EV\,max}}$ in A							
		10	16	20	32	10	16	20	32
Gleich	alle	6,00	6,00	6,00	6,00	6,00	6,00	6,00	6,00
Zufall	$q^{(1)}$	6,00	6,00	6,00	6,00	6,00	6,00	6,00	6,00
	$q^{(0,95)}$	1,58	1,87	2,25	3,92	1,27	1,43	1,58	1,87
Verteilt	$q^{(1)}$	1,00	1,00	1,00	1,00	1,00	1,00	1,00	1,00
	$q^{(0,95)}$	1,00	1,00	1,00	1,00	1,00	1,00	1,00	1,00

5.1.4 Unsymmetrischer Leistungsanteil

Die Bewertung der Unsymmetrie der Last der zentralen Ladeinfrastruktur erfolgt über den unsymmetrischen Leistungsanteil (siehe Abschnitt 2.6.3). Tabelle 5-3 zeigt den unsymmetrischen Leistungsanteil des 95 %-Quantils und des Maximalwerts für alle acht Simulationsvarianten und die drei vorgestellten Anschlussvarianten. Dabei sind hinsichtlich des Betrags S_{un2} und S_{un0} identisch.

Ebenfalls ist der nach [38] berechnete zulässige Grenzwert aufgeführt. Dabei werden folgende Annahmen getroffen:

- Es ist keine weitere Kundenanlage an der Unterverteilung der Ladeinfrastruktur angeschlossen

- Weitere Kundenanlagen im betrachteten Niederspannungsnetz werden 3-phasig an der Transformatorsammelschiene angeschlossen

- Die Ladeinfrastruktur wird als Kundenanlage interpretiert, die an der Transformatorsammelschiene angeschlossen ist

Für die Parameter nach Gleichung (2-41) gilt anhand der getroffenen Annahmen

- $s = 30$ gemäß den Richtwerten nach [38]
- $S_{kV} = 14{,}62\,\text{MVA}$ Kurzschlussleistung an der Transformatorsammelschiene

Weiterhin sei angenommen, dass ausschließlich Bezugsanlagen über den speisenden MS/NS-Transformator versorgt werden. Somit gilt für die prospektiven Ausbaufaktoren $k_{Er} + k_{Be} + k_{Sp} = 1$.

Wie anhand Tabelle 5-3 ersichtlich, treten unter Berücksichtigung der getroffenen Annahmen Grenzwertverletzungen nur für Anschlussvariante „Gleich" und den Maximalwert für Variante „Zufall" auf.

Tabelle 5-3:   Unsymmetrischer Leistungsanteil S_{un2} in kVA für verschiedene Simulationsvarianten für zentrales Laden

Anschluss-variante	Quantil	Einfachkabel				Doppelkabel			
		n_{LP}							
		27	15	12	6	54	33	27	15
		$I_{EV\,max}$ in A							
		10	16	20	32	10	16	20	32
Gleich	alle	62,1	55,2	55,2	44,2	124,2	121,4	124,2	110,4
Zufall	$q^{(1)}$	62,1	55,2	55,2	44,2	124,2	121,4	124,2	110,4
	$q^{(0,95)}$	21,1	24,1	27,6	33,7	28,8	36,2	42,2	48,3
Verteilt	$q^{(1)}$	20,7	18,4	18,4	14,7	41,4	40,5	41,4	36,8
	$q^{(0,95)}$	10,5	13,3	13,8	14,7	15,1	19,5	21,1	26,5
$S_{un2\,zul}$ nach [38]		49,6	46,7	46,7	41,8	70,2	69,4	70,2	66,1

Gemäß der oben getroffenen Annahme, dass die zentrale Ladeinfrastruktur als eine Kundenanlage aufgefasst wird, beträgt der Grenzwert nach [35] $S_{un2\,zul} = 4{,}6\,\text{kVA}$. Aus Tabelle 5-3 ist ersichtlich, dass die gewählten Quantile für S_{un2} für alle betrachteten Anschluss- und Simulationsvarianten stets oberhalb des Grenzwerts nach [35] liegen.

5.1.5   Spannungsunsymmetrie und Spannungsdifferenz

Die Bewertung der Gegensystemspannungsunsymmetrie k_{u2} und der Spannungsdifferenz erfolgt an der Unterverteilung der zentralen Ladeinfrastruktur in Abhängigkeit der maximalen Kabellänge zwischen Transformatorsammelschiene und Unterverteilung, die gewählt werden kann, ohne dass zulässige Grenzwerte überschritten werden. Da, wie in Abschnitt 4.3 beschrieben, für das zentrale Laden keine Tageslastgänge betrachtet werden, wird bezüglich der Spannungsdifferenz nur ΔU_{ZP} bewertet. Sowohl das übergeordnete Netz als auch sämtliche Betriebsmittel werden als symmetrisch angenommen.

Da die Spannungsunsymmetrie des übergeordneten Netzes vernachlässigt wird, wird als Grenzwert der Spannungsunsymmetrie der maximal zulässige Gesamtstöreintrag in der Niederspannungsebene nach Tabelle 2-5 mit $GS_{NS} = 1{,}39\,\%$ gewählt. Dieser Wert für GS_{NS} basiert auf den höchsten typischen Werten für Transferkoeffizient und Summationsexponent.

Als Grenzwert der Spannungsdifferenz, bezogen auf die Außenleiter-Rückleiterspannung, wird gemäß Bild 2-5 der Wert $\sqrt{3} \cdot \Delta U_{ZP}/U_n = 8\,\%$ gewählt, welcher der Summe der Spannungsänderungen durch Einspeisung bzw. Last im Niederspannungsnetz entspricht. Für den Fall, dass eine Einrichtung zur Spannungsbandeinhaltung vorgesehen ist (bspw. rONT) wird $\sqrt{3} \cdot \Delta U_{ZP}/U_n = 16\,\%$ gewählt (siehe Bild 2-6). ΔU_{ZP} wird aus der Differenz zwischen höchster und kleinster Außenleiter- Rückleiterspannung im Netz berechnet. Weiterhin wird eine Grenzwertverletzung detektiert, sobald für die Spannungsbeträge eine der Außenleiter-Rückleiterspannungen einen Wert von 207 V unter- bzw. von 253 V überschreitet.

Je Leitungslänge wird die kumulative Summenhäufigkeit für k_{u2} und $\sqrt{3} \cdot \Delta U_{ZP}/U_n$ für die verschiedenen Anschlussvarianten berechnet und die ausgewiesenen Quantile bestimmt. Bild 5-2 und Bild 5-3 stellen die Leitungslängen je Quantil und Anschlussvariante als Balkendiagramm dar. Die Höhe der Balken gibt an, bis zu welcher Leitungslänge keine Grenzwertverletzung, bezogen auf das betrachte Quantil, auftrat. Das Kriterium dessen Grenzwert bei einer bestimmten Leitungslänge zu erst verletzt wird, Spannungsdifferenz (blau) oder Spannungsunsymmetrie (rot), ist farblich hervorgehoben. Für Anschluss- und Simulationsvarianten, bei denen nur $q^{(1)}$ dargestellt ist, sind $q^{(1)}$ und $q^{(0,95)}$ gleich.

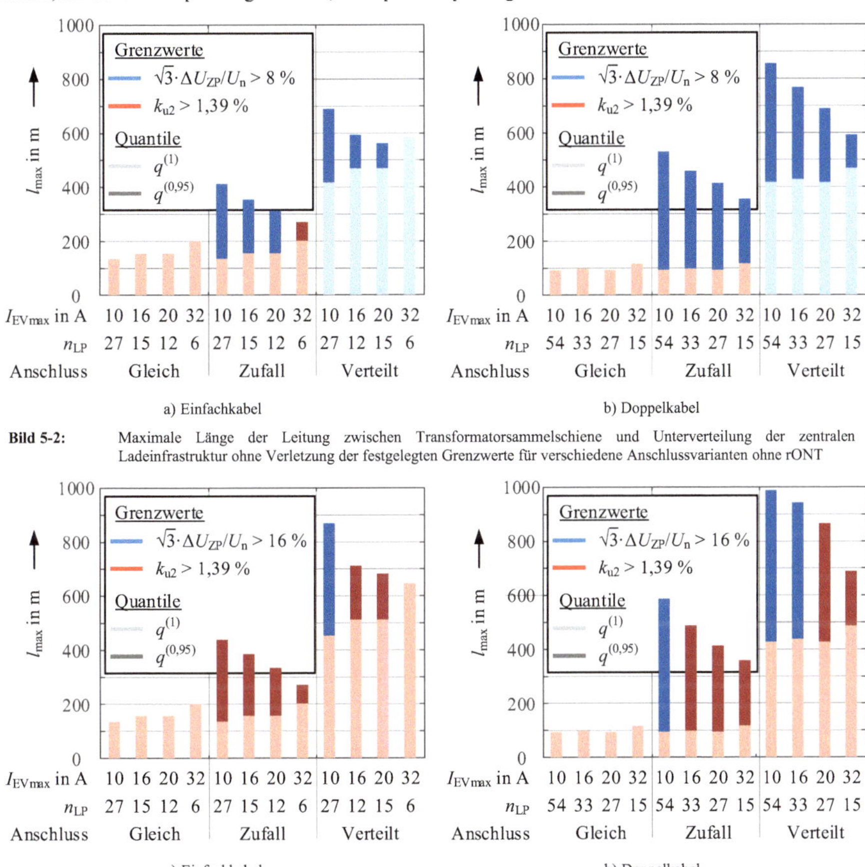

a) Einfachkabel

b) Doppelkabel

Bild 5-2: Maximale Länge der Leitung zwischen Transformatorsammelschiene und Unterverteilung der zentralen Ladeinfrastruktur ohne Verletzung der festgelegten Grenzwerte für verschiedene Anschlussvarianten ohne rONT

a) Einfachkabel

b) Doppelkabel

Bild 5-3: Maximale Länge der Leitung zwischen Transformatorsammelschiene und Unterverteilung der zentralen Ladeinfrastruktur ohne Verletzung der festgelegten Grenzwerte für verschiedene Anschlussvarianten mit rONT

Der Vergleich zwischen den Anschlussvarianten nach Bild 5-2 und Bild 5-3 zeigt, dass für Anschlussvariante „Verteilt" vier- bis achtfache Kabellängen gegenüber der Anschlussvariante „Gleich" möglich sind. Ebenfalls ist ersichtlich, dass für die Varianten „Verteilt" und „Zufall" hinsichtlich des 95 %-Quantils bei Zunahme der Anzahl an Ladepunkten n_{LP} die maximal zulässigen Leitungslänge l_{max}, bis zu der keine Grenzwertverletzungen auftreten erhöht. Zu begründen ist dies mit einer zunehmenden Wahrscheinlichkeit für eine weniger stark unsymmetrische Verteilung der ladenden EVs auf die Außenleiter.

Anhand des gewählten zulässigen Gesamtstöreintrags für k_{u2} von $GS_{NS} = 1{,}39\,\%$ ist für das 100 %-Quantile eher k_{u2} und für des 95 %-Quantil ΔU_{ZP} das begrenzende Kriterium. Mit steigender Wahrscheinlichkeit für eine symmetrische Aufteilung der EVs auf die Außenleiter ist zunehmend ΔU_{ZP} das begrenzende Kriterium. Es ist jedoch anzumerken, dass für den zulässige Gesamtstöreintrag GS_{NS} ein hoher Wert gewählt wurde. Bei der Wahl eines niedrigeren Gesamtstöreintrags ist k_{u2} auch für das 95 %-Quantil und zunehmend symmetrische Verteilung der EVs auf die Außenleiter das begrenzende Kriterium, was ebenfalls mit einer Verringerung der maximalen zulässigen Leitungslänge einhergeht.

Der Einsatz eines rONTs bewirkt, dass ΔU_{ZP} seltener das begrenzende Kriterium ist und erlaubt somit unter bestimmten Umständen längere Leitungslängen. Mit einer Reduzierung von GS_{NS} wird die Wirkung eines rONT hinsichtlich der maximal zulässigen Leitungslänge reduziert.

5.2 Dezentrales Laden

Wie in Abschnitt 4.2.1 beschrieben, wird dezentrales Laden anhand zwei verschiedener Simulationsnetze, „Stadtrandnetz" und „ländliches Netz", untersucht. Die genutzten Modelle sind in Abschnitt 4.4 beschrieben. Es wird der Einfluss durch 1-phasiges Laden von EVs sowie der Einfluss von PV-Anlagen auf die oben (Seite 71) aufgeführten Kenngrößen diskutiert.

5.2.1 Methodik

Zur Bewertung des Einflusses der Durchdringung der Netze mit EVs und PV-Anlagen werden verschiedene Simulationsvarianten definiert. Für jede Simulationsvariante werden 1000 Simulationsdurchläufe, welche jeweils einem Tag in 1-Minuten Zeitschritten entsprechen, simuliert. Die Anzahl von 1000 Simulationsdurchläufen resultiert aus einer Abschätzung der Verteilungsfunktion für k_{u2} und der Festlegung eines maximalen Fehlers für die Bestimmung von k_{u2}. Nähere Ausführungen sind im Anhang A.10 gegeben.

Die Analyse der oben beschriebenen Bewertungskenngrößen bezieht sich, wenn nicht anderes angegeben, auf den 95 %-Quantilwert der 10-Minutenmittelwerte. Bild 5-4 gibt einen Überblick über die Ermittlung der Bewertungskenngrößen am Beispiel von k_{u2}.

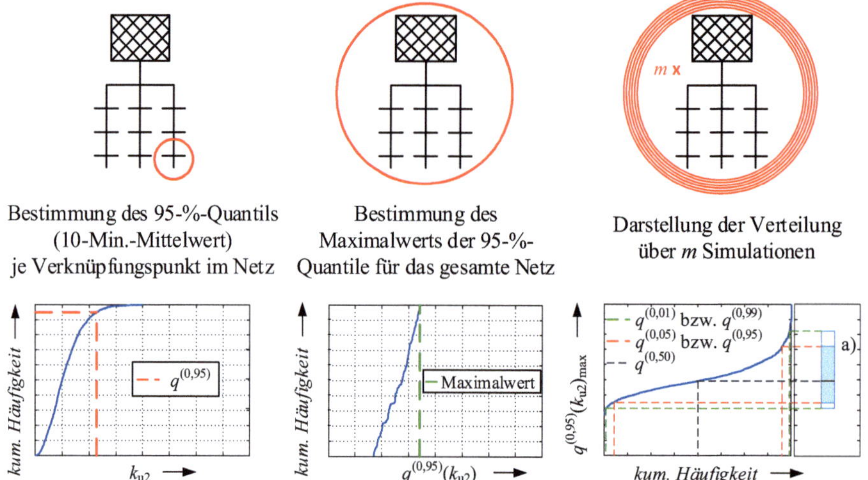

Bild 5-4: Schematische Darstellung der Auswertemethodik zur Ermittlung der Bewertungskenngrößen am Beispiel der Gegensystemspannungsunsymmetrie für dezentrales Laden

Pro Simulationsdurchlauf wird je *Verknüpfungspunkt* der 95 %-Quantilwert der 10-Minutenmittelwerte für k_{u2} bestimmt. Anschließend wird je Simulationsdurchlauf der höchste 95 %-Quantilwert der 10-Minutenmittelwerte über alle Verknüpfungspunkte ermittelt. Abschließend wird die kumulierte Summenhäufigkeit über m Simulationsdurchläufe[16] bestimmt und als Balken dargestellt. Dabei wird bezogen auf die 1000 durchgeführten Simulationsdurchläufe das 1 %-, 5 %-, 50 %-, 95 %- und 99 %-Quantil hervorgehoben. Alternativ werden die Werte der entsprechenden Quantile tabellarisch angegeben.

Die Darstellung der kumulierten Summenhäufigkeit wird gewählt, da eine Schätzung der Verteilungsfunktion der einzelnen Kenngrößen nicht immer einen entsprechenden statistischen Test, in diesem Fall wurde der Kolmogorov-Smirnov-Tests (KS-Test) gewählt, bestand (siehe Anhang Tabelle A.10-17).

Zum besseren Vergleich der Ergebnisse untereinander wird je Netztopologie eine Referenzsimulationsvariante ohne PV-Anlagen und EVs simuliert, welche den Einfluss von Haushaltslasten auf die Kenngrößen abbildet. Um den Simulationsumfang in Grenzen zu halten, werden bei der Simulation von Szenarien mit PV-Anlagen oder EVs die Haushaltslasten mit einem, je Haushalt individuellen jedoch je Simulationsdurchlauf gleichen, Lastgang für jeden Simulationsdurchlauf simuliert. Es wurden die Haushaltslastgänge des Simulationsdurchlaufs der Referenzsimulationsvariante gewählt, der dem Wert $q^{(0,95)}(k_{u2})$ gemäß Bild 5-4 (rechts) am nächsten kommt. Dieser Simulationsdurchlauf der Referenzsimulation wird als Referenzsimulationsdurchlauf bezeichnet.

Wird zur Darstellung der kumulierten Summenhäufigkeit der gewählten Kenngrößen ein Balkendiagram gewählt, so sind die entsprechenden Ergebnisse des Referenzsimulationsdurchlaufs als gestrichelte Linie eingezeichnet. Angedeutet ist dies ist in Bild 5-4 als gestrichelte Linie a).

Die Durchdringung des Netzes mit EVs ohne PV-Anlagen sowie die Durchdringung des Netzes mit PV-Anlagen ohne EVs erfolgt gemäß der Darstellung in Bild 4-4 in den Schritten 10 %, 25 %, 50 %, 75 % und 100 %. Wie Bild 4-4 zeigt, übersteigt bei einer 100 % Durchdringung des Stadtrandnetzes mit PV-Anlagen die installierte PV-Leistung die Nennleistung des Transformators. Dieser Ausbaugrad wird laut einer Umfrage unter Netzbetreibern vermieden [130]. Nach [130] entspricht der maximale prospektive Ausbaugrad mit Erzeugungsanlagen $k_{Er} = 1$. Das heißt, die Summe der installierten Leistung aller Erzeugungsanlagen im Netz entspricht maximal der Nennleistung des Transformators. Die Ergebnisse für eine 100 % PV-Durchdringung werden im Folgenden angegeben, jedoch aufgrund der unrealistischen Annahmen nicht diskutiert. Für die Diskussion der kombinierten Durchdringung der Netze mit EVs und PV-Anlagen werden für beide Simulationsnetze jeweils die Durchdringungsraten für PVs von 10 %, 50 % und 75 % und für EVs 10 %, 50 % und 100 % gewählt, so dass sich neun unterschiedliche Kombinationen ergeben.

Wenn nicht anders angegeben, werden alle EVs 1-phasig mit einem maximalen Ladestrom von $I_{EV\,max} = 16\,A$ geladen.

5.2.2 Auslastung der Betriebsmittel

Die Analyse der Strombelastung der einzelnen Kabel und des Transformators zeigen, dass gemäß der in [44], [61] gegebenen Ausführungen für alle untersuchten Simulationsdurchläufe die Kriterien einer EVU-Last erfüllt sind. Tabelle 5-4 und Tabelle 5-5 zeigen die Qualitätsreserve für das 95 %-Quantil über alle Simulationsdurchläufe der Betriebsmittelbelastung. Die Auflistung der Qualitätsreserve für das 100 %-Quantil über alle Simulationsdurchläufe ist im Anhang Tabelle A.2-12 dargestellt.

Die Ergebnisse aus Tabelle 5-4 zeigen, dass mit der Wahl des Transformators und der Kabeltypen es zu keiner Überlastung der Betriebsmittel kommt. Jedoch ist bei einer PV-Durchdringung von 75 % nur noch eine niedrige Reserve vorhanden. Der Einfluss der EV-Durchdringung auf die Auslastung der Betriebsmittel ist unkritisch und die Qualitätsreserve hoch.

---

[16] m entspricht in dieser Arbeit stets 1000

Tabelle 5-4: Qualitätsreserve bezüglich der Auslastung der Betriebsmittel für das Stadtrandnetz in % (95 %-Quantil über alle Simulationsdurchläufe)

EV-Durchdringung in %	Transformator						Kabel					
	PV-Durchdringung in %											
	0	10	25	50	75	100	0	10	25	50	75	100
0	80	82	76	54	34	14	73	73	60	39	20	4
10	78	78		54	34		70	70		39	20	
25	74						64					
50	68	68		56	36		57	57		40	21	
75	63						50					
100	58	58		57	37		45	46		41	22	

Tabelle 5-5: Qualitätsreserve bezüglich der Auslastung der Betriebsmittel für das ländliche Netz in % (95 %-Quantil über alle Simulationsdurchläufe)

EV-Durchdringung in %	Transformator						Kabel						Freileitung					
	PV-Durchdringung in %																	
	0	10	25	50	75	100	0	10	25	50	75	100	0	10	25	50	75	100
0	75	81	74	52	33	13	82	87	80	72	65	61	80	83	83	74	68	62
10	77	77		52	33		83	84		72	65		83	83		74	68	
25	73						82						83					
50	68	69		53	33		79	79		72	66		80	81		74	68	
75	64						76						78					
100	60	60		53	35		74	75		71	66		77	76		73	68	

Die Ergebnisse aus Tabelle 5-5 zeigen, dass für das ländliche Netz weder die Kabel noch die Freileitungen überlastet werden und die Qualitätsreserve hoch ist. Für hohe PV-Durchdringungen nimmt die Qualitätsreserve ab, und wie die Ergebnisse für das 100 %-Quantil aus Tabelle A.2-13 im Anhang zeigen, übersteigt für einzelne Simulationsdurchläufe der Belastungsstrom des Transformators bei einer PV-Durchdringung von 100 % den Nennstrom. Der Einfluss der EV-Durchdringung auf die Auslastung der Betriebsmittel ist unkritisch und die Qualitätsreserve hoch.

Für beide Simulationsnetze dominiert bei kombinierter Durchdringung der Netze mit EVs und PV-Anlagen bei geringer PV-Durchdringung die Belastung durch die EVs, jedoch ab einer PV-Durchdringung von min. 50 % dominiert die Belastung durch die PV-Anlagen. Der Grund für dieses Verhalten ist, dass die Belastung der Betriebsmittel durch PV-Anlagen und die durch EVs zeitlich verschoben sind und somit nur geringe Kompensationseffekte auftreten. Zur Verdeutlichung zeigt Bild 5-5 für ausgewählte EV- und PV-Durchdringungen das 95 %-Quantil je 10-Minutenmittelwert des Mitsystemstroms des Transformators. Ebenfalls ist der daraus resultierende Wert für $q^{(0{,}95)}(I_1)$ als gestrichelte Linie dargestellt.

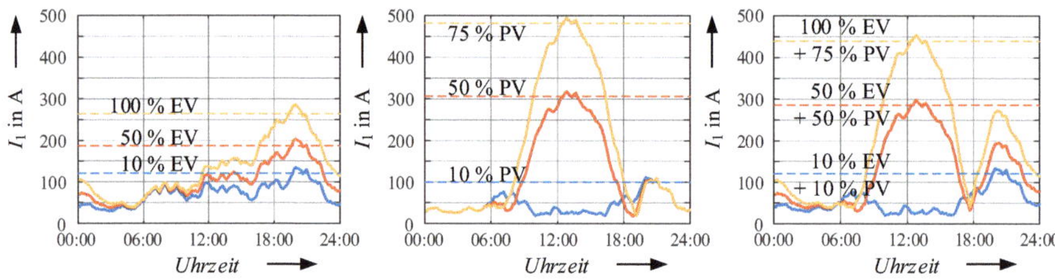

Bild 5-5: 95 %-Quantil des Transformator-Mitsystemstroms je Zeitpunkt für ausgewählte Durchdringungen mit EVs und PV-Anlagen des Stadtrandnetzes und Darstellung des zu bewertenden 95 %-Quantils über den gesamten Lastgang

5.2.3 Leitungsverluste

Die in diesem Abschnitt diskutierte Verlustenergie bezieht sich auf die Leitungsverluste im Niederspannungsnetz, welche durch die Grundschwingungsanteile der Leiterströme hervorgerufen werden. Die realen Leitungsverluste sind infolge weiterer Frequenzanteile des Stromes höher [43, Kap. 7].

Um einen Vergleich zwischen den einzelnen PV- und EV-Durchdringungen zu gewähren, wird die Verlustenergie bei unsymmetrischer Belastung der Außenleiter auf die Verlustenergie bei symmetrischer Belastung bezogen. Für die symmetrische Belastung werden alle Kundenanalgen als leistungskonstante 3-phasige Lasten bzw. Einspeiser simuliert. Am Beispiel eines 1-phasig angeschlossenen EVs, das mit einer Ladeleistung von 3,7 kVA geladen wird, wird für den symmetrischen Fall das EV 3-phasig mit einer Ladeleistung von 1,23 kVA je Außenleiter geladen. Da für die betrachteten Simulationsnetze verschiedene Erdungsverhältnisse angenommen wurden (siehe Abschnitt 4.4.2), wird für einen besseren Vergleich der Ergebnisse bei der Betrachtung der bezogenen Verlustenergie zwischen Verlusten in den Außenleitern und dem Rückleiter unterschieden.

$$E'_{v\,L} = \frac{(E_{v\,a} + E_{v\,b} + E_{v\,c})_{un}}{(E_{v\,a} + E_{v\,b} + E_{v\,c})_{sym}} \quad \text{und} \quad E'_{v\,Rü} = \frac{(E_{v\,Rü})_{un}}{(E_{v\,a} + E_{v\,b} + E_{v\,c})_{sym}} \tag{5-4}$$

Aufgrund des gewählten Simulationsansatzes mit reduzierter Rückleiterimpedanz für das Stadtrandnetz, statt einer Verteilung von Erdungsimpedanzen im Netz, fließt der gesamte Nullsystemstrom durch den Rückleiter und teilt sich nicht in einen Rückleiterstrom und einen Strom über Erde auf. Für die simulierten ländlichen Netze wird angenommen, dass der PEN-Leiter an keiner Stelle im Netz zusätzlich geerdet wird. Somit entspricht die Rückleiterimpedanz der Außenleiterimpedanz.

Tabelle 5-6 führt das 50 %-Quantil $q^{(0,50)}(E'_v)$ und 95 %-Quantil $q^{(0,95)}(E'_v)$ der bezogenen Verlustenergie für die Außenleiter und den Rückleiter für das simulierte Stadtrandnetz auf. Die Felder für nicht simulierte Kombinationen aus PV- und EV-Durchdringung sind in der Tabelle freigelassen. Die Ergebnisse für die ländlichen Netze sind im Anhang Tabelle A.2-14 und Tabelle A.2-15 aufgeführt. Die Ergebnisse sind qualitativ gleich und unterscheiden sich quantitativ, aufgrund der verschiedenen Annahmen zur Erdung beider Netze, hinsichtlich der Verluste des Rückleiters.

Tabelle 5-6: Verlustenergie der Außen- und des Rückleiters hervorgerufen durch Leitungsverluste bezogen auf die Verlustenergie bei symmetrischer Belastung des Stadtrandnetzes, 50 %- und 95 %-Quantil

	EV-Durchdringung	Außenleiter						Rückleiter					
		PV-Durchdringung											
		0 %	10 %	25 %	50 %	75 %	100 %	0 %	10 %	25 %	50 %	75 %	100 %
$q^{(0,95)}(E'_v)$	0 %	1,26	1,31	1,37	1,28	1,18	1,14	0,32	0,58	0,61	0,34	0,21	0,15
	10 %	1,29	1,33		1,29	1,19		0,33	0,56		0,36	0,22	
	25 %	1,31						0,35					
	50 %	1,31	1,34		1,31	1,21		0,34	0,49		0,41	0,26	
	75 %	1,30						0,32					
	100 %	1,29	1,31		1,31	1,23		0,31	0,40		0,43	0,29	
$q^{(0,50)}(E'_v)$	0 %	1,23	1,28	1,27	1,18	1,12	1,09	0,28	0,48	0,43	0,22	0,14	0,10
	10 %	1,27	1,30		1,19	1,13		0,31	0,48		0,24	0,15	
	25 %	1,27						0,31					
	50 %	1,27	1,30		1,22	1,15		0,30	0,42		0,29	0,18	
	75 %	1,26						0,28					
	100 %	1,24	1,27		1,24	1,17		0,26	0,35		0,32	0,21	

Wie aus Tabelle 5-6 hervorgeht, wird die bezogene Verlustenergie nur in geringem Maße von der EV-Durchdringung beeinflusst, wohingegen die bezogene Verlustenergie bei einer PV-Durchdringung von 10 % bis 25 % am höchsten und bei größerer PV-Durchdringung kleiner wird. Die Ursache dafür liegt in den Annahmen für die Simulationen begründet. PV-Anlagen haben eine Gleichzeitigkeit von 1, wohingegen EVs über den ganzen Tag verteilt laden und eine geringere Gleichzeitigkeit aufweisen. Zudem wird für beide Geräteklassen eine zufällige Außenleiterwahl mit einer Wahrscheinlichkeit 1/3 je Außenleiter hinterlegt. Bei dieser Anschlussvariante wird mit der Anzahl der gleichzeitig unsymmetrisch betriebenen

Kundenanlagen der relative, auf den symmetrischen Leistungsanteil bezogene, unsymmetrische Leistungsanteil verringert. Weshalb sich die Verlustenergie bei unsymmetrischem Betrieb der Kundenanlagen der Verlustenergie bei (theoretischem) 3-phasigem Betrieb annähert.

5.2.4 Spannungsdifferenz

Die Bewertung der Spannungsdifferenz erfolgt anhand der Differenz zwischen höchster und niedrigster Außenleiter-Rückleiterspannung im Netz. Aufgrund der Modellierung des Mittelspannungsnetzes als Kombination aus einer unsymmetrischen Spannungsquelle mit festen Spannungsbeträgen über die gesamte simulierte Zeit und einer Netzimpedanz ohne Berücksichtigung des Einflusses parallel betriebener Niederspannungsnetze ist die Spannung an der Transformatorsammelschiene nahezu konstant. Infolgedessen wird auf eine klassische Bewertung des Spannungsbandes innerhalb des Bereiches $U_\mathrm{n} \pm 10\,\%$ verzichtet.

In Anlehnung an Abschnitt 2.5 wird für die maximal zulässige Spannungsdifferenz 8 % bei Betrieb der Netze ohne und auf 16 % bei Betrieb der Netze mit einer Regeleinheit, in diesem Fall einem rONT, festgelegt. Dafür werden je Verknüpfungspunkt und Außenleiter die 10-Minuten-Mittelwerte und anschließend der Maximal (U_max)- und Minimalwert (U_min) der Außenleiter-Rückleiterspannungen je Zeitpunkt im Netz bestimmt. Zur Bewertung der Spannungsdifferenz mit Regeleinheit wird $q^{(0,95)}(\Delta U_\mathrm{ZP})$ genutzt (siehe Abschnitt 2.5), da davon ausgegangen wird, dass die Regeleinheit mehrfach am Tag die unterspannungsseitige Spannung an der Transformatorsammelschiene ändern kann. Die Bewertung der Spannungsdifferenz ohne Regeleinheit erfolgt anhand $q^{(0,95)}(\Delta U_\mathrm{d})$. Tabelle 5-8 gibt die relative Anzahl an Simulationsdurchläufen je Simulationsvariante an, bei der gemäß dem beschriebenen Verfahren eine Spannungsdifferenz von $q^{(0,95)}(\Delta U_\mathrm{d}) > 8\,\%$ bzw. $q^{(0,95)}(\Delta U_\mathrm{ZP}) > 16\,\%$ auftritt.

Die Spannungsdifferenzen der Referenzsimulationsdurchläufe sind in Tabelle 5-7 aufgeführt. Es ist ersichtlich, dass für keinen der Referenzsimulationsdurchläufe die gewählten maximalen Spannungsdifferenzen überschritten werden. Zudem zeigt sich, dass $q^{(0,95)}(\Delta U_\mathrm{d})$ geringfügig höhere Werte aufweist als $q^{(0,95)}(\Delta U_\mathrm{ZP})$.

Tabelle 5-7:   Spannungsdifferenz der Referenzsimulationsdurchläufe für dezentrales Laden

Spannungsdifferenz	Simulationsnetz		
	Stadrandnetz	ländliches Kabelnetz	ländliches Freileitungsnetz
$q^{(0,95)}(\Delta U_\mathrm{d})$	2,8 %	3,1 %	7,0 %
$q^{(0,95)}(\Delta U_\mathrm{ZP})$	2,7 %	3,0 %	6,7 %

Für eine Klassifizierung der relativen Anzahl an Überschreitungen wird folgende Farbskala genutzt

rel. Überschreitungen $\leq 0{,}05$	rel. Überschreitungen $> 0{,}05$ und $\leq 0{,}25$	rel. Überschreitungen $> 0{,}25$ und $\leq 0{,}50$	rel. Überschreitungen $> 0{,}50$

Tabelle 5-8: Relative Anzahl an Simulationsdurchläufen mit Überschreitung der zulässigen Spannungsdifferenz

EV-Durchdringung	8 % Spannungsdifferenz (ohne Regeleinheit ΔU_d)						16 % Spannungsdifferenz (mit Regeleinheit ΔU_{ZP})					
	PV-Durchdringung											
	0 %	10 %	25 %	50 %	75 %	100 %	0 %	10 %	25 %	50 %	75 %	100 %
Stadtrandnetz												
0 %	0,00	0,00	0,00	0,00	0,02	0,15	0,00	0,00	0,00	0,00	0,00	0,00
10 %	0,00	0,00		0,00	0,03		0,00	0,00		0,00	0,00	
25 %	0,00						0,00					
50 %	0,00	0,00		0,01	0,11		0,00	0,00		0,00	0,00	
75 %	0,00						0,00					
100 %	0,00	0,00		0,04	0,26		0,00	0,00		0,00	0,00	
ländliches Kabelnetz												
0 %	0,00	0,02	0,09	0,30	0,26	0,82	0,00	0,00	0,00	0,00	0,00	0,00
10 %	0,00	0,02		0,29	0,53		0,00	0,00		0,00	0,00	
25 %	0,00						0,00					
50 %	0,01	0,02		0,28	0,53		0,00	0,00		0,00	0,00	
75 %	0,01						0,00					
100 %	0,05	0,03		0,29	0,52		0,00	0,00		0,00	0,00	
ländliches Freileitungsnetz												
0 %	0,11	0,18	0,59	0,94	1,00	1,00	0,00	0,00	0,00	0,01	0,07	0,14
10 %	0,15	0,24		0,94	1,00		0,00	0,00		0,01	0,05	
25 %	0,43						0,00					
50 %	0,73	0,52		0,97	1,00		0,01	0,00		0,01	0,04	
75 %	0,91						0,02					
100 %	0,97	0,83		0,99	1,00		0,04	0,00		0,01	0,04	

Wie aus Tabelle 5-8 ersichtlich, treten für das Stadtrandnetz ohne rONT nur für hohe PV-Durchdringungen und Kombinationen von hohen PV- und EV-Durchdringungen Überschreitungen der festgelegten zulässigen Spannungsdifferenz auf. Bei Einsatz eines rONT treten keine Überschreitungen auf.

Für das ländliche Kabelnetz ohne rONT treten ab einer PV-Durchdringung von 50 % für über 10 % aller Simulationsdurchläufe Überschreitungen der festgelegten zulässigen Spannungsdifferenz auf. Durch den Einsatz eines rONTs treten für dieses Simulationsnetz keine Überschreitungen auf. Somit zeigt sich, analog zu anderen Untersuchungen bspw. [131], dass der Einsatz einer Regeleinheit, bspw. eines rONTs, für Kabelnetze eine zweckmäßige Maßnahme ist, um Überschreitungen der zulässigen Spannungsdifferenz bei zunehmender EV- und PV-Durchdringung zu reduzieren bzw. zu vermeiden.

Für das ländliche Freileitungsnetz führt der Einsatz eines rONT ebenfalls zu einer signifikanten Reduzierung der relativen Anzahl an Überschreitungen. Für hohe PV-Durchdringungen treten dennoch in über 5 % der Simulationsdurchläufe Überschreitungen der zulässigen Spannungsdifferenz auf. Infolgedessen reicht für diese Art der Niederspannungsnetze u. U. eine Regeleinheit wie ein rONT als Maßnahme zur Vermeidung unzulässig hoher Spannungsdifferenzen nicht aus und ist durch weitere Maßnahmen wie bspw. eine symmetrische Aufteilung der PV-Anschlussleistung auf die Außenleiter (siehe Abschnitt 5.2.7) zu ergänzen.

Lösungsansätze und Berechnungen zur Bestimmung, unter welchen Bedingungen eine Stufenschaltung des rONT mit Berücksichtigung möglicher weiterer Netzrückwirkungen wie bspw. Flicker durchzuführen ist, sind nicht Gegenstand dieser Arbeit.

5.2.5 Unsymmetrischer Leistungsanteil

Der unsymmetrische Leistungsanteil S_{un2} (siehe Abschnitt 2.6.3) an der Transformatorsammelschiene wird anhand der Verteilung der 10-Minuten-Mittelwerte über die durchgeführten Simulationsdurchläufe bewertet.

Bild 5-6 zeigt ausgewählte Quantile der kumulierten Summenhäufigkeit des unsymmetrischen Leistungsanteils als Balkendiagramm (Erläuterung siehe Abschnitt 5.2.1) für das Stadtrandnetz und Bild 5-7 für das ländliche Netz. Neben S_{un2} für die Referenzsimulationsdurchläufe (blau gestrichelte Linie) ist ein maximaler zulässiger unsymmetrischer Leistungsanteil $S_{un2\,zul}$ (rot gestrichelte Linie) gemäß [38] und Gleichung (2-41) eingezeichnet. Bei Interpretation der Niederspannungsnetze als Kundenanlagen an der Niederspannungssammelschiene gilt sowohl für Stadtrandnetz als auch ländliches Netz ein Proportionalitätsfaktor von $s = 30$. Für die prospektiven Ausbaufaktoren gelte für die durchgeführten Simulationen $k_{Er} + k_{Be} + k_{Sp} = 2$. Unter diesen Annahmen ergeben sich folgende Werte:

- Stadtrandnetz $S_{un2\,zul} = 53{,}7$ kVA ($S_{kV} = 10{,}18$ MVA $S_{rT} = S_A = 630$ kVA)
- Ländliches Netz $S_{un2\,zul} = 25{,}9$ kVA ($S_{kV} = 5{,}94$ MVA $S_{rT} = S_A = 250$ kVA)

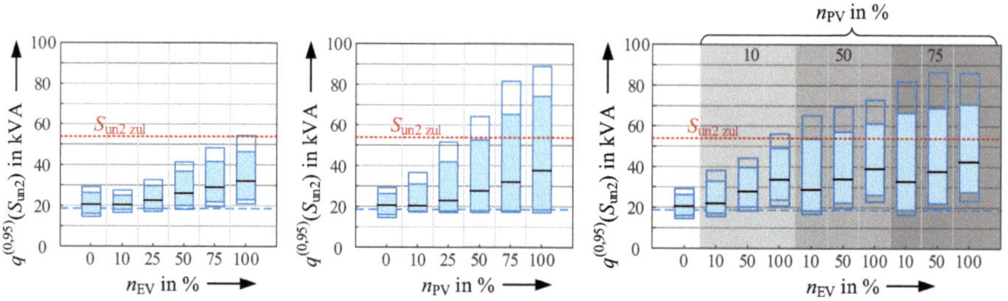

Bild 5-6:   Unsymmetrischer Leistungsanteil des Stadtrandnetzes für dezentrales Laden

Für das Stadtrandnetz wird der nach [38] berechnete maximale zulässige unsymmetrische Leistungsanteil ab einer PV-Durchdringung von 50 % überschritten, wohingegen bei ländlichem Netz nur eine Überschreitung von $S_{un2\,zul}$ für wenige Simulationsdurchläufe bei einer PV-Durchdringung von 75 % und 100 % auftritt. Wie Tabelle 5-10 in Abschnitt 5.2.7 zeigen, kann eine symmetrische Verteilung der PV-Anlagen auf die drei Außenleiter zu einer deutlichen Reduzierung des unsymmetrischen Leistungsanteils führen. Infolge der geringeren Betriebsdauer der EVs und der damit einhergehenden geringeren Gleichzeitigkeit gegenüber den PV-Anlagen weist der unsymmetrische Leistungsanteil bei Betrachtung der EV-Durchdringung deutlich geringere Werte auf.

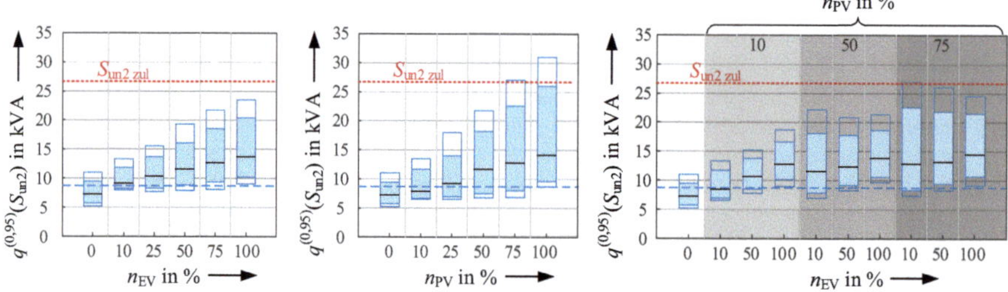

Bild 5-7:   Unsymmetrischer Leistungsanteil des ländliches Netzes für dezentrales Laden

Das Quantil $q^{(0,95)}(S_{un2})$ wird bei kombinierter Durchdringung der Netze mit PV-Anlagen und EVs durch die PV-Anlagen dominiert. Der Einfluss der EVs ist gering, führt jedoch für das ländliche Netz in einigen Fällen zu einer Reduzierung der unsymmetrischen Leistung.

Der Einfluss der Variation des maximalen Ladestroms der EVs auf den unsymmetrischen Leistungsanteil ist in Tabelle 5-10 dargestellt. Eine Abschätzung zur Bestimmung des unsymmetrischen Leistungsanteils in Abhängigkeit der Durchdringung von EVs und PV-Anlagen ist in Kapitel 6 ausführlich beschrieben.

5.2.6 Spannungsunsymmetrie

Neben der Bewertung der Gegensystemspannungsunsymmetrie in Abhängigkeit der Durchdringung der Simulationsnetze mit EVs und PV-Anlagen wird in diesem Abschnitt auch das Verhältnis der Null- zur Gegensystemspannungsunsymmetrie bewertet, da dieses theoretisch zur Bestimmung der Nullsystemimpedanz an einem Verknüpfungspunkt genutzt werden kann. Ferner wird bewertet, inwieweit es möglich ist, aus bekannten Kundenanlagendaten den Messort zu detektieren, an dem der höchste Wert für k_{u2} auftritt.

Bewertung der Gegensystemspannungsunsymmetrie

Unter Berücksichtigung der Spannungsunsymmetrie des übergeordneten Netzes (siehe Abschnitt 4.4.1), wird gemäß dem Schema nach Bild 5-4 die Spannungsunsymmetrie im Niederspannungsnetz bestimmt und mit dem in [34] gegebenen Grenzwert von 2 % verglichen. Wie die Ergebnisse nach Tabelle 4-5 zeigen, liegt k_{u2} heutiger übergeordneter Netze deutlich unterhalb des Planungspegels von 1,8 %. Zur Vermeidung möglicher verallgemeinerter Ableitungen auf Basis heutiger Netzbedingungen erfolgt zudem die Bewertung des Gesamtstöreintrags aller Kundenanlagen des Niederspannungsnetzes zur Spannungsunsymmetrie. Dieser wird durch Simulationen mit symmetrischem übergeordnetem Netz bestimmt und als $k_{u2\,\mathrm{symMS}}$ gekennzeichnet.

Variation der Durchdringung mit Elektrofahrzeugen

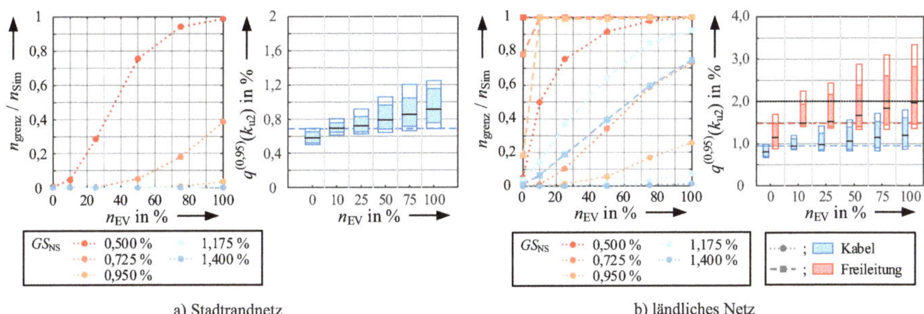

a) Stadtrandnetz   b) ländliches Netz

Bild 5-8: Simulationsergebnisse der Spannungsunsymmetrie in Abhängigkeit der Durchdringung des Netzes mit EVs

In Bild 5-8 ist jeweils links die relative Anzahl der Überschreitungen des festgelegten Gesamtstöreintrags der verschiedenen Simulationsnetze dargestellt. Dabei wird der zulässige Gesamtstöreintrag in Anlehnung an [40] wischen 0,5 % und 1,4 % variiert. Der Wert für $k_{u2\,\mathrm{sym\,MS}}$ der Referenzsimulationsdurchläufe entspricht für das Stadtrandnetz 0,396 %, für das ländliche Kabelnetz 0,492 % und für das ländliche Freileitungsnetz 1,027 %. Das Verhältnis der Werte $k_{u2\,\mathrm{symMS}}$ von ländlichen Kabel- zu Freileitungsnetz entspricht näherungsweise dem Verhältnis der minimalen Kurzschlussleistung beider Netze (siehe Anhang Tabelle A.2-8) und unterstreicht somit den in Gleichung (2-40) gegebenen Zusammenhang

$$k_{u2} \sim \frac{S_{un2}}{S_{k\,V}}$$

Aufgrund des Störeintrags zur Spannungsunsymmetrie durch die Haushaltslasten ist die hohe Anzahl an Überschreitungen des zulässigen Gesamtstöreintrags für das ländliche Freileitungsnetz zu begründen.

Für alle Simulationsnetze ist eine Zunahme der Spannungsunsymmetrie in Abhängigkeit der EV-Durchdringung und damit eine Zunahme der Überschreitungen des festgelegten Gesamtstöreintrags zu verzeichnen. Infolge der erwähnten geringen Unsymmetrie heutiger übergeordneter Netze kommt es beim Stadtrandnetz und dem ländlichen Kabelnetz zu keiner Verletzung des Grenzwertes von 2 %. Für das ländliche Freileitungsnetz wird der Grenzwert für das 99 %-Quantil von $q^{(0,95)}(k_{u2})$ über 1000 Simulationsdurchläufe bereits bei einer EV-Durchdringung von 10 % und das entsprechende 95 %-Quantil von $q^{(0,95)}(k_{u2})$

bei einer EV-Durchdringung von 25 % überschritten. In weniger als 5 % der Simulationsdurchläufe bei einer EV-Durchdringung von 75 % und 100 % treten Werte von $q^{(0,95)}(k_{u2}) > 3$ % auf. Diese Ergebnisse decken sich mit der Beschreibung der Merkmale der Spannung in öffentlichen Elektrizitätsversorgungsnetzen [36] wonach Werte bis $k_{u2} = 3$ % in Netzen auftreten, in denen 1- und 2-phasige Kundenanlagen angeschlossen sind.

Wie anhand Gleichung (2-18) ersichtlich, ist der zulässige Gesamtstöreintrag maßgeblich vom Planungspegel in der Mittelspannung abhängig. Dieser ist, wie in Abschnitt 4.4.1 gezeigt, für die heutigen in Deutschland untersuchten Netze deutlich oberhalb der gemessenen Werte. Eine mögliche Anpassung der Planungspegel wird in dieser Arbeit nicht diskutiert, ist jedoch als Gegenstand weiterer Untersuchungen zu empfehlen.

Der Einfluss der Variation des maximalen Ladestroms der EVs auf die Spannungsunsymmetrie ist in Tabelle 5-10 dargestellt.

Variation der Durchdringung mit Photovoltaikanlagen

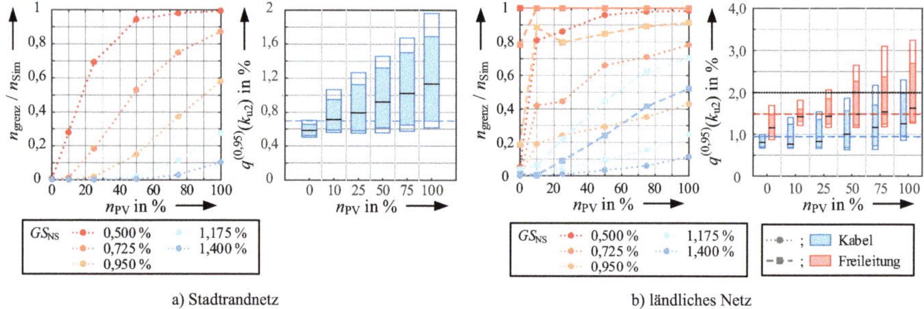

Bild 5-9: Simulationsergebnisse der Spannungsunsymmetrie in Abhängigkeit der Durchdringung des Netzes mit PV-Anlagen

Analog zur Durchdringung der Netze mit EVs ist die relative Anzahl der Überschreitungen des Gesamtstöreintrags sowie die kumulierte Summenhäufigkeit von $q^{(0,95)}(k_{u2})$ als Balkendiagramm für die verschiedenen Simulationsnetze dargestellt (siehe Bild 5-9). Wie in Abschnitt 4.2.1 gezeigt, werden für das Stadtrandnetz PV-Anlagen bis maximal 10 kVA angenommen. Der Großteil der PV-Anlagen hat eine kleinere installierte Leistung und ist unsymmetrisch (1-phasig bzw. 2 x 1-phasig) an das Netz angeschlossen. Infolgedessen und der höheren Gleichzeitigkeit der PV-Anlagen ist die Spannungsunsymmetrie für das Stadtrandnetz höher als bei der Betrachtung der EV-Durchdringung. Für das ländliche Netz werden vermehrt größere PV-Anlagen angenommen, welche 3-phasig bzw. 3 x 1-phasig an das Netz angeschlossen sind. Somit ist auch für dieses Netz eine Erhöhung von $q^{(0,95)}(k_{u2})$ gegenüber der EV-Durchdringung zu detektieren, jedoch ist der relative Unterschied geringer als bei dem betrachteten Stadtrandnetz. Analog zur Betrachtung der EV-Durchdringung ist die Anzahl an Überschreitungen des zulässigen Gesamtstöreintrags für das ländliche Freileitungsnetz gegenüber den anderen Simulationsnetzen auffallend hoch, was jedoch auf den Störeintrag der Haushaltslasten zurückzuführen ist, der mit 1,027 % größer als drei der betrachteten zulässigen Gesamtstöreinträge ist.

Der Einfluss hinsichtlich der Philosophie beim Anschluss von PV-Anlagen an das Niederspannungsnetz auf die Spannungsunsymmetrie und weitere ausgewählte Kenngrößen ist in Tabelle 5-10 dargestellt.

Variation der Durchdringung mit Photovoltaikanlagen und Elektrofahrzeugen in einem Netz

Bild 5-10 stellt $q^{(0,95)}(k_{u2})$ für die Simulationsnetze bei kombinierter Durchdringung von EVs und PV-Anlagen dar. Dabei ist ersichtlich, dass der Einfluss von PV-Anlagen bei einer zufälligen Außenleiterwahl der PV-Anlagen und der EVs aufgrund der längeren Betriebsdauern und der höheren Gleichzeitigkeit dominiert.

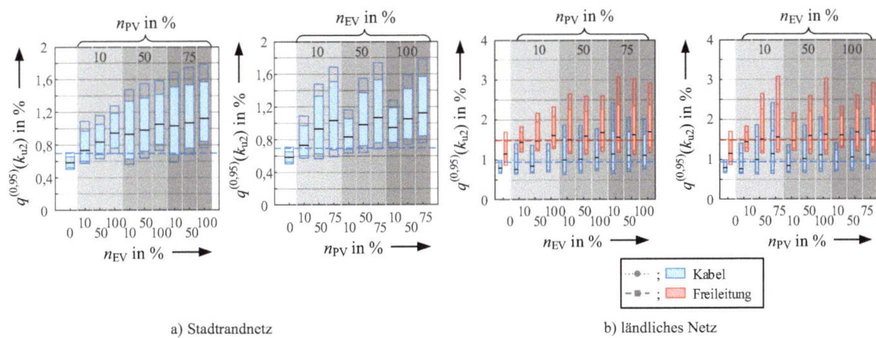

a) Stadtrandnetz　　　　　　　　　　　　　　b) ländliches Netz

Bild 5-10:　　Simulationsergebnisse der Spannungsunsymmetrie bei kombiniertem Betrieb von EVs und PV-Anlagen in Abhängigkeit der jeweiligen Durchdringungen

Für eine bessere Übersichtlichkeit wurde die relative Anzahl der Überschreitungen festgelegter Gesamtstöreinträge für die einzelnen Simulationsnetze und Durchdringungskombinationen von EVs und PVs in Tabelle 5-9 zusammengefasst. Für eine Klassifizierung der relativen Anzahl an Überschreitungen des festgelegten Gesamtstöreintrags wird die in Abschnitt 5.2.4 eingeführte Farbskala genutzt.

Es ist ersichtlich, dass der $GS_{NS} = 0,5\ \%$ bei einer Vielzahl an Simulationsdurchläufen und nahezu unabhängig von der EV- und PV-Durchdringung überschritten wird. Was auf den Einfluss der Haushaltslasten zurückzuführen ist. Bei einem festgelegten zulässigen Gesamtstöreintrag von $GS_{NS} = 0,95\ \%$ treten für das Stadtrandnetz und das ländliche Kabelnetz bei steigender EV-Durchdringung und niedriger PV-Durchdringung keine oder nahezu keine Überschreitungen auf. Erst bei einer steigenden PV-Durchdringung nimmt die Anzahl an Überschreitungen deutlich zu. Bei einer Anhebung des zulässigen Gesamtstöreintrags auf 1,4 % liegt die relative Anzahl der Überschreitungen für diese beiden Simulationsnetze, mit Ausnahme einer PV-Durchdringung von 75 %, unter 5 %.

Tabelle 5-9:　　Relative Anzahl an Simulationsdurchläufen mit Überschreitung des zulässigen Gesamtstöreintrags der Spannungsunsymmetrie

EV-Durchdringung	GS_{NS}	PV-Durchdringung								
		Stadtrandnetz			Ländliches Kabelnetz			Ländliches Freileitungsnetz		
		10 %	50 %	75 %	10 %	50 %	75 %	10 %	50 %	75 %
10 %	0,50 %	0,38	0,96	0,99	0,82	0,96	0,98	1,00	1,00	1,00
	0,95 %	0,00	0,17	0,38	0,19	0,29	0,36	0,93	0,87	0,91
	1,40 %	0,00	0,01	0,03	0,00	0,03	0,07	0,01	0,24	0,42
50 %	0,50 %	0,89	1,00	1,00	0,94	0,98	0,99	1,00	1,00	1,00
	0,95 %	0,00	0,22	0,45	0,20	0,28	0,34	0,98	0,98	0,98
	1,40 %	0,00	0,01	0,04	0,00	0,03	0,05	0,12	0,30	0,43
100 %	0,50 %	1,00	1,00	1,00	0,99	1,00	1,00	1,00	1,00	1,00
	0,95 %	0,05	0,33	0,57	0,21	0,27	0,32	1,00	1,00	1,00
	1,40 %	0,00	0,01	0,05	0,00	0,02	0,04	0,31	0,46	0,52

Für das ländliche Freileitungsnetz liegt die relative Anzahl an Überschreitungen bei einem zulässigen Gesamtstöreintrag von 0,95 % unabhängig von der PV- und EV-Durchdringung stets über 85 %. Bezogen auf den Störeintrag durch die Haushaltslasten von 1,027 % bedeutet das jedoch, dass PV-Anlagen und EVs in einigen Fällen zu einer Verringerung des resultierenden Gesamtstöreintrages führen. Für einen zulässigen Gesamtstöreintrag von $GS_{NS} = 1,4\ \%$ liegt für geringe PV-Durchdringungen die relative Anzahl von Überschreitungen unter 50 %.

In Hinblick auf die Einhaltung vorgegebener Störeinträge der Spannungsunsymmetrie ist in ländlichen Freileitungsnetzen mit einem hohen Störeintrag durch die vorhandenen (Haushalts-)Lasten zu rechnen. Infolgedessen kann ein zusätzlicher Beitrag durch EVs und PV-Anlagen zu Überschreitung des vorgegeben Gesamtstöreintrags führen. Für diese Art der Netze ist es daher möglich, dass Maßnahmen zur Reduzierung des Beitrags dieser Kundenanlagen zur Unsymmetrie (siehe Abschnitt 5.2.7) nicht ausreichen um Grenzwertverletzungen zu vermeiden und nur ein Netzum- bzw. -ausbau wie bspw. Tausch der Leitungen und Umwandlung in ein Kabelnetz eine Einhaltung der Grenzwerte gewährleistet.

Der Vergleich zwischen Stadtrandnetz und ländlichem Kabelnetz zeigt, basierend auf den getroffenen Annahmen, dass beide Netztypen trotz der gezeigten Unterschiede hinsichtlich Kabellängen sowie Anzahl und Auswahl an Kundenanlagen, vergleichbare Ergebnisse liefern.

Verhältnis der Gegen- zur Nullsystemspannungsunsymmetrie

Im Folgenden wird die Bestimmung der Nullsystemimpedanz bzw. des Verhältnisses zwischen Null- zur Mitsystemimpedanz gemäß den in Abschnitt 3.4 beschriebenen Ansätzen bestimmt und bewertet.

Bild 5-11 zeigt am Beispiel eines Verknüpfungspunktes am Ende eines Abgangs verschiedener Simulationsnetze den Zusammenhang zwischen $q^{(0,95)}(k_{u0})$ und $q^{(0,95)}(k_{u2\,sym\,MS})$ der 10-Minutenmittelwerte bei der Simulation des übergeordneten Netzes mit einer symmetrischen Spannungsquelle für alle Simulationsdurchläufe und Simulationsvarianten (grau) sowie das anhand der Betriebsmitteldaten berechnete Verhältnis Z_0/Z_2 am entsprechenden Verknüpfungspunkt (blaue Linie). Weiterhin sind die Geraden für die 95 % aller $q^{(0,95)}(k_{u0})$-Werte einen kleineren Betrag und 5 % aller $q^{(0,95)}(k_{u0})$-Werte einen höheren Betrag aufweisen eingetragen. Die Ergebnisse für das ländliche Kabelnetz sind qualitativ vergleichbar mit denen des ländlichen Freileitungsnetzes und sind im Anhang Bild A.2-8 dargestellt.

Anhand dieser Zusammenhänge zeigt sich, dass trotz verschiedener Kompensationseffekte für Null- und Gegensystemspannung anhand $q^{(0,95)}(k_{u0})$ und $q^{(0,95)}(k_{u2\,sym\,MS})$ der 10-Minutenmittelwerte das Verhältnis Z_0/Z_2 abgeschätzt werden kann. Somit kann eine Messung zur Spannungsunsymmetrie zur noninvasiven Impedanzbestimmung genutzt werden. Wobei, wie aus Bild 5-11 hervorgeht, diese Methode eine große Streuung der Impedanzverhältnisse aufweist und zur Bestimmung der Mit- bzw. Nullsytsemimpedanz die jeweils andere Impedanz bekannt sein muss. In Hinblick auf die Bewertung der Grundschwingung kann die Mit- und Gegensystemimpedanz anhand der Betriebsmittelparameter bestimmt werden. Weiterhin ist eine Messung an der Transformatorsammelschiene zu empfehlen um die Spannungsunsymmetrie des übergeordneten Netzes von den Messwerten am Verknüpfungspunkt (in diesem Fall am Ende des Abgangs) geometrisch zu subtrahieren.

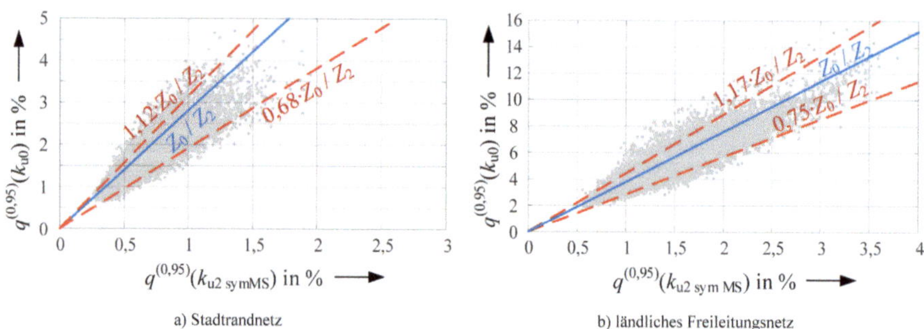

a) Stadtrandnetz
b) ländliches Freileitungsnetz

Bild 5-11: 95 %-Quantile der 10-Minutenmittelwerte der Nullsystemspannungsunsymmetrie in Abhängigkeit der 10-Minutenmittelwerte des Gesamtstöreintrags zur Spannungsunsymmetrie

Zur Verifikation des Ansatzes mit einer gleichzeitigen Änderung der Null- und Gegensystemspannungsunsymmetrie werden die Änderungen der Spannungsunsymmetrie am Ende eines Abgangs der Simulationsnetze anhand der simulierten 1-Minutenmittelwerte betrachtet. Um die Bewertung der gleichzeitigen

Änderung zu gewährleisten, wird auf die Bildung der 10-Minutenmittelwerte in diesem Fall verzichtet. Ausgehend von einer, für die Verifikation freigewählten, gleichzeitigen Stromänderung im Gegen- und Nullsystem von min. 10/3 A ergibt sich unter vereinfachten Annahmen eine Änderung der Spannungsunsymmetrie von

$$\Delta k_{u0} = \frac{\sqrt{3} \cdot Z_0}{U_n} \cdot I_0 = \frac{Z_0}{U_n} \cdot \frac{1}{\sqrt{3}} \cdot 10\,\text{A} \qquad (5\text{-}6)$$

und

$$\Delta k_{u2} = \frac{\sqrt{3} \cdot Z_2}{U_n} \cdot I_2 = \frac{Z_2}{U_n} \cdot \frac{1}{\sqrt{3}} \cdot 10\,\text{A} \qquad (5\text{-}7)$$

Eine Berechnung des Verhältnisses der Spannungsunsymmetrie erfolgt, wenn sowohl die Änderung der Null- als auch die der Gegensystemspannungsunsymmetrie gleichzeitig die in Gleichung (5-6) bzw. (5-7) angegebenen Werte überschreiten. Aufgrund der Kenntnis über den Aufbau des Netzes und der Kenngrößen der eingesetzten Betriebsmittel sind die tatsächlichen Impedanzen bekannt. Für eine, in der Praxis zu erprobende, Methode ist neben der Höhe des Minimalwertes der Änderung der Spannungsunsymmetrie ebenfalls ein geeignetes Mittelungsintervall zu bestimmen. Diese Thematik ist jedoch Gegenstand weiterführender Arbeiten. In Bild 5-12 ist die Verteilung der Beträge in Abhängigkeit der Durchdringung mit EVs und PVs für das Stadtrandnetz dargestellt. Ebenfalls ist als gestrichelte Linie das bekannte Verhältnis Z_0/Z_2 eingezeichnet. Die Ergebnisse für das ländliche Kabel- und Freileitungsnetz sind im Anhang Bild A.2-9 und Bild A.2-10 dargestellt und zeigen qualitativ das gleiche Verhalten.

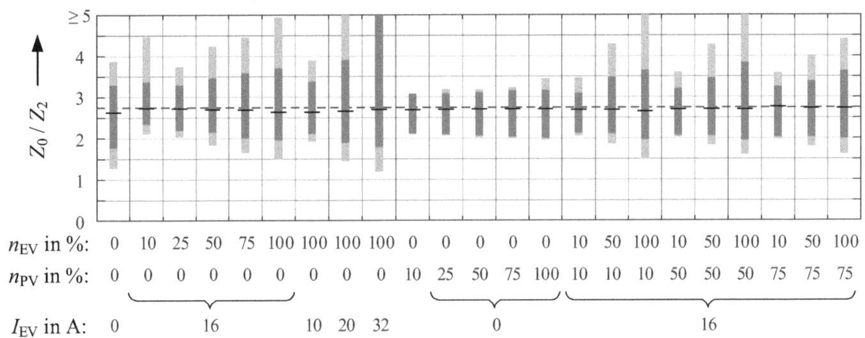

Bild 5-12: Betrag des Verhältnisses zwischen $\Delta \underline{k}_{u0}$ zu $\Delta \underline{k}_{u2}$ am Ende eines Abgangs für das Stadtrandnetz

Beide vorgestellten Ansätze zeigen, dass eine Abschätzung des Verhältnisses zwischen Null- und Gegensystemimpedanz anhand des Verhältnisses zwischen k_{u0} und k_{u2} nur für eine ausreichend hohe Anzahl an Messpunkten über die Bestimmung des Medianwertes möglich sind. Einzelne Messergebnisse können hingegen zu einer hohen Abweichung hinsichtlich des tatsächlichen Wertes führen.

Auswahl geeigneter Messpunkte

Bild 5-13 zeigt für die einzelnen Simulationsnetze in Abhängigkeit der EV- und PV-Durchdringung die relative Anzahl an Simulationsdurchläufen bei denen der höchste Wert $q^{(0,95)}(k_{u2})$ am Ende eines Abgangs auftrat. Es ist ersichtlich, dass in allen Netzen für den Großteil (min. 85 %) der Simulationsdurchläufe $q^{(0,95)}(k_{u2})$ am Ende des Abgangs auftritt. Mit zunehmender Anzahl unsymmetrisch betriebener Kundenanlagen reduziert sich die relative Häufigkeit. Zudem ist ersichtlich, dass die relative Häufigkeit für das Stadtrandnetz am kleinsten und für das ländliche Freileitungsnetz am höchsten ist. Dieses Verhalten ist mit der unterschiedlichen Netztopologie (siehe Anhang Bild A.2-1) sowie der minimalen Kurzschlussleistung im Netz (siehe Anhang Tabelle A.2-8) zu begründen. Je homogener ein Netz aufgebaut und je größer die minimale Kurzschlussleistung ist, desto geringer ist die relative Häufigkeit, mit der die höchste Spannungsunsymmetrie am Ende eines Abgangs auftritt.

In Bild 5-14 werden beide in Abschnitt 3.8 beschriebenen Ansätze zur Bestimmung des Verknüpfungspunktes mit der höchsten Spannungsunsymmetrie auf die entsprechenden Simulationsnetze angewandt. Dabei wird, soweit benötigt für jeden Haushalt in den entsprechenden Netzen in Anlehnung an Abschnitt 4.4.3 der unsymmetrische Leistungsanteil $S_{\text{un2 HH}}$ mit 3,6 kVA gesetzt.

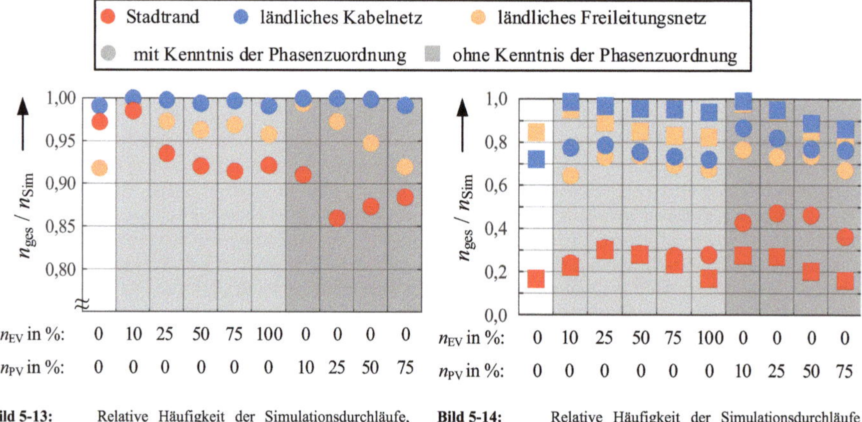

Bild 5-13: Relative Häufigkeit der Simulationsdurchläufe, bei denen am Ende eines Abgangs die höchste Spannungsunsymmetrie auftritt	**Bild 5-14:** Relative Häufigkeit der Simulationsdurchläufe bei denen der Verknüpfungspunkt mit der höchsten Spannungsunsymmetrie korrekt vorherbestimmt wird

Für die ländlichen Netze, die gegenüber dem Stadtrandnetz eine höhere Diversität hinsichtlich der Anzahl an Haushaltsanschlüssen je Abgang aufweisen, wird mit dem Verfahren ohne Kenntnis der Außenleiterzuordnung mit einer höheren Wahrscheinlichkeit der Verknüpfungspunkt als Messort gewählt, an dem der höchste Wert $q^{(0,95)}(k_{\text{u2}})$ auftrat. Für das Stadtrandnetz, bei dem jeder Abgang identisch hinsichtlich der Kabeltypen und -längen sowie der Verteilung und Anzahl an Hausanschlüssen ist, wird dies für den Ansatz bei Kenntnis der Außenleiterzuordnung der EVs und PV-Anlagen erreicht.

Für den Einsatz von Messtechnik in realen Netzen kann bei hoher Diversität der Abgänge hinsichtlich der Netznutzer und der Kurzschlussleistung der Ansatz ohne Kenntnis der Außenleiterzuordnung der unsymmetrisch betriebenen Kundenanlagen verfolgt werden und die Messung, soweit möglich, am Ende des entsprechenden Abgangs installiert werden. Bei verhältnismäßig homogenen Abgängen ist ein Einsatz mehrerer Messgeräte jeweils, soweit möglich, am Ende der Abgänge zu empfehlen um die höchsten Werte $q^{(0,95)}(k_{\text{u2}})$ messtechnisch zu erfassen.

Für alle simulierten Netze wird die relative Häufigkeit, mit der der Verknüpfungspunkt mit dem höchsten Wert $q^{(0,95)}(k_{\text{u2}})$ korrekt vorherbestimmt wird, zunächst für kleine EV- und PV-Durchdringungen größer, bei größeren Durchdringungsraten jedoch wieder kleiner. Weiterhin sind die relativen Häufigkeiten für EV-Durchdringungen kleiner als für PV-Durchdringungen. Zu begründen ist dieses Verhalten zum einen mit der höheren Gleichzeitigkeit der PV-Anlagen gegenüber den EVs. Zum anderen nimmt bei steigender Durchdringung die Wahrscheinlichkeit einer gleichmäßigeren Verteilung der EVs und PV-Analgen auf die einzelnen Abgänge und Außenleiter zu, woraufhin die Differenz der Werte für $d_{\text{u2}\,v}$ zueinander kleiner wird und somit der Einfluss der Haushaltslasten und der Spannungsunsymmetrie des übergeordneten Netzes an Bedeutung gewinnt.

Basierend auf den in Bild 5-13 und Bild 5-14 dargestellten Ergebnissen ist eine Messung am Ende des Abgangs zur Bestimmung der maximalen Spannungsunsymmetrie zu empfehlen. Für Netze mit einer hohen Diversität zwischen den Abgängen (ländliches Netz) kann die Bestimmung des Messorts anhand der beschriebenen Abschätzung, ohne Kenntnis der Phasenzuordnung der Kundenanlagen, erfolgen. Für Netze mit sehr ähnlichen Abgängen (Stadtrandnetz) liefern die vorgeschlagenen Abschätzungen in weniger als 50 % der Fälle ein korrektes Ergebnis, so dass für diese Netze ein anderes Vorgehen, z. B. Messungen an allen Abgangsenden, zielführender erscheint.

5.2.7   Bewertung möglicher Maßnahmen zur Reduzierung der Spannungsunsymmetrie

Wie oben gezeigt haben EVs und PV-Anlagen einen signifikanten Einfluss auf alle untersuchten Kenngrößen. Um die Aufnahmekapazität von Niederspannungsnetzen für EVs und PV-Anlagen zu erhöhen werden im Folgenden Maßnahmen und deren Auswirkungen auf die entsprechenden Kenngrößen betrachtet. Die Maßnahmen werden bezüglich EVs auf die Simulationsvariante mit einer EV-Durchdringung von 100 % und einem maximalen Ladestrom von 16 A und die Maßnahmen bezüglich PV-Anlagen auf die Simulationsvariante mit einer PV-Durchdringung von 75 % angewandt. Dabei werden 1000 Simulationsdurchläufe je Maßnahme durchgeführt, je Kenngröße $q^{(0,95)}$ und $q^{(0,50)}$ bestimmt und auf die gleichen Quantile der Simulationsvariante ohne Maßnahmen bezogen. Tabelle 5-10 zeigen die prozentualen Verhältnisse je Kenngröße für die verschiedenen Simulationsnetze. Weiterhin ist der Vergleich mit dem jeweiligen Referenzsimulationsdurchlauf aufgeführt. Für eine übersichtlichere Einordnung der Ergebnisse wird eine dreistufige farbliche Darstellung gewählt. Dabei wird auf „deutliche Reduzierung" entschieden, sobald einer der bezogenen Werte für $q^{(0,95)}$ oder $q^{(0,50)}$ kleiner als 90 % ist und auf „deutliche Erhöhung", sobald einer der bezogenen Werte für $q^{(0,95)}$ oder $q^{(0,50)}$ größer als 110 % ist. In allen anderen Fällen wird der Einfluss mit „geringer Einfluss" bewertet.

Deutliche Reduzierung	Geringer Einfluss	Deutliche Erhöhung
< 90 %	≥ 90 % und ≤ 110 %	> 110 %

Es wird in netz- und geräteseitige Maßnahmen unterschieden.

- Netzseitige Maßnahmen
    - Erhöhung der Kurzschlussleistung durch Netzaus- bzw. -umbau
    - Gezielte Außenleiterwahl bei Installation eines neuen LPs bzw. PV-Anlage
- Geräteseitige Maßnahmen (nur EVs)
    - 3-phasiges Laden
    - Wahl der Außenleiter zu Beginn des Ladevorgangs
    - Vorgabe des maximalen Ladestroms

Tabelle 5-10: Einfluss möglicher netz- und kundenseitiger Maßnahmen auf ausgewählte Kenngrößen für Stadtrandnetz und ländliches Netz, prozentuale Änderung gegenüber einer 100 % EV-Durchdringung bei 16 A Ladestrom (Maßnahmen EV) bzw. einer 75 % PV-Durchdringung (Maßnahmen PV)

Stadtrandnetz

Maßnahme EVs	Kenngröße							
	k_{u2}	k_{u0}	ΔU_d	ΔU_{ZP}	I_{maxK}	I_{maxT}	E_v	S_{un2}
Symmetrische zyklische Aufteilung	90 95	86 90	91 94	90 93	92 94	96 99	95 97	85 92
Anschluss an Außenleiter mit höchster Spannung	113 113	128 120	90 84	92 85	113 107	109 111	100 101	161 179
3-phasiges Laden	61 76	39 52	70 78	70 78	104 102	103 104	98 100	41 58
Anschluss gemäß k_{u0} Reduzierung	97 98	98 91	94 89	93 88	100 96	86 92	91 93	64 72
Anschluss gemäß k_{u2} Reduzierung	65 65	111 104	99 93	99 92	105 103	101 106	98 100	105 133
Reduzierter Ladestrom (10 A)	86 88	81 82	82 84	82 84	85 86	91 93	86 86	85 83
Erhöhung Ladestrom (20 A)	105 106	109 109	110 109	110 109	110 109	104 103	108 109	110 110
Erhöhung Ladestrom (32 A)	117 121	128 134	132 134	134 135	137 134	117 115	133 134	127 135
Refernzsimulationsdurchlauf	60 76	39 52	55 66	54 66	38 46	43 52	24 27	40 58
Maßnahmen PVs								
Symmetrische zyklische Aufteilung	60 72	51 54	80 87	70 78	77 81	87 91	88 89	34 58
Anschluss an Außenleiter mit kleinster Spannung	116 104	121 108	105 97	109 95	107 100	97 102	97 97	123 158
Refernzsimulationsdurchlauf	46 68	27 38	37 45	39 52	26 31	28 33	10 11	28 58

Ländliche Netz

Maßnahme EVs	Kabelabgänge						Freileitungsabgänge						Netz	
	k_{u2}	k_{u0}	ΔU_d	ΔU_{ZP}	I_{max}	E_v	k_{u2}	k_{u0}	ΔU_d	ΔU_{ZP}	I_{max}	E_v	I_{maxT}	S_{un2}
Sym. - zyklische Aufteilung	100 102	98 99	101 101	101 101	102 103	70 68	90 93	88 95	91 97	92 96	80 95	94 98	100 100	91 101
Anschluss an höchster Spannung	76 82	66 76	69 75	66 74	91 88	56 58	76 82	66 75	68 80	69 79	101 102	81 89	101 103	94 102
3-phasiges Laden	60 80	36 53	53 67	50 65	118 115	51 52	54 77	40 61	55 71	54 69	112 108	78 83	109 107	43 61
Anschluss gemäß k_{u0} Reduzierung	75 83	64 72	70 80	68 78	86 88	54 58	73 81	66 74	68 80	68 79	97 101	81 88	97 100	76 84
Anschluss gemäß k_{u2} Reduzierung	57 67	75 85	72 77	70 77	103 104	84 87	58 70	67 75	70 80	69 77	83 95	80 87	93 96	85 97
Reduzierter Ladestrom (10 A)	85 89	77 79	78 79	76 79	87 94	76 76	84 87	78 81	78 81	80 80	78 85	81 83	85 91	82 84
Erhöhung Ladestrom (20 A)	107 106	111 112	109 113	108 112	121 119	109 109	108 107	108 111	110 110	111 111	115 111	109 111	108 105	104 110
Erhöhung Ladestrom (32 A)	119 123	135 143	135 141	135 142	153 148	148 147	122 128	134 138	133 141	137 142	150 146	139 141	127 117	121 132
Referenzdurchlauf	58 79	35 52	39 55	38 56	42 57	24 31	53 75	39 61	42 62	42 62	54 74	31 40	50 64	38 56
Maßnahmen PVs														
Sym. - zyklische Aufteilung	68 95	53 63	75 85	68 77	98 90	91 86	66 90	49 69	73 85	61 78	90 87	93 84	91 90	45 68
Anschluss an kleinste Spannung	68 95	47 65	69 80	60 71	98 90	90 86	69 94	46 66	71 82	57 74	89 87	92 85	95 94	65 82
Referenzdurchlauf	58 96	29 53	31 45	32 23	32 44	6 11	58 95	35 64	36 50	37 26	32 44	11 19	15 19	38 68

Netzseitige Maßnahmen

Wie der Vergleich der Ergebnisse der ländlichen Netze zwischen Kabel- und Freileitungsnetz aus den oberen Abschnitten zeigt, ist eine Erhöhung der Kurzschlussleistung durch einen Netzausbau, in diesem Fall ein Wechsel von Freileitungs- zu Kabelnetz, eine wirksame Maßnahme zur Reduzierung der Spannungsunsymmetrie und der Spannungsdifferenz. Entsprechend den Betriebsmittelparametern kann solch ein Leitungstausch auch zu einer geringeren relativen Belastung der Betriebsmittel und zu einer absoluten Verringerung der Verlustenergie führen.

Für die gezielte Außenleiterwahl bei der Installation neuer Kundenanlagen wird für beide untersuchten Geräteklassen eine zyklische und symmetrische Verteilung der Anlagen(-leistung) auf die Außenleiter simuliert. Umgesetzt wird diese Maßnahme, indem abgangsweise an den Haushaltsanschlüssen abwechselnd die unsymmetrisch betriebenen Kundenanlagen den verschiedenen Außenleitern zugeordnet werden. Dabei wird darauf geachtet, dass die Anzahl an Kundenanlagen (bei EVs) bzw. die Summe der Anlagenleistung (bei PV-Anlagen) je Außenleiter für das Gesamtnetz gleich ist bzw. eine maximale Abweichung zwischen größtem und kleinstem Wert von $\Delta n = 1$ bzw. $\Delta S_\mathrm{L} = 4{,}6$ kVA aufweist. Aufgrund der geringen Gleichzeitigkeit der Ladevorgänge der EVs im Netz ist der Einfluss einer symmetrischen zyklischen Aufteilung der LPs auf die Außenleiter i. A. gering. Dies führt jedoch beim Stadtrandnetz für alle Kenngrößen zu einer Reduzierung der betrachteten Quantile. Basierend auf den getroffenen Annahmen erbringen alle PV-Anlagen je Zeitpunkt die gleiche relative Einspeiseleistung. Dadurch führt eine symmetrische zyklische Aufteilung der PV-Anlagenleistung auf die Außenleiter für die betrachteten Netze i. A. zu einer deutlichen Reduzierung der Quantile der Kenngrößen. Aufgrund der höheren Anzahl 3-phasig einspeisender PV-Anlagen im ländlichen Netz gegenüber dem Stadtrandnetz fällt die Reduzierung der Betriebsmittelbelastung für das ländliche Netz geringer aus. Die Werte der für die Unsymmetrie relevanten Kenngrößen k_u2, k_u0 und S_un2 sind bei einer symmetrischen zyklischen Aufteilung der PV-Leistung auf die Außenleiter in der gleichen Größenordnung wie die des Referenzsimulationsdurchlaufs. Das bedeutet: der Einfluss von PV-Anlagen auf die Unsymmetrie ist bei Anwendung dieser Maßnahme vernachlässigbar.

Als weitere netzseitige Maßnahme wird für PV-Anlagen der Anschluss bei Installation an den Außenleiter mit der geringsten Außenleiter-Rückleiterspannung bewertet. Dazu wird je Simulationsdurchlauf eine zeitliche Reihenfolge festgelegt, nach der der Anschluss der einzelnen PV-Anlagen erfolgt. Jeweils zum Zeitpunkt der maximalen PV-Einspeisung, gemäß Bild 4-15 um 13:00 Uhr, wird eine weitere PV-Anlage an den Außenleiter mit der geringsten Außenleiter-Rückleiterspannung angeschlossen. Analog dazu wird für EVs eine zeitliche Reihenfolge festgelegt, an welchem Hausanschluss ein LP jeweils zum Zeitpunkt 19:00 Uhr an den Außenleiter mit der höchsten Außenleiter-Rückleiterspannung installiert wird. Für die ländlichen Netze führt diese Methode zu einer Reduzierung der betrachteten Kenngrößen und liefert für PV-Anlagen und EVs vergleichbare Ergebnisse. Bezogen auf den Einfluss der EVs führt diese Methode, mit Ausnahme der Belastung der Freileitung, zu besseren Ergebnissen als die symmetrische zyklische Aufteilung der LPs auf die Außenleiter. Für das Stadtrandnetz führt diese Maßnahme hinsichtlich k_u2, k_u0 und S_un2 zu einer deutlichen Erhöhung gegenüber den Referenzwerten. Der Einfluss auf die anderen Kenngrößen ist für PV-Anlagen gering. Für EVs wird zu dem für $I_\mathrm{max\,K}$ und $I_\mathrm{max\,T}$ deutlich erhöht, wohingegen ΔU_d und ΔU_ZP deutlich verringert werden. Der Grund für das unterschiedliche Verhalten zwischen ländlichen Netzen und Stadtrandnetz sind die verschiedenen Impedanzverhältnisse sowie der Einfluss der unsymmetrischen Spannung des übergelagerten Netzes (siehe Abschnitt 3.7.5). Aufgrund der hohen Kurzschlussleistung des Stadtrandnetzes und der unsymmetrischen Spannung des übergeordneten Netzes können Fälle auftreten, bei denen nach Anschluss einer ersten PV-Anlage an den Außenleiter mit der geringsten Außenleiter-Rückleiterspannung dieser Außenleiter weiterhin die kleinste Außenleiter-Rückleiterspannung aufweist und dieser Außenleiter somit für die nächste PV-Anlage erneut gewählt wird. Das gleiche gilt analog für die EVs unter Berücksichtigung, dass die LPs an den Außenleiter mit der höchsten Außenleiter-Rückleiterspannung angeschlossen werden. Weiterhin ist auf Grund der höheren Anzahl an angeschlossenen Haushalten im Stadtrandnetz der Einfluss der Haushaltslasten in diesem Netz relativ gesehen höher, was zu einer weiteren „ungünstigen" Außenleiterwahl führen kann.

Geräteseitige Maßnahmen

Geräteseitige Maßnahmen werden nur für EVs untersucht. Zum einen wird 3-phasiges Laden bewertet. Dabei erfolgt das Laden über einen 3 x 1-phasigen Ladegleichrichter mit einem maximalen Ladestrom von 16 A je Außenleiter. Diese Maßnahme bewirkt hinsichtlich k_{u2}, k_{u0}, ΔU_d, ΔU_{ZP} und S_{un2} für alle Simulationsnetze eine deutliche Reduzierung. Die für die Unsymmetrie relevanten Kenngrößen liegen dabei in der gleichen Größenordnung wie für den Referenzsimulationsdurchlauf. Die Belastung der Betriebsmittel nimmt geringfügig (Stadtrandnetz) bis deutlich (ländliches Netz) zu und der Einfluss auf die Verlustenergie ist insbesondere von der Art der Rückleiterimpedanz abhängig und fällt für das ländliche Netz besser aus als für das Stadtrandnetz.

Zum anderen wird zu Beginn des Ladevorgangs eine Wahl des Außenleiters getroffen. Dabei wird die Entscheidung gemäß der in Abschnitt 3.7.5 beschriebenen Maßnahmen zur Reduzierung der Gegen- bzw. Nullsystemspannungsunsymmetrie anhand der vor der Zuschaltung bestimmten 1-Minutenmittelwerte der Spannungen getroffen. Für das Stadtrandnetz wirkt die gezielte Reduzierung von k_{u0} auf die Spannungsdifferenz, S_{un2} und $I_{max\,T}$ deutlich reduzierend, für alle weiteren Kenngrößen ist der Einfluss gering. Die gezielte Reduzierung von k_{u2} bewirkt eine deutliche Reduzierung von k_{u2}. Verglichen mit dem Referenzsimulationsdurchlauf werden geringere Werte für k_{u2} erzielt, d. h. die Spannungsunsymmetrie des Mittelspannungsnetzes und der Anteil, der durch die Haushaltslasten hervorgerufen wird, wird teilweise kompensiert. Dies führt jedoch zu einer deutlichen Erhöhung von S_{un2} und k_{u0}. Für die ländlichen Netze führen beide Maßnahmen bei allen Kenngrößen, mit Ausnahme der Betriebsmittebelastung, zu einer deutlichen Reduzierung.

Weiterhin wird die Beeinflussung der gewählten Kenngrößen bei Variation des maximalen Ladestroms untersucht. Es ist ersichtlich, dass eine Reduzierung des maximalen zulässigen Ladestroms unabhängig vom Simulationsnetz zu einer (deutlichen) Reduzierung und eine Erhöhung des maximalen zulässigen Ladestroms zu einer (deutlichen) Erhöhung der Quantile der Kenngrößen führt.

Der Vergleich der Maßnahmen zeigt, dass eine symmetrische zyklische Verteilung der LPs und der PV-Anlagenleistung auf die Außenleiter, eine Reduzierung des Ladestroms und das 3-phasige Laden positiven Einfluss auf alle betrachteten Kenngrößen hat. Eine Außenleiterzuordnung anhand der Spannungsmessung kann abhängig von der gewählten Kenngröße einen positiven oder negativen Einfluss haben. Daher ist vor dem Einsatz einer solchen Maßnahme abzuwägen, welche Kenngröße zu verringern ist, inwieweit andere Kenngrößen beeinflusst werden und ob eine ausreichend hohe Qualitätsreserve dieser Kenngrößen zur Verfügung steht.

5.2.8 Einfluss unsymmetrischer Koppelimpedanzen auf die Spannungsunsymmetrie

Wie in Abschnitt 3.3 gezeigt, können unsymmetrische Koppelimpedanzen im natürlichen System einen signifikanten Einfluss auf die Spannungsunsymmetrie haben. Exemplarisch wird dieser Einfluss anhand ausgewählter Simulationsvarianten für das Stadtrandnetz untersucht. Abweichend von den oben beschriebenen Simulationen entspricht der Rückleiter dieser Untersuchung der Impedanz des Neutralleiters, welcher den exakt gleichen Querschnitt wie die Außenleiter aufweist. Weiterhin wird angenommen, dass kein Strom über Erde fließt.

Bild 5-16 stellt die Simulationsergebnisse mit symmetrischer und unsymmetrischer Koppelimpedanz gegenüber. Bei Betrachtung der unsymmetrischen Koppelimpedanz wird angenommen, dass alle Kabel im Netz die gleiche Außenleiteranordnung haben. Es werden die zwei in Bild 5-15 dargestellten Außenleiteranordnung betrachtet.

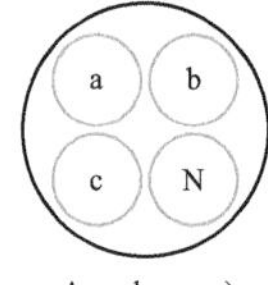

Anordnung a)

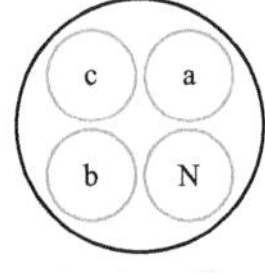

Anordnung b)

Bild 5-15: Untersuchte Außenleiteranordnungen für Kabel mit Rundleitern

Durch die unterschiedliche Außenleiteranordnung ändert sich der Impedanzwinkel der Koppelimpedanzen zwischen dem Mit-, Gegen- und Nullsystem, wohingegen der Betrag der Koppelimpedanzen unverändert bleibt. Somit ist der betragsmäßige zusätzliche Einfluss der unsymmetrischen Koppelimpedanz auf die Spannungsunsymmetrie für die untersuchten Leiteranordnungen gleich. Infolge des unterschiedlichen Impedanzwinkels ändert sich der Phasenwinkel des Beitrags zur Spannungsunsymmetrie durch unsymmetrische Koppelimpedanzen. Folglich ergeben sich verschiedene resultierende Überlagerungen zwischen Spannungsunsymmetrie des übergeordneten Netzes, Anteil zur Spannungsunsymmetrie durch die Kundenanlagen und des Anteils der unsymmetrischen Koppelimpedanz an der Spannungsunsymmetrie.

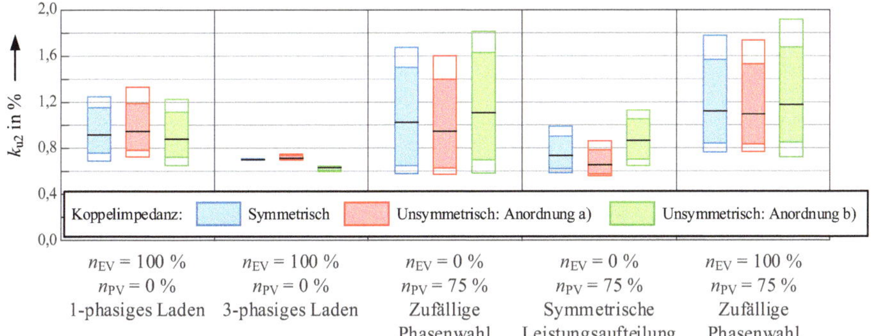

Bild 5-16: Vergleich der Simulationsergebnisse mit symmetrischer und unsymmetrischer Leitungskoppelimpedanz im natürlichen System für ausgewählte Simulationsvarianten für Stadtrandnetz

Anhand des in Bild 5-16 dargestellten Vergleiches ist ersichtlich, dass die unsymmetrische Koppelimpedanz einen nachweisbaren Einfluss auf die Spannungsunsymmetrie haben kann. Dieser kann je nach Konstellation der Kundenanlagen und der Belastung des übergeordneten Netzes zu einer Reduzierung (Laden der EVs, Anordnung b; hohe PV-Durchdringung, Aufteilung a) oder zu einer Erhöhung (Laden der EVs, Anschluss a; hohe PV-Durchdringung, Aufteilung b) der resultierenden Spannungsunsymmetrie gegenüber der Betrachtung mit symmetrischer Koppelimpedanz führen. Die Ursache für dieses Verhalten liegt hauptsächlich in der Überlagerung der Spannungsunsymmetrie des übergeordneten Netzes und des Anteils der Spannungsunsymmetrie, welcher sich aus dem Mitsystemstrom und der Koppelimpedanz zwischen Mit- und Gegensystem ergibt. Durch die Bewertung des 95 %-Quantils der 10-Minutenmittelwerte bei hoher Durchdringung von EVs bzw. PV-Anlagen überwiegt beim Laden der EVs der Einfluss der Abnehmer- und bei PV-Einspeisung der Einfluss der Erzeugungsanlagen auf die Spannungsunsymmetrie. Infolgedessen ergibt sich für beide Betrachtungsfälle (Laden und PV-Einspeisung) ein um ca. 180° verschobener Mitsystemstrom und somit ein qualitativ unterschiedlicher Einfluss auf die Spannungsunsymmetrie in Abhängigkeit der Außenleiterzuteilung auf die einzelnen Leiter.

Eine Abschätzung des Beitrags zur Spannungsunsymmetrie in Hinblick auf eine mögliche Anpassung des Gesamtstöreintrags durch Kundenanlagen unter Berücksichtigung der Kabelverlegungsphilosophie und ggf. weiterer Größen wie die Spannungsunsymmetrie des übergeordneten Netzes und der Einfluss von Kundenanlagen ist Gegenstand weiterer Forschungen.

5.3 Resümee und Handlungsempfehlungen

Basierend auf den oben gezeigten Simulationsergebnissen können folgende Schlussfolgerungen gezogen werden, die teilweise auch schon in [15] Erwähnung fanden.

Unsymmetrisch betriebene Kundenanlagen mit langen Betriebsdauern und hoher Leistung gegenüber herkömmlichen Haushaltslasten erhöhen nachweislich die Spannungsunsymmetrie, die Spannungsdifferenz zwischen niedrigster und höchster Spannung im Niederspannungsnetz, die Belastung der Betriebsmittel und die Leitungsverluste. In Hinblick auf die Einhaltung von Grenzwerten, unter Voraussetzung einer zweckmäßigen Auslegung der Leitungen und des Transformators sind Betriebsmittelbelastungen als unkritisch zu bewerten. Eine hohe EV- und PV-Durchdringung kann zu Verletzungen des Spannungsbandes und des Grenzwertes der Spannungsunsymmetrie bzw. der entsprechenden zulässigen Gesamtstöreinträge führen. Abhängig vom festgelegten zulässigen Gesamtstöreintrag wird der dazugehörige Wert der Spannungsdifferenz oder der Spannungsunsymmetrie zuerst überschritten. Bild 5-17 zeigt die relative Anzahl an Überschreitungen des zulässigen Gesamtstöreintrags für dezentrales Laden am Beispiel des ländlichen Kabelnetzes. Die Ergebnisse für das Stadtrandnetz und das ländliche Freileitungsnetz sind im Anhang Bild A.2-11 und Bild A.2-12 dargestellt. Dabei ist die Ursache der Überschreitung des zulässigen Gesamtstöreintrags dargestellt. Es ist ersichtlich, dass Überschreitungen hinsichtlich der Spannungsdifferenz vermehrt bei hohen PV-Durchdringungen auftreten. Die Ergebnisse für zentrales Laden sind in Bild 5-2 und Bild 5-3 aufgeführt.

Hinsichtlich der Spannungsdifferenz wurde am Beispiel eines rONTs gezeigt, dass der Einsatz einer Spannungsregeleinheit an der Transformatorsammelschiene für die meisten Konfigurationen und Durchdringungen ausreicht, um eine Spannungsdifferenz innerhalb der zulässigen Grenzen zu gewährleisten.

Für die Spannungsunsymmetrie gilt, dass der Grenzwert von 2 % infolge der, verglichen mit dem Planungspegel, geringen Spannungsunsymmetrie des übergeordneten Netzes selten überschritten wird. Der zulässige Gesamtstöreintrag hingegen wird, je nach Netz und Durchdringung mit unsymmetrisch betriebenen Kundenanlagen, teilweise überschritten, bevor der zulässige Gesamtstöreintrag hinsichtlich der Spannungsdifferenz erreicht wird.

Daher wird empfohlen die Spannungsunsymmetrie stärker in der Netzplanung zu berücksichtigen und Bewertungen vermehrt hinsichtlich des zulässigen Gesamtstöreintrags durchzuführen.

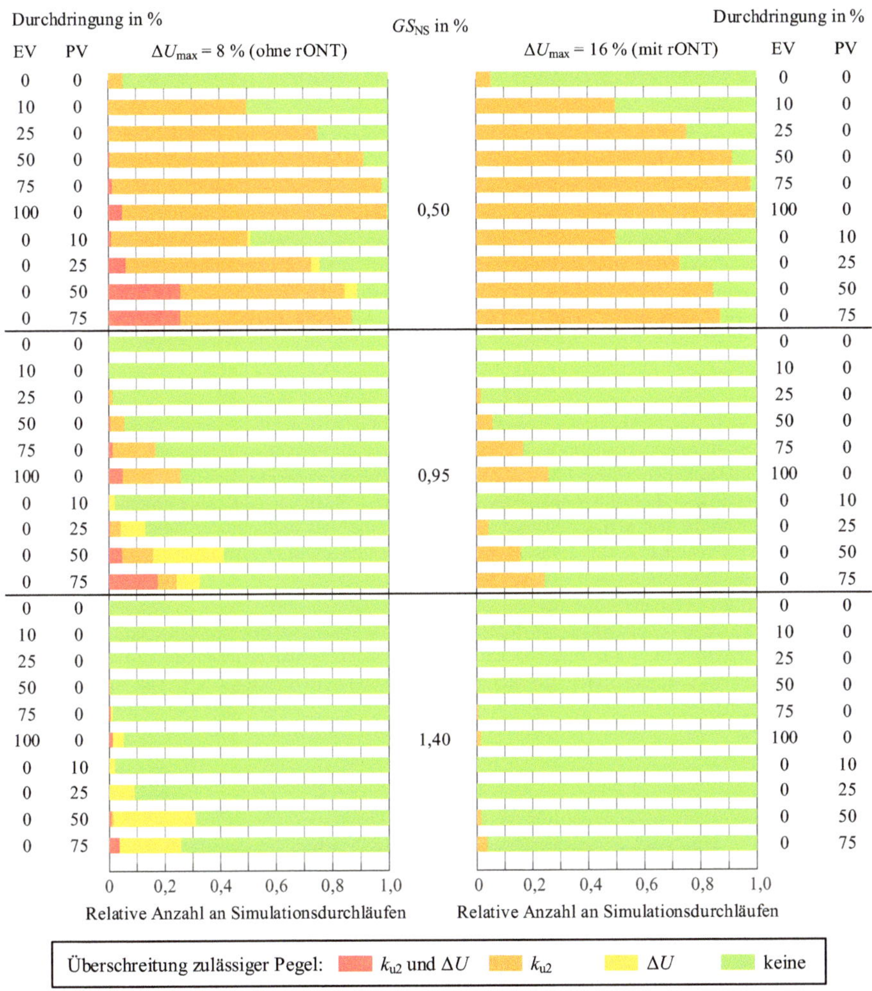

Bild 5-17: Übersicht der relativen Anzahl an Überschreitungen von zulässigen Gesamtstöreinträgen für das ländliche Kabelnetz

95

Zentrales Laden

Bei der Planung, Auslegung und dem Betrieb einer zentralen Ladeinfrastruktur oder einer vergleichbaren Infrastruktur ist die Spannungsunsymmetrie zu berücksichtigen, da deren Grenzwerte, je nach Konfiguration und Anschlussphilosophie, eher verletzt werden als die der Spannungsdifferenz. In Hinblick auf den Betrieb zentraler Ladeinfrastrukturen ist eine zyklische und symmetrische Verteilung der L1-Pins der einzelnen LPs auf die Außenleiter anzustreben. Bei einem Einsatz einer Ladesteuerung bspw. zur Reduzierung der maximal bezogenen Leistung, ist auf eine symmetrische Aufteilung der gleichzeitig unsymmetrisch betriebenen Kundenanlagen zu achten, da andererseits eine unzulässig hohe unsymmetrische Belastung des Netzes wahrscheinlich ist (siehe [16]).

Für einen wirtschaftlichen Betrieb einer Ladeinfrastruktur, die als eine Kundenanlage interpretiert werden kann, ist in weiteren Arbeiten zu prüfen, inwieweit von dem in [35] geforderten maximalen unsymmetrischen Leistungsanteil von 4,6 kVA und einer darin erwähnten Symmetrierungseinrichtung abgewichen und ein Ansatz analog zu [38] unter Berücksichtigung der Anschluss- und Kurzschlussleistung verfolgt werden kann.

Dezentrales Laden

Aufgrund der höheren Kurzschlussleistung ist der Einfluss einer zunehmenden EV- und PV-Durchdringung auf die untersuchten Kenngrößen trotz höherer Anzahl an Haushaltsanaschlüssen im Stadtrandnetz geringer als in ländlichen Netzen. Für Niederspannungsnetze mit Freileitungsabgängen kann es unter bestimmten Umständen bereits ab zwei installierten PV-Anlagen bzw. beim gleichzeitigen Laden von zwei EVs zu einer unzulässig hohen Spannungsunsymmetrie bzw. Spannungsdifferenz kommen. Dies kann durch die Erhöhung der Kurzschlussleistung, bspw. durch eine Verkabelung oder durch die konsequente Realisierung eines symmetrischen, 3-phasigen Betriebes der EVs und PV-Anlagen bereits bei niedrigen Bemessungsleistungen vermieden werden [15].

Der Einfluss auf die Spannungsunsymmetrie ist anhand des Gesamtstöreintrages zu bewerten, da die erwartete Zunahme weiterer unsymmetrisch betriebener Kundenanlagen in den Verteilnetzen eine Erhöhung der Spannungsunsymmetrie im übergeordneten Netz verursacht. Der Gesamtstöreintrag für das Niederspannungsnetz hängt u. a. vom Planungspegel des Mittelspannungsnetzes ab. Dieser Planungspegel wird aktuell in deutschen Mittelspannungsnetzen nicht ausgeschöpft. In weiteren Arbeiten ist vor dem Hintergrund einer erwarteten Erhöhung des Pegels der Spannungsunsymmetrie im übergeordneten Netz zu diskutieren, welcher Gesamtstöreintrag für das Niederspannungsnetz angesetzt werden sollte und inwieweit sich dieser Gesamtstöreintrag aufteilt in Beiträge für unsymmetrische Koppelimpedanz, unsymmetrisch betriebene Kundenanlagen hoher Betriebsdauer und Leistung und Kundenanlagen geringer Betriebsdauer und/oder Leistung (wie z. B. Haushaltslasten).

Auf Grundlage simulierter Maßnahmen zur Reduzierung der Spannungsunsymmetrie können die folgenden Empfehlungen gegeben werden [15].

EVs und PV-Anlagen sowie weitere Kundenanlagen mit langer Nutzungsdauer und hoher Leistung sollten weitestgehend 3-phasig betrieben werden. Bei unsymmetrischem Betrieb ist eine möglichst zyklische und symmetrische Aufteilung der unsymmetrischen Leistung auf die drei Außenleiter des Netzes anzustreben. Dies kann z. B. durch gezielte Vorgaben des Netzbetreibers erfolgen. Diese Maßnahme ist besonders für Kundenanlagen mit großer Gleichzeitigkeit wie z. B. PV-Anlagen wirksam. Eine Außenleiterwahl zu Beginn des Betriebs unsymmetrisch betriebener Kundenanlagen bspw. zu Ladebeginn eines EVs anhand der Spannungsbeträge der Außenleiter-Rückleiterspannungen mit oder ohne Berücksichtigung der Spannungs- und des Impedanzwinkels kann zu einer Reduzierung der Spannungsunsymmetrie und der Spannungsdifferenz führen. Es zeigte sich jedoch, dass diese Art der Außenleiterwahl u. U. eine Verschlechterung anderer Kenngrößen bewirken kann, weshalb vor Einsatz solch einer Maßnahme eine kritische Prüfung möglicher Nebeneffekte zu empfehlen ist. Eine Reduzierung der maximalen unsymmetrischen Leistung bewirkte für alle untersuchten Kenngrößen eine Verbesserung und ermöglichte insbesondere in ländlichen Netzen eine deutliche Erhöhung der Aufnahmekapazität des Netzes. Da für das Laden von EVs der maximale Ladestrom von der Ladesäule vorgegeben werden kann, ist vor Ladebeginn eine Prüfung der Art des Ladens (symmetrisch/unsymmetrisch) zu empfehlen, um für 3-phasig ladende EVs den Ladestrom nicht unnötig weit zu reduzieren.

6 Niederspannungsäquivalent für unsymmetrische Leistungsanteile

Eine Zunahme unsymmetrisch betriebener Kundenanlagen im Niederspannungsnetz führt zu einer Erhöhung des unsymmetrischen Leistungsanteils (siehe Kapitel 5). Dabei verhalten sich S_{un2} und der Einfluss auf k_{u2}, wie aus Gleichung (2-40) ersichtlich, linear zueinander. S_{un2} wird aufgrund der eingesetzten Transformatorschaltgruppen in das Mittelspannungsnetz übertragen und hat somit einen direkten Einfluss auf die Spannungsunsymmetrie im übergeordneten Netz. Befragungen unter Netzbetreibern zeigen, dass die steigende Neutralleiter- und Sternpunktbelastung durch unsymmetrisch betriebene Kundenanlagen hoher Leistung und Betriebsdauer bereits zur Zerstörung von Betriebsmitteln geführt haben [72]. Mit dem in Gleichung (2-42) gegebenen Zusammenhang gilt unter Annahme, dass keine weiteren Erdungsanlagen vorhanden sind für den Rückleiterstrom

$$I_{R\ddot{u}} = \left| \underline{I}_a + \underline{I}_b + \underline{I}_c \right| = \frac{S_{un0}}{\sqrt{3} \cdot U_n} \tag{6-1}$$

Für die Bestimmung von k_{u2} in Mittelspannungsnetzen anhand von Lastflussberechnungen sowie zur Abschätzung der Neutralleiter- und Sternpunktbelastung wird in diesem Kapitel ein Niederspannungsäquivalent für die unsymmetrischen Leistungsanteile S_{un2} und S_{un0} entwickelt. Da in Niederspannungsnetzen Geräte und Kundenanlagen mit Neutralleiteranschluss überwiegen, ist die Ableitung der Modelle für beide unsymmetrischen Leistungsanteile (siehe Abschnitt 2.6.3) ähnlich. Infolgedessen wird in diesem Kapitel die Ableitung eines Niederspannungsäquivalents am Beispiel von S_{un2} gezeigt. Die Beschreibung kann analog für S_{un0} übernommen werden, Ausnahmen werden explizit erwähnt.

Für die Ableitung des Niederspannungsäquivalents werden neben der Grundlast, welche in diesem Fall aus Haushaltslasten besteht, weitere Anteile anderer Kundenanlagen bzw. Geräteklassen (GK) berücksichtigt. Für diese Arbeit wird dies am Beispiel für EVs und PV-Anlagen beschrieben. Bei Kenntnis des Last- und Nutzungsverhaltens weiterer Kundenanlagen können diese ebenfalls mit dem beschriebenen Vorgehen berücksichtigt werden.

Dieses Kapitel ist in vier Teile untergliedert. In den ersten beiden Abschnitten erfolgt die geräteklassenabhängige Beschreibung des Lastgangs und des (maximalen) resultierenden unsymmetrischen Leistungsanteils. Die Kombination beider Teilaspekte liefert in Anlehnung an standardisierte Lastprofile nach [115], [129] ein Profil der unsymmetrischen Leistung, das über den (maximalen) resultierenden Leistungsanteil skaliert werden kann. Im dritten Abschnitt wird die Überlagerung der Lastgänge der einzelnen GK beschrieben.

Das Kapitel endet mit einem Anwendungsbeispiel.

6.1 Lastgang der unsymmetrischen Leistungsanteile

Die Herleitung eines Lastgangs des unsymmetrischen Leistungsanteils für eine Vielzahl an **Haushaltslasten** erfolgt beispielhaft anhand der in [37] beschriebenen Netze, wobei nur Niederspannungsnetze mit Wohnbebauung ohne oder mit nur sehr geringer Anzahl an Erzeugungsanlagen berücksichtigt werden[17]. Je Netz wurde über zwei vollständige Wochen an der Transformatorsammelschiene gemessen und der symmetrische sowie die unsymmetrischen Leistungsanteile bestimmt. Für jeden Zeitpunkt eines Tages (in diesem Fall je 10-Minuten-Mittelwert) wird über die gemessenen 14 Tage je Netz und Kenngröße das 95 %-Quantil bestimmt. Um die Verläufe der Netze untereinander vergleichen zu können wird der Verlauf je Netz auf den dazugehörigen Maximalwert bezogen. Die sich ergebenden Verläufe sowie das 50 %-Quantil über alle gemessenen Netze sind in Bild 6-1 dargestellt.

Es ist ersichtlich, dass alle drei Leistungsanteile einen vergleichbaren Verlauf aufweisen. Geringfügige Unterschiede zwischen den Verläufen der Leistungsanteile zeigen sich in der Differenz zwischen Mittags- und Abendspitze. Diese ist für den symmetrischen Leistungsanteil größer als für die unsymmetrischen Leistungsanteile.

---

[17] Dies entspricht einer Anzahl von 35 Niederspannungsnetzen

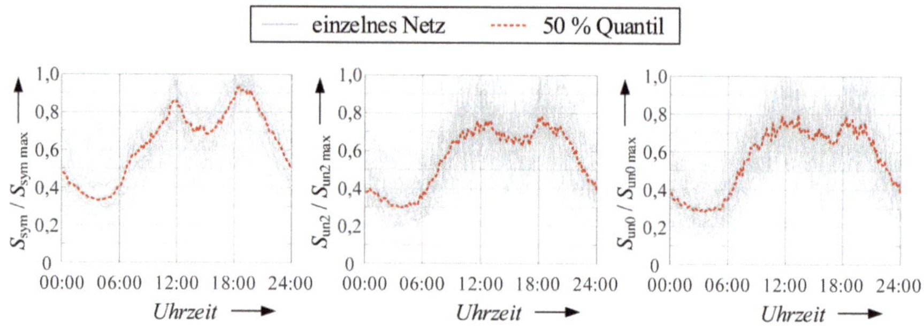

Bild 6-1: 95 %-Quantile je Zeitschritt über zwei Wochen der symmetrischen und der unsymmetrischen Leistungsanteile verschiedener gemessener Niederspannungsnetze mit Wohnbebauung bezogen auf den jeweiligen Maximalwert je Netz und Leistungsanteil sowie Darstellung des Medians über alle gemessenen Netze

Bild 6-2 stellt die, im Zuge eines DFG-Projekts [132] über ein Jahr am Transformator, gemessenen Verläufe des unsymmetrischen Leistungsanteils S_{un2} eines Niederspannungsnetzes mit Wohnbebauung ohne Erzeugungsanlagen getrennt für Werk-, Sams- und Sonntage dar. Dabei sind die Verläufe jeweils auf den Maximalwert $S_{un2\,max}$ des gesamten Jahres bezogen. Über alle gemessenen Tage wird je 10-Minutenmittelwert das 5 %-, 50 %- und 95 %-Quantil eingezeichnet. Anhand der dargestellten Verläufe geht hervor, dass Samstage die höchste und Werktage die niedrigste Morgenspitze aufweisen. Hinsichtlich der Beträge für S_{un2} weisen alle Tageskategorien vergleichbare Werte auf.

Die dargestellten Vergleiche zeigen, dass als auf den Maximalwert bezogener Lastgang für S_{un2} und S_{un0} ein einheitenloses Profil mit einem Maximalwert von eins gemäß dem Standardlastprofil „H0" nach [115] gewählt werden kann.

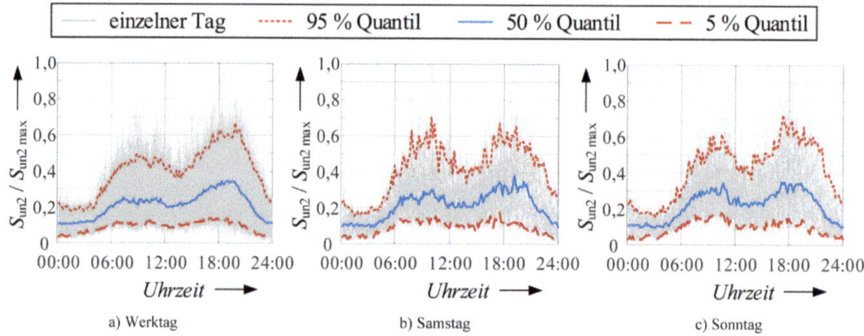

Bild 6-2: Auf den Maximalwert je Tageskategorie bezogener Lastgang des unsymmetrischen Leistungsanteils S_{un2} für alle Werk-, Sams- und Sonntage eines Jahres eines Niederspannungsnetzes

Der separierte, auf den Maximalwert bezogene **Lastgang für EVs** ist abhängig von der Anzahl der im betrachteten Niederspannungsnetz zu ladenden EVs n_{EV}. Im Anhang Bild A.2-13 sind Zeitverläufe für ausgewählte n_{EV} dargestellt. Das Vorgehen zur Bestimmung des Verlaufs ist in Abschnitt 4.4.3 (Elektrofahrzeuge) beschrieben. Es ist ersichtlich, dass der maximale Ladestrom Einfluss auf den Lastgang hat. So wird bei höherem Ladestrom die Lastspitze zeitlich leicht nach vorn verschoben und ist hinsichtlich ihrer Dauer kürzer (siehe Anhang Tabelle A.2-11).

Für **PV-Anlagen** gilt, mit den in Abschnitt 4.4.3 (Photovoltaikanlagen) beschriebenen Annahmen, der in Bild 4-15 dargestellte Verlauf. Wobei dieser durch den Wert von $G = 1\,\text{kW}/\text{m}^2$ zu teilen ist. Dabei stellt dieses Vorgehen einen worste-case dar, da ein Einspeiseprofil im Sommer gewählt wird. Für Abschätzungen anderer Jahreszeiten kann der gezeigte Verlauf entsprechend der vorherrschenden Globalstrahlung, die während der zu untersuchenden (Jahres-)Zeit auftritt, angepasst werden.

6.2 Geräteklassenabhängiger unsymmetrischer Leistungsanteil

Gemäß dem oben beschriebenen Vorgehen werden die im vorangegangenen Abschnitt beschriebenen, einheitenlosen Lastgänge mit einem Maximalwert von eins mit einem (maximalen) resultierenden unsymmetrischen Leistungsanteil $S_{\text{un2}\,Gk\,\text{ges}}$ multipliziert. In diesem Abschnitt wird die Bestimmung von $S_{\text{un2}\,Gk\,\text{ges}}$ für die Geräteklassen: Haushaltslasten, EVs und PV-Anlagen beschrieben.

6.2.1 Unsymmetrischer Leistungsanteil Haushaltslasten

Der resultierende unsymmetrische Leistungsanteil kann für Niederspannungsnetze mit überwiegend Haushaltslasten in Anlehnung an [121] und dem in Abschnitt 4.4.3 beschriebenen Haushaltslastmodell gemäß Gleichung (6-2) mit einer Exponentialfunktion, in Abhängigkeit der für einen Tag bezogenen elektrischen Energie E, abgeschätzt werden. Dabei ist E die Summe der bezogenen elektrischen Energie aller Haushalte im betrachteten Netz für einen charakteristischen Tag z. B. „Werktag im Winter". Sie entspricht somit i. A. nicht der durch die Anzahl an Tagen eines Jahres geteilte Jahresenergie.

$$\frac{S_{\text{un2 HH ges}}}{\text{kVA}} = a \cdot \left(\frac{E}{\text{kWh}/\text{d}}\right)^{b} \tag{6-2}$$

Wie [121] zeigt, kann der Exponent mit $b = 0,5$ sowohl für 1- als auch für 10-Minutenmittelwerte angenähert werden. Tabelle 6-1 führt für ausgewählte Quantile Zahlenwerte für die in Gleichung (6-2) genutzten Parameter auf. Die Angabe der Quantile bezieht sich auf die Gesamtzahl der Niederspannungsnetze und $S_{\text{un2 HH ges}}$ auf den maximal zu erwartenden unsymmetrischen Leistungsanteil eines Tages. Der beschriebene Zusammenhang gilt bei einem kumulierten Energiebezug aller Haushalte im betrachteten Netz von $E \geq 100\,\text{kWh}/\text{d}$ (entspricht dem Energiebezug von ca. 10 bis 15 Haushalten).

Tabelle 6-1: Parameter zur Beschreibung des maximalen unsymmetrischen Leistungsanteils S_{un2} für Haushaltslasten

Quantil	Parameter 1-Minutenmittelwert		Parameter 10-Minutenmittelwert	
	a	b	a	b
95 %-Quantil	0,72	0,5	0,63	0,5
50 %-Quantil	0,58	0,5	0,49	0,5
5 %-Quantil	0,47	0,5	0,39	0,5

6.2.2 Unsymmetrischer Leistungsanteil Elektrofahrzeuge

Zur Bestimmung des maximal resultierenden unsymmetrischen Leistungsanteils aller EVs im betrachteten Netz werden folgende vereinfachte Annahmen getroffen:

- Symmetrische Versorgungsspannung
- Vernachlässigung der Kopplung der symmetrischen Komponenten bei Betriebsmitteln
- Betrieb des untersuchten Niederspannungsnetzes mit Nennspannung
- Ausschließlich 1-phasig ladendes EVs mit gleichem elektrischem Verhalten

Gemäß den oben getroffenen Annahmen und der in Abschnitt 5.1 eingeführten Nomenklatur gilt für eine aktuelle Aufteilung der EVs auf die einzelnen Außenleiter für die (aktuellen) Ströme in den symmetrischen Komponenten

$$\begin{pmatrix} \underline{I}_{1\,\text{EV akt}} \\ \underline{I}_{2\,\text{EV akt}} \\ \underline{I}_{0\,\text{EV akt}} \end{pmatrix} = \frac{1}{3} \cdot \begin{bmatrix} 1 & \underline{a} & \underline{a}^2 \\ 1 & \underline{a}^2 & \underline{a} \\ 1 & 1 & 1 \end{bmatrix} \cdot \begin{pmatrix} 1 \cdot n_{\text{EV a}} \\ \underline{a}^2 \cdot n_{\text{EV b}} \\ \underline{a} \cdot n_{\text{EV c}} \end{pmatrix} \cdot \underline{I}_{\text{EV}} \tag{6-3}$$

Wobei I_{EV} dem konstanten 1-phasigen Ladestrom eines EVs entspricht. Somit gilt für den aktuellen Gegensystemstrom

$$I_{2\,EV\,akt} = \frac{1}{3} \cdot \left| n_{EV\,a} + \underline{a} \cdot n_{EV\,b} + \underline{a}^2 \cdot n_{EV\,c} \right| \cdot I_{EV} \tag{6-4}$$

Unter Nutzung des Zusammenhangs nach Gleichung (2-38) gilt für den Betrag des aktuellen unsymmetrischen Leistungsanteils bei n_{EV} gleichzeitig ladenden EVs

$$S_{un2\,EV\,akt} = \left| n_{EV\,a} + \underline{a}^2 \cdot n_{EV\,b} + \underline{a} \cdot n_{EV\,c} \right| \cdot S_{EV} \tag{6-5}$$

Wobei S_{EV} der konstanten 1-phasig bezogenen Ladeleistung eines EVs entspricht. Die Beträge von I_{EV} und S_{EV} sind unabhängig vom gewählten Außenleiter und der betrachten Anschlussvariante.

Unter diesen Annahmen gilt (siehe Anhang A.3 ab Gleichung (A.3-14))

$$\left| n_{EV\,a} + \underline{a}^2 \cdot n_{EV\,b} + \underline{a} \cdot n_{EV\,c} \right| = \left| n_{EV\,a} + \underline{a} \cdot n_{EV\,b} + \underline{a}^2 \cdot n_{EV\,c} \right| \tag{6-6}$$

Somit kann das Verhältnis des Gegensystemstroms bzw. dessen äquivalenten unsymmetrischen Leistungsanteils zum 1-phasigen Ladestrom bzw. Ladeleistung der EVs wie folgt ausgedrückt werden

$$\frac{3 \cdot I_{2\,EV\,akt}}{I_{EV}} = \frac{S_{un2\,EV\,akt}}{S_{EV}} = \left| n_{EV\,a} + \underline{a} \cdot n_{EV\,b} + \underline{a}^2 \cdot n_{EV\,c} \right| \tag{6-7}$$

Die Überlagerung des Einflusses mehrerer Quellen zu einem Gesamtstöreintrag auf die (Spannungs-) Unsymmetrie wird in [39], [40] über einen Summationsexponenten α berücksichtigt. Bezogen auf den unsymmetrischen Leistungsanteil aller gleichzeitig ladender EVs in einem Netz gilt folgender Zusammenhang

$$S_{un2\,EV\,akt}^{\alpha_{nEV}} = \sum_{k=1}^{n_{EV}} S_{EV\,k}^{\alpha_{nEV}} \tag{6-8}$$

Unter den oben aufgeführten Annahmen, bei der die 1-phasige Ladeleistung je EV gleich ist, kann der Zusammenhang aus Gleichung (6-8) wie folgt beschrieben werden

$$S_{un2\,EV\,akt}^{\alpha_{nEV}} = n_{EV} \cdot S_{EV}^{\alpha_{nEV}} \tag{6-9}$$

Durch Umstellen nach α_{nEV} und Einsetzen gemäß des Zusammenhangs nach Gleichung (6-7) gilt

$$\alpha_{nEV} = \frac{\ln(n_{EV})}{\ln\left(\left| n_{EV\,a} + \underline{a} \cdot n_{EV\,b} + \underline{a}^2 \cdot n_{EV\,c} \right| \right)} \tag{6-10}$$

Bei der Koordinierung der Elektroenergiequalität werden u. a. maximal zulässige Störpegel von Kundenanlagen bestimmt (z. B. [38], [40]). Diese beziehen sich häufig auf die installierte bzw. beantragte Scheinleistung der Kundenanlagen. Der in Gleichung (6-10) gegebene Summationsexponent bezieht sich auf die tatsächliche Anzahl der gleichzeitig ladenden EVs. In Hinblick auf die beantragte Scheinleistung ist der Summationsexponent auf die Anzahl der LPs zu beziehen. Unter Annahme, dass die beantragte Scheinleistung $n_{LP} \cdot S_{EV}$ entspricht gilt

$$\alpha_{nLP} = \frac{\ln(n_{LP})}{\ln\left(\left| n_{EV\,a} + \underline{a}^2 \cdot n_{EV\,b} + \underline{a} \cdot n_{EV\,c} \right| \right)} \tag{6-11}$$

Unter Nutzung der Wahrscheinlichkeit je Aufteilung der ladenden EVs auf die Außenleiter p_{abc}, deren Bestimmung in Abschnitt 4.3 beschrieben wurde, können die Summenhäufigkeiten für die in Gleichung (6-10) und (6-11) angegebenen Summationsexponenten berechnet werden. Bild 6-3 stellt ausgewählte Quantile für die Anschlussvarianten „Zufall" und „Verteilt" dar. Da für Anschlussvariante „Zufall" sowohl die Wahrscheinlichkeit p_{abc} als auch der Summationsexponent α_{nEV} unabhängig von der Anzahl der installierten LPs n_{LP} ist, sind diese Quantile in Abhängigkeit der gleichzeitig ladenden EVs n_{EV} dargestellt. Alle anderen betrachteten Werte sind von der Anzahl der installierten LPs abhängig. Sie sind in Abhängigkeit des Verhältnisses n_{EV}/n_{LP} für ausgewählte n_{LP} dargestellt.

Der Summationsexponent für Anschlussvariante „Gleich" entspricht, da alle 1-phasig angeschlossenen EVs über den gleichen Außenleiter geladen werden, stets dem Minimum (0 %-Quantil) der Anschlussvariante „Zufall".

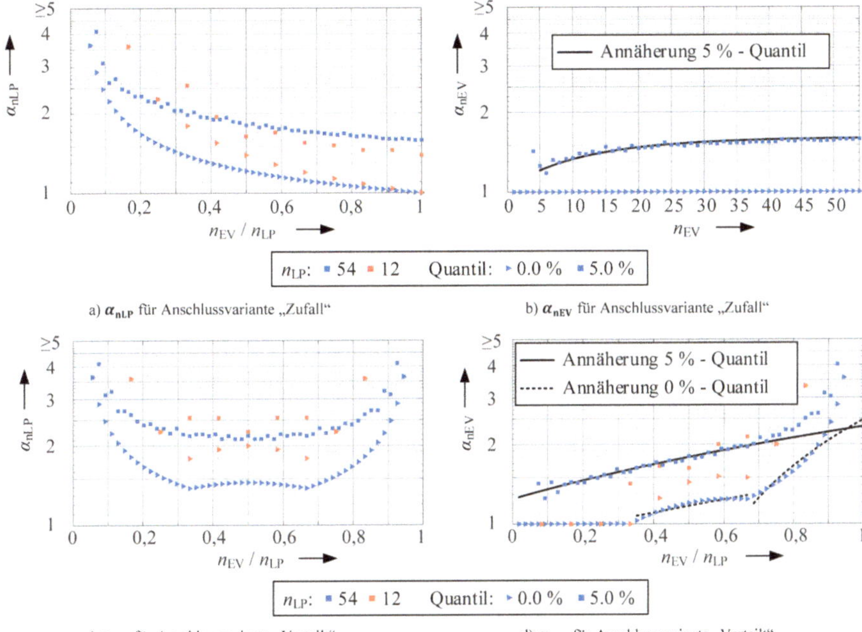

a) α_{nLP} für Anschlussvariante „Zufall"

b) α_{nEV} für Anschlussvariante „Zufall"

c) α_{nLP} für Anschlussvariante „Verteilt"

d) α_{nEV} für Anschlussvariante „Verteilt"

Bild 6-3: Abhängigkeit der Quantile der Summationsexponenten α_{nLP} und α_{nEV} von der (bezogenen) Anzahl gleichzeitig ladender Elektrofahrzeuge einer zentralen Ladeinfrastruktur

Wie aus Bild 6-3 ersichtlich, nähern sich gleiche Quantile für α_{nLP} und α_{nEV} mit steigender Anzahl gleichzeitig ladender EVs an. Für Anschlussvariante „Zufall" kann der Summationsexponent in Abhängigkeit der gleichzeitig ladenden EVs α_{nEV} durch eine Exponentialfunktion gemäß Gleichung (6-12) angenähert werden. In Bild 6-3 b) ist die entsprechende Annäherung für das 5 %-Quantil eingezeichnet. Die benötigten Kennwerte für ausgewählte Quantile wurden mit Hilfe der Curve Fitting Toolbox von Matlab® bestimmt und sind in Tabelle 6-2 zusammengefasst.

$$\alpha_{\mathrm{nEV}} = \begin{cases} 1 & \text{für } n_{\mathrm{EV}} < 5 \\ a - b \cdot \mathrm{e}^{-c \cdot n_{\mathrm{EV}}} & \text{für } n_{\mathrm{EV}} \geq 5 \end{cases} \tag{6-12}$$

Für den Fall, dass der Summationsexponent Werte kleiner 1 erreicht, ist $\alpha_{\mathrm{nEV}} = 1$ zu setzen.

Tabelle 6-2: Kennzahlen zur Abschätzung ausgewählter Quantile des Summationsexponenten α_{nEV} für $n_{EV} < 60$ für Anschlussvariante „Zufall"

Index	Quantil			
	$q^{(0)}(\alpha_{nEV})$	$q^{(0,001)}(\alpha_{nEV})$	$q^{(0,01)}(\alpha_{nEV})$	$q^{(0,05)}(\alpha_{nEV})$
a	1	1,375	1,444	1,600
b	0	0,447	0,527	0,573
c	0	0,052	0,081	0,075

Für Anschlussvariante „Gleich" kann der Summationsexponent α_{nEV} bis zu einem Wert von $\alpha_{nEV} = 2,1$ über Geraden gemäß Gleichung (6-13) angenähert werden. Wie aus Bild 6-3 d) ersichtlich, steigt der Summationsexponent bei einer hohen Anzahl gleichzeitig ladender EVs nahezu exponentiell an. Die in Gleichung (6-13) angegebene Grenze von $n_{EV}/n_{LP} < 0{,}1$ gilt für alle aufgeführten Quantile außer für das 0 %-Quantil. Die abweichenden Grenzen für dieses Quantil sind in Tabelle 6-3 angegeben. In Bild 6-3 sind die Annäherungen für das 5 %-Quantil und 0 %-Quantil dargestellt. Die für die Abschätzungen benötigten Kennwerte wurden für ausgewählte Quantile mit Hilfe der Curve Fitting Toolbox von Matlab® bestimmt und sind in Tabelle 6-3 aufgeführt.

$$\alpha_{nEV} = \begin{cases} 1 & \text{für } n_{EV}/n_{LP} < 0{,}1 \\ a + b \cdot n_{EV}/n_{LP} & \text{für } n_{EV}/n_{LP} \geq 0{,}1 \end{cases} \tag{6-13}$$

Für den Fall, dass der Summationsexponent gemäß Gleichung (6-13) Werte kleiner 1 erreicht, ist $\alpha_{nEV} = 1$ zu setzen.

Tabelle 6-3: Kennzahlen zur Abschätzung ausgewählter Quantile des Summationsexponenten α_{nEV} für $n_{EV} < 60$ für Anschlussvariante „Verteilt"

Index	Quantil				
	$q^{(0)}(\alpha_{nEV})$		$q^{(0,001)}(\alpha_{nEV})$	$q^{(0,01)}(\alpha_{nEV})$	$q^{(0,05)}(\alpha_{nEV})$
a	1,00 für $n_{EV}/n_{LP} \leq 1/3$ 0,84 für $1/3 < n_{EV}/n_{LP} \leq 2/3$ -1,59 für $2/3 < n_{EV}/n_{LP}$		0,934	1,040	1,242
b	0,00 für $n_{EV}/n_{LP} \leq 1/3$ 0,67 für $1/3 < n_{EV}/n_{LP} \leq 2/3$ 4,06 für $2/3 < n_{EV}/n_{LP}$		1,136	1,163	1,085
$\min\{\alpha_{nLP}\}$ Variante „Zufall"	1,38		1,76	1,93	2,12

Zur Bewertung der Genauigkeit der angegebenen Abschätzung der Quantile für die Anschlussvarianten „Zufall" und „Verteilt" sind entsprechende Parameter im Anhang in Tabelle A.2-5 und Tabelle A.2-6 aufgeführt.

Aus dem gezeigten Zusammenhang können die entsprechenden Minimalwerte für α_{nLP} und Anschlussvariante „Zufall" mit Gleichung (6-12) und Tabelle 6-2 bestimmt werden, wobei n_{EV} aus Gleichung (6-12) durch die Anzahl der installierten LPs n_{LP} zu ersetzen ist. Die Minimalwerte für α_{nLP} und Anschlussvariante „Verteilt" sind in Tabelle 6-3 angegeben.

Für eine allgemeine Betrachtung identischer oder ähnlicher unsymmetrisch betriebener Kundenanlagen entspricht n_{LP} der Gesamtzahl der installierten Kundenanlagen.

Zur Bestimmung des resultierenden unsymmetrischen Leistungsanteils aller unsymmetrisch ladenden EVs in einem Netz wird keine Laderegelung berücksichtigt. Weiterhin gelte, dass alle EVs ein vergleichbares Lastverhalten haben, wie in Abschnitt 4.4.3 (Elektrofahrzeuge) gezeigt, ist dies für die heutige EV-Generation gegeben. Zudem wird vereinfacht angenommen, dass alle EVs mit der gleichen (maximalen) unsymmetrischen Ladeleistung $S_{un2\,EV}$ geladen werden.

Der resultierende unsymmetrische Leistungsanteil ergibt sich gemäß Gleichung (6-9) durch Ersetzen der Anzahl der EVs durch die Multiplikation eines Gleichzeitigkeitsfaktors g_{EV} mit der Anzahl installierter LPs zu

$$S_{un2\,EV\,ges} = \sqrt[\alpha_{EV}]{g_{EV} \cdot n_{LP}} \cdot S_{un2\,EV} \tag{6-14}$$

Es wird angenommen, dass jedem LP ein EV zugeordnet ist. Der Gleichzeitigkeitsfaktor g_{EV} ist abhängig vom maximalen Ladestroms bzw. Ladeleistung. Er kann anhand der in Abschnitt 4.4.3 (Elektrofahrzeuge) getroffenen Annahmen mit Gleichung (6-15) und Tabelle 6-4 für $n_{LP} \leq 1000$ abgeschätzt werden[18]

$$g_{EV} = a \cdot n_{LP}^{b} \tag{6-15}$$

Für den Fall $g_{EV} > 1$ gelte $g_{EV} = 1$. Der Gleichzeitigkeitsfaktor g_{EV} entspricht dem 99 %-Quantil der maximal gleichzeitig ladenden EVs.

Tabelle 6-4:　　　Werte zur Berechnung des Gleichzeitigkeitsfaktors für EVs g_{EV} nach Gleichung (6-15)

Ladeleistung EVs	Ladestrom EVs	a	b
2,3 kVA (1-phasig)	10 A (1-phasig)	1,03	-0,186
3,7 kVA (1-phasig)	16 A (1-phasig)	0,98	-0,242
7,4 kVA (1-phasig)	32 A (1-phasig)	1,02	-0,372
22 kVA (3-phasig)	32 A (3-phasig)	0,89	-0,610

6.2.3　　Unsymmetrische Leistungsanteile PV-Anlagen

Bei der Berücksichtigung von PV-Anlagen wird von einem Gleichzeitigkeitsfaktor $g_{PV} = 1$ ausgegangen. Weiterhin gelte, dass nur unsymmetrisch betriebene PV-Anlagen einen Einfluss auf den unsymmetrischen Leistungsanteil haben. Aufgrund der verschiedenen Anschlussarten ist der resultierende unsymmetrische Leistungsanteil über folgenden Zusammenhang zu bestimmen.

$$S_{un2\,PV\,ges} = \sqrt[\alpha_{2PV}]{\sum_{k=1}^{n_{PV}} S_{un2\,k}^{\alpha_{2PV}}} \tag{6-16}$$

Wobei für $S_{un2\,k}$ der unsymmetrische Leistungsanteil der einzelnen PV-Anlagen bei Betrieb mit Nennleistung einzusetzen ist.

Unter der Annahme, dass der unsymmetrische Leistungsanteil der einzelnen PV-Anlagen gleich groß ist, kann der resultierende unsymmetrische Leistungsanteil aller PV-Anlagen in einem Netz mit Gleichung (6-17) abgeschätzt werden

$$S_{un2\,PV\,ges} = \sqrt[\alpha_{2PV}]{n_{2PV}} \cdot S_{un2\,PV} \tag{6-17}$$

Dabei entspricht n_{2PV} der Anzahl aller unsymmetrisch betriebener PV-Anlagen im Netz

$$n_{2PV} = n_{PV\,1ph} + n_{PV\,2phR\ddot{u}} + n_{PV\,2ph} \tag{6-18}$$

Mit:

- $n_{PV\,1ph}$　　　　Anzahl der 1-phasig betriebenen PV-Anlagen
- $n_{PV\,2phR\ddot{u}}$　Anzahl der 2 x 1-phasig betriebenen PV-Anlagen
- $n_{PV\,2ph}$　　　Anzahl der 2-phasig betriebenen PV-Anlagen

Der Summationsexponent berechnet sich über

$$\alpha_{2PV} = a + b \cdot e^{-c \cdot n_{2PV}} \tag{6-19}$$

---

[18] Zur Bestimmung des Gleichzeitigkeitsfaktors wurde n_{LP} in den Schritten [1 2 3 4 5 6 7 8 9 10 20 30 40 50 60 70 80 90 100 200 300 400 600 800 1000 2000 5000 10000] variiert und je Anzahl n_{LP} 10.000 Simulationsdurchläufe durchgeführt. Je n_{LP} wurde die maximale Anzahl an gleichzeitig ladenden EVs bestimmt und das 99 %-Quantil über die 10.000 durchgeführten Simulationsdurchläufe bestimmt. Anschließend wurden die Ergebnisse durch den in Gleichung (6-15) angegebenen Zusammenhang angenähert.

Auch hier ist zwischen den Anschlussvarianten analog zu den EVs zu unterscheiden. Die Werte der Parameter a, b und c, entsprechen denen für EVs gemäß Tabelle 6-2 und Tabelle 6-3. Der Wert $S_{\text{un2 PV}}$ wird anhand der getroffenen Annahme wie folgt berechnet

$$S_{\text{un2 PV}} = \frac{1}{n_{\text{PV 1ph}} + 2 \cdot n_{\text{PV 2phRü}} + n_{\text{PV 2ph}}} \cdot \sum_{k=1}^{n_{\text{2PV}}} S_{\text{n PV } k} \tag{6-20}$$

Bei der Berechnung der gesamten installierten Leistung sind nur die Nennleistungen $S_{\text{n PV } k}$ der unsymmetrisch betriebene PV-Anlagen zu berücksichtigen.

Abweichend zur Berechnung von $S_{\text{un2 PV ges}}$ sind bei der Berechnung für $S_{\text{un0 PV ges}}$ nur unsymmetrisch betriebene PV-Wechselrichter mit einem Rückleiteranschluss sowohl hinsichtlich der Anzahl, der Parameter a, b und c nach Gleichung (6-19) als auch der einzusetzenden Scheinleistung zu berücksichtigen. Es gilt

$$S_{\text{un0 PV ges}} = {}^{\alpha_{\text{0PV}}}\sqrt{n_{\text{0PV}}} \cdot S_{\text{un0 PV}} \tag{6-21}$$

mit

$$n_{\text{0PV}} = n_{\text{PV 1ph}} + n_{\text{PV 2phRü}} \tag{6-22}$$

sowie

$$\alpha_{\text{0PV}} = a + b \cdot e^{-c \cdot n_{\text{0PV}}} \tag{6-23}$$

und

$$S_{\text{un0 PV ges}} = \frac{1}{n_{\text{PV 1ph}} + 2 \cdot n_{\text{PV 2phRü}}} \cdot \sum_{k=1}^{n_{\text{0PV}}} S_{\text{n PV } k} \tag{6-24}$$

6.3 Überlagerung der Zeitverläufe

Nach Multiplikation der geräteklassenabhängigen einheitenlosen Lastverläufe mit dem entsprechenden resultierenden unsymmetrischen Leistungsanteils sind die daraus resultierenden Lastverläufe einander zu überlagern. Nach dem oben beschriebenen Vorgehen ist der Summationsexponent α_{GK} der einzelnen GKs i. A. nicht identisch.

Mit den in [121] gezeigten Zusammenhängen

$$S_{\text{un2 HH ges}} \sim \sqrt{E} \tag{6-25}$$

und

$$S_{\text{HH max}} \sim E \tag{6-26}$$

kann unter Annahme, dass alle Geräte eines Haushaltes unsymmetrisch mit Rückleiteranschluss betrieben werden und $S_{\text{HH max}}$ aus der Summe unsymmetrischer Einzellasten $S_{\text{un2 HH}}$ besteht, der Summationsexponent $\alpha_{\text{HH}} = 2$ abgeschätzt werden.

Zur Abschätzung des resultierenden unsymmetrischen Leistungsanteils werden je Zeitpunkt die unsymmetrischen Leistungsanteile der jeweiligen GK gemäß dem im Folgenden dargestellten Schema bestimmt.

Zunächst werden die Summationsexponenten der GKs vom größten Wert $\alpha_{\text{GK}}(\text{max})$ zum kleinsten Wert $\alpha_{\text{GK}}(\text{min})$ sortiert und die dazugehörigen unsymmetrischen Leistungsanteile zugeordnet, so dass eine Reihenfolge gemäß Tabelle 6-5 entsteht.

Tabelle 6-5: Sortierter Summationsexponent mit zugeordnetem unsymmetrischen Leistungsanteil

Summationsexpont α	Vereinfachte Schreibweise	Unsymmetrischer Leistungsanteil S_{un2}	Vereinfachte Schreibweise
$\alpha_{GK}(\max)$	$\alpha(1)$	$S_{un2\ GK}(\alpha_{GK}(\max))$	$S_{un2\ GK}(1)$
$\alpha_{GK}(\max - 1)$	$\alpha(2)$	$S_{un2\ GK}(\alpha_{GK}(\max - 1))$	$S_{un2\ GK}(2)$
$\alpha_{GK}(\max - 2)$	$\alpha(3)$	$S_{un2\ GK}(\alpha_{GK}(\max - 2))$	$S_{un2\ GK}(3)$
...	...	...	...
$\alpha_{GK}(\min)$	$\alpha(n)$	$S_{un2\ GK}(\alpha_{GK}(\min))$	$S_{un2\ GK}(n)$

Die so sortierten Kenngrößen werden anschließend je Zeitpunkt wie folgt zu einem resultierenden unsymmetrischen Leistungsanteil überlagert, wobei die Zählvariable k von 1 bis n jeweils um 1 erhöht wird. Es gilt zudem $S_{un2}(0) = 0$.

$$S_{un2}(k) = \sqrt[\alpha(k)]{S_{un2\ GK}(k - 1)^{\alpha(k)} + S_{un2\ GK}(k)^{\alpha(k)}} \tag{6-27}$$

Der gesuchte resultierende Lastgang des unsymmetrischen Leistungsanteils $S_{un2}(t)$ entspricht den Werten, welche sich gemäß Gleichung (6-27) für $S_{un2}(n)$ ergeben.

Mit dem beschrieben Verfahren können somit Werkzeuge zur Bestimmung von Profilen der unsymmetrischen Leistungsanteile bspw. für Netzplaner entwickelt werden. Nachfolgend ist ein mögliches Beispiel dargestellt.

6.4 Beispiel

Als Beispiel diene das in Abschnitt 4.2.1 beschriebene Stadtrandnetz unter Berücksichtigung von

a) Nur Haushaltslasten
b) Haushaltslasten mit EVs (100 % EV-Durchdringung, maximaler Ladestrom $I_{EV\ max} = 16$ A)
c) Haushaltslasten mit PVs (75 % PV-Durchdringung)
d) Haushaltslasten mit EVs (100 % EV-Durchdringung, $I_{EV\ max} = 16$ A)
    und PVs (75 % PV-Durchdringung)

Mit den oben aufgeführten Zusammenhängen und Annahmen wird der Verlauf des unsymmetrischen Leistungsanteils abgeschätzt. Dabei werden für S_{un2} die Werte zur Abschätzung des 95 %-Quantils und für α des 5 %-Quantils gewählt. Die auf den Maximalwert bezogenen Verläufe von S_{un2} entsprechen für die PV-Anlagen den in Bild 4-15 und für die EVs den in Anhang Bild A.2-13 (für $n_{EV} = 100$, 1-phasiges Laden 16 A) dargestellten Verläufen. Für die Haushalte wurde das standardisierte Lastprofil „H0 Winter Werktag" [115] gewählt und der Maximalwert zu 1 gesetzt. Aus den gegebenen 15-Minutenmittelwerten wurde zunächst ein Profil für 1-Minutenmittelwerte durch Linearisierung zwischen den einzelnen gegebenen 15-Minutenwerten erstellt und anschließend ein Verlauf für 10-Minutenmittelwerte gebildet.

Bild 6-4 stellt die resultierenden Verläufe der 10-Minutenmittelwerte des Niederspannungsäquivalentes den Simulationsergebnissen des simulierten Stadtrandnetzes für S_{un2} gegenüber. Dabei ist für die Simulationsergebnisse über die durchgeführten 1000 Simulationsdurchläufe je Zeitschritt das 95 %-Quantil dargestellt. Ebenfalls ist für das Beispiel „nur Haushalte" (Bild 6-4 a) der Verlauf des Referenzsimulationsdurchlaufs (siehe Abschnitt 5.2.1) dargestellt.

Es ist ersichtlich, dass die nachgebildeten Verläufe des Niederspannungsäquivalents sehr gut mit den Simulationsergebnissen übereinstimmen. Die relativ hohen Abweichungen um ca. 19:00 Uhr sind auf das Simulationskonzept zurückzuführen, da bei wechselnder Durchdringung von EVs und PV-Anlagen die Profile der einzelnen Haushalte stets die gleichen waren, welche in Kombination ein lokales Minimum der unsymmetrischen Leistung gegen 19 Uhr aufweisen (siehe Bild 6-4 a)).

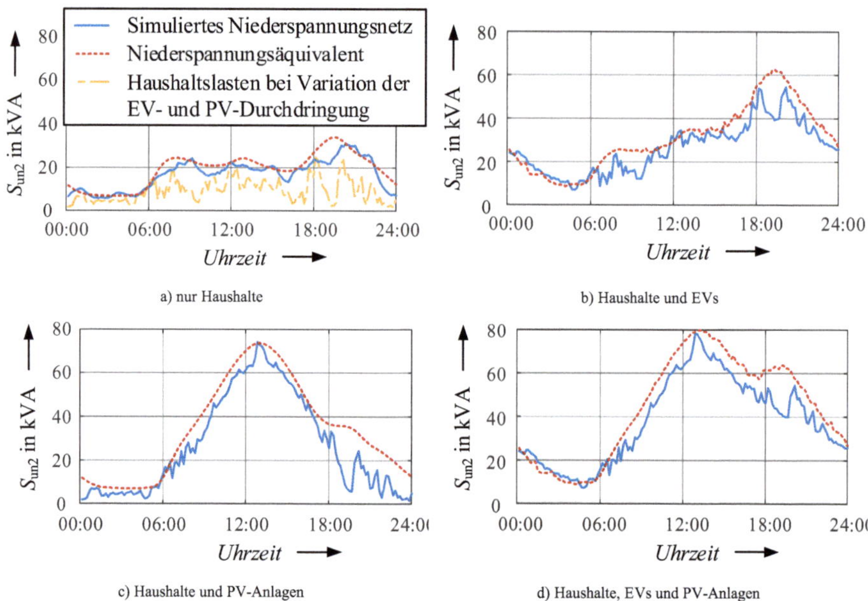

a) nur Haushalte

b) Haushalte und EVs

c) Haushalte und PV-Anlagen

d) Haushalte, EVs und PV-Anlagen

Bild 6-4:   Vergleich des unsymmetrischen Leistungsanteils zwischen simulierten Niederspannungsnetzen verschiedener EV- und PV-Durchdringung mit dem vorgestellten Niederspannungsäquivalent

Anhand der aufgeführten Beispiele ist ersichtlich, dass das beschriebene Niederspannungsäquivalent zur Bestimmung von S_{un2} und S_{un0} für die Kombination aus Haushalten, EVs und PV-Anlagen sehr gute Ergebnisse liefert. Somit kann es als Grundlage zur Abschätzung der Rückleiterbelastung im Niederspannungsnetz sowie der (Spannungs-)Unsymmetrie im Mittelspannungsnetz dienen. Es ist zu erwarten, dass für andere Kombinationen an GKs vergleichbare Ergebnisse zwischen Abschätzung und Simulation erreicht werden können, soweit die entsprechenden Eingangsparamater in Form des auf den Maximalwert bezogenen Last- bzw. Einspeiseprofils, des Summationsexponenten und des maximalen unsymmetrischen Leistungsanteils je GK bekannt sind.

7 Zusammenfassung, Schlussfolgerungen und Ausblick

Gemäß der in dieser Arbeit genutzten Definition bezeichnet die Unsymmetrie in elektrischen Drehstromnetzen das Verhältnis der Gegen- bzw. Nullsystemkomponente zur Mitsystemkomponente der Spannung bzw. des Stromes. Infolge der Kombination aus Erzeugungs- und Abnehmeranlagen in elektrischen Drehstromnetzen sowie der Phasendrehung des Stromes durch kapazitive bzw. induktive Blindströme kann die Mitsystemkomponente des Stromes sehr kleine Werte annehmen und somit zu einer Fehlinterpretation der Stromunsymmetrie führen. Aus diesem Grund wurde in dieser Arbeit ein unsymmetrischer Leistungsanteil, welcher direkt proportional zur Spannungsunsymmetrie ist, genutzt. Die Spannungsunsymmetrie ist von einer Vielzahl an Einflussfaktoren abhängig. Dabei ist die Kurzschlussleistung am betrachteten Verknüpfungspunkt näherungsweise umgekehrt proportional und der unsymmetrische Leistungsanteil der Kundenanlagen direkt proportional zur Spannungsunsymmetrie.

Der Gegenstand der Betrachtungen dieser Arbeit ist das öffentliche Niederspannungsnetz. Aus Voruntersuchungen ging hervor, dass Kurzschlussleistung und der unsymmetrische Leistungsanteil die maßgeblichen Einflussgrößen auf die Spannungsunsymmetrie im Niederspannungsnetz sind. Der unsymmetrische Leistungsanteil ist dabei von der Betriebsweise der Kundenanlagen und die Kurzschlussleistung von den eingesetzten Betriebsmitteln abhängig. Um verschiedene Charakteristiken von Kundenanlagen abzubilden wurden Erzeugungs- und Abnehmeranlagen sowie Kundenanlagen mit sehr hoher und Kundenanlagen mit geringerer Gleichzeitigkeit (PV-Anlagen und EVs) betrachtet. Um der Vielzahl an Niederspannungsnetzkonfigurationen sowie dem geplanten Einsatz von Kundenanlagen gerecht zu werden wurde der Einfluss der unsymmetrisch betriebenen Kundenanlagen anhand von zwei Szenarien: dezentrales und zentrales Laden untersucht, wobei das dezentrale Laden für zwei unterschiedliche Netztopologien untersucht wurde. Die wesentlichen Ergebnisse der Arbeit werden im Folgenden zusammengefasst.

Ergebnisse der durchgeführten Untersuchungen

Vorbetrachtungen

Die Untersuchung verschiedener Anschlussvarianten für 1-phasige gleichzeitig betriebene Kundenanlagen ergab, dass der zur Abschätzung der Gesamtemission genutzte Summationsexponent in Abhängigkeit der Anschlussvariante und der Anzahl an gleichzeitig betriebener Kundenanlagen über einen vereinfachten formalen Zusammenhang abgeschätzt werden kann. Die Abschätzung dient als Grundlage weiterer Untersuchungen und Modelle.

Für Haushaltslasten, EVs und PV-Anlagen wurden probabilistische Modelle zur Beschreibung des unsymmetrischen Lastverhaltens entwickelt, wobei sowohl das elektrische Verhalten als auch die nicht elektrischen Eigenschaften berücksichtigt wurden. Unter Nutzung der entwickelten Modelle wurden unsymmetrische Lastflusssimulationen für verschiedene Simulationsnetze und variabler Durchdringung von EVs und PV-Anlagen durchgeführt. Es wurde der Einfluss auf die Spannungsunsymmetrie, den unsymmetrischen Leistungsanteil, die Spannungsdifferenz zwischen höchster und niedrigster Spannung im Netz und die Leitungsverluste untersucht. Die Betriebsmittel und die Belastung derselbigen wurden so gewählt, dass es zu keiner Überlastung von Leitungen und Transformatoren kam. Die Simulationsergebnisse zeigen, dass zusätzliche unsymmetrisch betriebene Kundenlagen im Niederspannungsnetz wie EVs und PV-Anlagen im Allgemeinen zu einer Erhöhung aller untersuchten Kenngrößen führt.

Simulationen

Für **zentrales Laden** wurde für verschiedene Anschlussvarianten die maximale Leitungslänge bestimmt, bis zu der es keine Verletzung der Planungspegel bzw. zulässigen Gesamtstöreinträge kam. Je nach gewähltem zulässigem Pegel war die Spannungsdifferenz oder die Spannungsunsymmetrie die begrenzende Kenngröße. Eine zyklische Vertauschung der Außenleiterbelegung der Ladepunkte erlaubt die längsten Leitungslängen und ist als erste Maßnahme zur Begrenzung der Spannungsdifferenz zwischen höchster und niedrigster Spannung im Netz sowie der Spannungsunsymmetrie zu empfehlen.

Da die Spannungsunsymmetrie in deutschen Mittelspannungsnetzen noch deutlich unterhalb des Planungspegels liegt, wurde der Verträglichkeitspegel von 2 % bei **dezentralem Laden** im simulierten Stadtrandnetz und ländlichen Kabelnetz nicht und im ländlichen Freileitungsnetz der Wert von 3 % nur in wenigen Fällen überschritten. Im Zuge einer Zunahme unsymmetrisch betriebener Kundenanlagen mit langer

Betriebsdauer und hohen Betriebsströmen ist mit einer Zunahme der Spannungsunsymmetrie im Mittelspannungsnetz zu rechnen. Um den Verträglichkeitspegel nicht zu überschreiten ist daher eine konsequente Anwendung und Bewertung anhand des zulässigen Gesamtstöreintrags zu empfehlen.

Aufgrund des hohen Gleichzeitigkeitsfaktors und der i. A. längeren Betriebsdauer haben PV-Anlagen gegenüber EVs bei zufälliger Außenleiterzuordnung einen stärkeren Einfluss auf die betrachten Kenngrößen. Jedoch zeigen die Untersuchungen möglicher Maßnahmen zur Reduzierung des Einflusses auf die Kenngrößen, dass eine symmetrische zyklische Aufteilung der PV-Anlagenleistung auf die Außenleiter zu einem sehr geringen Einfluss der PV-Anlagen auf die untersuchten Kenngrößen führt. Bei der Umsetzung anderer Maßnahmen wie z. B. der Wahl des Außenleiters zu Beginn des Ladevorgangs von EVs ist zu berücksichtigen, dass dadurch einzelne Kenngrößen z. B. Spannungsunsymmetrie reduziert werden, anderer jedoch z. B. Spannungsdifferenz gleichzeitig erhöht werden können. Daher ist vor der Implementierung möglicher Maßnahmen abzuschätzen welche Kenngrößen ebenfalls (negativ) beeinflusst werden.

Sowohl für zentrales Laden als auch dezentrales Laden wurden Handlungsempfehlungen für Planung und Betrieb formuliert. Die Ergebnisse der Netzsimulationen zeigen, dass Spannungsunsymmetrie und der unsymmetrische Betrieb von Kundenanlagen in der Netzplanung in Zukunft stärker zu berücksichtigen ist, da sie einen deutlichen Einfluss auf die betrachteten Kenngrößen haben. Zudem ist die Spannungsunsymmetrie u. U. das begrenzende Kriterium und nicht die Spannungsdifferenz oder die Betriebsmittelbelastung.

Niederspannungsäquivalent für unsymmetrische Leistungsanteile

Die Unsymmetrie, hervorgerufen durch Kundenanlagen, kann über unsymmetrische Leistungsanteile beschrieben werden. Zur Abschätzung des Anteils der Grundschwingung, welcher zu einer Belastung des Rückleiters bzw. des Transformatorsternpunktes führt bzw. der zu einer Gegensystemspannungsunsymmetrie führt, die in das übergeordnete Netz übertragen wird, wurde ein Niederspannungsäquivalent entwickelt. Dafür wurden die in der Vorbetrachtung herausgearbeiteten Zusammenhänge des Summationsexponenten genutzt. Das Modell wurde anhand des Einflusses von Haushaltslasten, EVs und PV-Anlagen verifiziert und kann als Werkzeug zur Planung von Niederspannungsnetzen als auch für Berechnungen der Unsymmetrie in Mittelspannungsnetzen genutzt werden.

Weiterführende Arbeiten

In Hinblick auf eine Zunahme der Sektorenkopplung ist mit einer Zunahme weiterer unsymmetrisch betriebener Kundenlagen hoher Leistung und Betriebsdauern wie bspw. Haushaltswärmepumpen, PV-Batteriespeichern und µBHKW-Anlagen zu rechnen [133]. Die gezeigten Maßnahmen zur Erhöhung der Aufnahmekapazität der Niederspannungsnetze für EVs und PV-Anlagen können für diese Kundenanlagen übernommen werden. Der Einfluss dieser Kundenanlagen auf die in dieser Arbeit berücksichtigten Kenngrößen kann entsprechend dem beschriebenen Vorgehen bestimmt werden. Dafür sind jedoch, ebenso wie für das vorgestellte Niederspannungsäquivalent, geeignete Modelle zu entwickeln.

Die dargestellten Zusammenhänge hinsichtlich des Summationsexponenten können als Grundlage für Planungs- und Koordinierungsaufgaben genutzt werden. Sie sind jedoch entsprechend anzupassen und zu erweitern.

In weiterführenden Arbeiten ist neben der Betrachtung der Unsymmetrie der Grundschwingung ebenfalls die Unsymmetrie der Strom- und Spannungsharmonischen zu berücksichtigen. Dadurch sind genauere Analysen und Voraussagen zur Belastung von Betriebsmitteln sowie der Übertragung von Strom- und Spannungsharmonischen zwischen Spannungsebenen möglich.

Ein weiterer, bislang wenig betrachteter, Forschungsgegenstand sind Untersuchungen zum 3-Sekunden-Mittelwert der Spannungsunsymmetrie mit dem Kurzzeiteffekte nachgebildet bzw. bewertet werden können. Empfehlungen für den Verträglichkeitspegel werden in [40] ausgewiesen. Für eine Bewertung und Diskussion sind neben der Entwicklung geeigneter Simulationsmodelle entsprechende Feldmessungen durchzuführen.

Um den Aufwand an Netzsimulationen zu reduzieren ist zu untersuchen, inwieweit die Spannungsunsymmetrie in Niederspannungsnetzen anhand von bekannten Randbedingungen wie z. B. Netztopologie und unsymmetrisch betriebener Kundenanlagen abgeschätzt werden kann.

In Hinblick auf Netzmessungen ist zum einen ein verbessertes Verfahren zur Bestimmung des Verknüpfungspunktes an dem der höchste Wert $q^{(0,95)}(k_{u2})$ auftritt und zum anderen ein messtechnischer Nachweis zur Bewertung des realen Einflusses einer Kundenanlage auf die Spannungsunsymmetrie zu entwickeln.

Literaturverzeichnis

[1]   F. Ausfelder *et al.*, *» Sektorkopplung « – Untersuchungen und Überlegungen zur Entwicklung eines integrierten Energiesystems*. München: Deutsche Akademie der Naturforscher Leopoldina e. V., 2017.

[2]   Bundesregierung Deutschland, "Regierungsprogramm Elektromobilität," Berlin, Mai 2011.

[3]   Bundesfinanzministerium (BMF), "Gesetz zur weiteren steuerlichen Förderung der Elektromobilität und zur Änderung weiterer steuerlicher Vorschriften," 2019.

[4]   V. Quaschning, "Sektorkopplung durch die Energiewende - Anforderungen an den Ausbau erneuerbarer Energien zum Erreichen der Pariser Klimaschutzziele unter Berücksichtigung der Sektorkopplung," 2016, [Online]. Available: https://www.volker-quaschning.de/publis/studien/sektorkopplung/Sektorkopplungsstudie.pdf.

[5]   T. Stetz *et al.*, "Stochastic Analysis of Smart-Meter Measurement Data," in *VDE-Kongress 2012*, 2012.

[6]   A. Palkhouskaya, "Gleichzeitigkeit von Ladevorgängen bei zukünftigen Durchdringungen von Elektrofahrzeugen und hohen Ladeleistungen," TU Wien, 2017.

[7]   D. Heinz, "Erstellung und Auswertung repräsentativer Mobilitäts- und Ladeprofile für Elektrofahrzeuge in Deutschland," Karlsruher Institut für Technologie, 2018.

[8]   J. Scheffler, "Bestimmung der maximal zulässigen Netzanschlussleistung photovoltaischer Energiewandlungsanlagen in Wohnsiedlungsgebieten," Technische Universität Chemnitz, 2002.

[9]   G. Kerber, "Aufnahmefähigkeit von Niederspannungsverteilnetzen für die Einspeisung aus Photovoltaikkleinanlagen," Technische Universität München, 2011.

[10]   A. Probst, "Auswirkungen von Elektromobilität auf Energieversorgungsnetze analysiert auf Basis probabilistischer Netzplanung," Universität Stuttgart, 2014.

[11]   P. R. R. Nobis, "Entwicklung und Anwendung eines Modells zur Analyse der Netzstabilität in Wohngebieten mit Elektrofahrzeugen, Hausspeichersystemen und PV-Anlagen," Technische Universität München, 2016.

[12]   L. Liu, "Einfluss der privaten Elektrofahrzeuge auf Mittel- und Niederspannungsnetze," Technische Universität Darmstadt, 2018.

[13]   D. Burnier De Castro, R. Rezania, and M. Litzlbauer, "V2G-Strategies : Auswirkung verschiedener Elektromobilitätsszenarien auf die Spannungsqualität von Niederspannungsnetzen unter Betrachtung der Phasenunsymmetrie," in *12. Symposium Energieinnovation*, 2012.

[14]   FGH e.V., "Metastudie Forschungsüberblick Netzintegration Elektromobilität," Aachen, 2018.

[15]   Technische Universität Dresden - IEEH, "Auswirkungen einer zunehmenden Durchdringung von Elektrofahrzeugen auf die Elektroenergiequalität in öffentlichen Niederspannungsnetzen (ElmoNetQ) - Abschlussbericht," 2017.

[16]   F. Möller, S. Müller, and J. Meyer, "Impact of Electric Vehicles on Power Quality in Central Charging Infrastructures," *1st E-Mobility Power Syst. Integr. Symp.*, 2017.

[17]   F. Möller, S. Müller, J. Meyer, P. Schegner, C. Wald, and S. Isensee, "Impact of Electric Vehicle Charging on Unbalance and Harmonic Distortion – Field Study in an urban residential Area," in *23rd International Conference on Electricity Distribution (CIRED)*, 2015.

[18]   F. Möller, J. Meyer, and M. Radauer, "Impact of a High Penetration of Electric Vehicles and Photovoltaic Inverters on Power Quality in an Urban Residential Grid Part I – Unbalance," in *International Conference on Renewable Energies and Power Quality (ICREPQ'16)*, 2016.

[19]   J. Meyer, S. Hähle, P. Schegner, and C. Wald, "Impact of electrical car charging on unbalance in public low voltage grids," in *11th International Conference on Electrical Power Quality and Utilisation*, 2011.

[20]   D. Schwanz, F. Möller, S. K. Ronnberg, J. Meyer, and M. H. J. Bollen, "Stochastic Assessment of Voltage Unbalance Due to Single-Phase-Connected Solar Power," *IEEE Trans. Power Deliv.*, vol. 32, no. 2, 2017.

[21]   A. Lucas, "Single-Phase PV Power Injection Limit due to Voltage Unbalances Applied to applied sciences Single-Phase PV Power Injection Limit due to Voltage Unbalances Applied to an Urban Reference Network Using Real-Time Simulation," *Appl. Sci.*, no. 8, p. 1333, 2018.

[22]   T. K. Paul and H. Aisu, "Management of quick charging of electric vehicles using power from grid and storage batteries," in *2012 IEEE International Electric Vehicle Conference*, 2012.

[23]   A. F. Raab *et al.*, "Virtual Power Plant Control concepts with Electric Vehicles," in *2011 16th International Conference on Intelligent System Applications to Power Systems*, 2011, pp. 1–6.

[24]   W. M. Blewitt, D. J. Atkinson, J. Kelly, and R. A. Lakin, "Approach to low-cost prevention of DC injection in transformerless grid connected inverters," *IET Power Electron.*, vol. 3, no. 1, pp. 111–119, 2010.

[25]   R. Gonzalez, E. Gubia, J. Lopez, and L. Marroyo, "Transformerless Single-Phase Multilevel-Based Photovoltaic Inverter," *IEEE Trans. Ind. Electron.*, vol. 55, no. 7, pp. 2694–2702, 2008.

[26]   J. Meyer, S. Müller, S. Ungethüm, X. Xiao, A. Collin, and S. Djokic, "Harmonic and supraharmonic emission of on-board electric vehicle chargers," in *2016 IEEE PES Transmission Distribution Conference and Exposition-Latin America (PES T D-LA)*, 2016.

[27]   S. Müller, F. Möller, M. Klatt, J. Meyer, and P. Schegner, "Impact of Large-Scale Integration of E-Mobility and Photovoltaics on Power Quality in Low Voltage Networks," in *International ETG Congress 2017*, 2017.

[28]   J. D. Watson and N. R. Watson, "Impact of electric vehicle chargers on harmonic levels in New Zealand," in *2017 IEEE Innovative Smart Grid Technologies - Asia (ISGT-Asia)*, 2017.

[29]   R. Langella, A. Testa, J. Meyer, F. Möller, R. Stiegler, and S. Z. Djokic, "Experimental-Based Evaluation of PV Inverter Harmonic and Interharmonic Distortion Due to Different Operating Conditions," *IEEE Trans. Instrum. Meas.*, vol. 65, no. 10, 2016.

[30]   V. Ravindran, S. K. Rönnberg, and M. H. J. Bollen, "Interharmonics in PV systems: a review of analysis and estimation methods; considerations for selection of an apt method," *IET Renew. Power Gener.*, vol. 13, no. 12, pp. 2023–2032, 2019.

[31]   M. Klatt, J. Meyer, P. Schegner, and C. Lakenbrink, "Characterization of supraharmonic emission caused by small photovoltaic inverters," in *Mediterranean Conference on Power Generation, Transmission, Distribution and Energy Conversion (MedPower 2016)*, Nov. 2016.

[32]   J. Meyer, "Bedeutung der Strom- und Spannungsqualität in modernen Elektroenergieversorgungsnetzen," Technische Universität Dresden, 2018.

[33]   International Electrotechnical Commission (IEC 60050): (2015) Electropedia, "The World's Online Electrotechnical Vocabulary - International Electrotechnical Vocabulary (IEV)." [Online]. Available: www.electropedia.org.

[34]   DIN EN 61000-2-2 VDE 0839-2-2:2020-05, "Elektromagnetische Verträglichkeit (EMV) Teil 2-2: Umgebungsbedingungen – Verträglichkeitspegel für niederfrequente leitungsgeführte Störgrößen und Signalübertragung in öffentlichen Niederspannungsnetzen." .

[35]   VDE-AR-N 4100 Anwendungsregel:2019-04, "Technische Regeln für den Anschluss von Kundenanlagen an das Niederspannungsnetz und deren Betrieb (TAR Niederspannung)." .

[36]   DIN EN 50160:2020-11, "Merkmale der Spannung in öffentlichen Elektrizitätsversorgungsnetzen; Deutsche Fassung EN 50160:2010 + Cor.:2010 + A1:2015 + A2:2019 + A3:2019." 2020.

[37]   J. Meyer, A. Blanco, M. Domagk, and P. Schegner, "Assessment of Prevailing Harmonic Current Emission in Public Low-Voltage Networks," *IEEE Trans. Power Deliv.*, vol. 32, no. 2, pp. 962–970, Apr. 2017.

[38]   VSE, OE, VDE FNN, and CSRES, *Technische Regeln zur Beurteilung von Netzrückwirkungen - Teil B: Anforderungen und Beurteilung - Abschnitt I: Niederspannung*, 3. Ausgabe. 2021.

[39]   IEC TR 61000-3-13:2008, "Electromagnetic compatibility (EMC) - Part 3-13: Limits - Assessment of emission limits for the connection of unbalanced installations to MV, HV and EHV power systems.".

[40]   IEC TR 61000-3-14:2011, "Electromagnetic compatibility (EMC) - Part 3-14: Assessment of emission limits for harmonics, interharmonics, voltage fluctuations and unbalance for the connection of disturbing installations to LV power systems.".

[41]   F. Möller and J. Meyer, "Survey on emission characteristic of the symmetrical components of voltage and current in LV grids," in *Proceedings of International Conference on Harmonics and Quality of Power, ICHQP*, 2018.

[42]   E. Gasch, J. Meyer, P. Schegner, and K. Schmidt, "Efficient power quality analysis of big data (Case study for a distribution network operator)," in *23rd International Conference on Electricity Distribution (CIRED)*, 2015.

[43]   DIN VDE 0276-1000 VDE 0276-1000:1995-06, "Starkstromkabel Strombelastbarkeit, Allgemeines; Umrechnungsfaktoren.".

[44]   E DIN VDE 0276-603 VDE 0276-603:2018-04, "Verteilerkabel mit Nennspannung 0,6/1kV.".

[45]   Sächsich-Bayrische Starkstrom-Gerätebau GmbH, "RONT Der regelbare Ortsnetztransformator mit GRIDCON ® iTAP ®." 2014.

[46]   Avacon Netz GmbH, "Regelbarer Ortsnetztransformator (RONT)." https://www.avacon-netz.de/de/avacon-netz/avacon-investiert-in-den-netzausbau/innovative-loesungen-fuer-neue-energie/ront.html (accessed Jun. 03, 2020).

[47]   VDE-AR-N 4105 Anwendungsregel:2018-11, "Erzeugungsanlagen am Niederspannungsnetz Technische Mindestanforderungen für Anschluss und Parallelbetrieb von Erzeugungsanlagen am Niederspannungsnetz.".

[48]   University of Strathclyde, "DC Injection into Low Voltage AC Networks," 2005.

[49]   S. Czapp, K. Dobrzynski, J. Klucznik, and Z. Lubosny, "Low-frequency tripping characteristics of residual current devices," in *2017 IEEE International Conference on Environment and Electrical Engineering and 2017 IEEE Industrial and Commercial Power Systems Europe (EEEIC / I CPS Europe)*, 2017.

[50]   R. Pardatscher, R. Witzmann, G. Wirth, A. Spring, S. Schmidt, and J. Brantl, "Untersuchung zur Asymmetrie der Spannung in Niederspanungsnetzen mit hoher Photovoltaik-Durchdringung," in *28. Symposium Photovoltiasche Solarenergie*, 2013.

[51]   IEEE Power Engineering Society, "IEEE Std 112-2004: IEEE Standard Test Procedure for Polyphase Induction Motors and Generators." 2004, doi: 10.1109/IEEESTD.2004.95394.

[52]   National Electrical Manufacturers Association (NEMA), "NEMA Standard MG 1-1993." 1993.

[53]   P. J. Douglass, I. Trintis, and S. Munk-Nielsen, "Voltage unbalance compensation with smart three-phase loads," *19th Power Syst. Comput. Conf. PSCC 2016*, 2016.

[54]   S. B. Singh, A. K. Singh, and P. Thakur, "Accurate performance assessment of im with approximate current unbalance factor for NEMA definition," in *Proceedings of International Conference on Harmonics and Quality of Power, ICHQP*, 2014, pp. 674–678.

[55]   A. Baggini and A. B. Baggini, *Handbook of power quality*. Chichester: Wiley, 2008.

[56]   A. M. Blanco, J. Meyer, P. Schegner, R. Langella, and A. Testa, "Survey of harmonic current unbalance in public low voltage networks," in *2016 17th International Conference on Harmonics and Quality of Power (ICHQP)*, 2016.

[57]   A. Von Jouanne and B. Banerjee, "Assessment of voltage unbalance," *IEEE Trans. Power Deliv.*, vol. 16, no. 4, pp. 782–790, 2001.

[58]   DIN EN 61000-4-7 VDE 0847-4-7:2009-12, "Elektromagnetische Verträglichkeit (EMV) Teil 4-7: Prüf- und Messverfahren – Allgemeiner Leitfaden für Verfahren und Geräte zur Messung von Oberschwingungen und Zwischenharmonischen in Stromversorgungsnetzen und angeschlossenen Geräten (IEC 61000-4-7:2002." 2009.

[59]   R. Koch, G. Beaulieu, L. Berthet, and M. Halpin, "International survey of unbalance levels in LV MV HV and EHV power systems: CIGRE/CIRED JWG C4. 103 results," in *19th International Conference on Electricity Distribution*, 2007.

[60]   J. M. Crucq and A. Robert, "Statistical approach for harmonics measurements and calculations," in *10th International Conference on Electricity Distribution, 1989. CIRED 1989*, 1989, pp. 91–96 vol.2.

[61]   D. Oeding and B. R. Oswald, *Elektrische Kraftwerke und Netze*, 8. Auflage. Berlin, Heidelberg: Springer Vieweg, 2016.

[62]   The Electricity Council (UK), "Planning Limits for Voltage Unbalance in the United Kingdom," *Engineering Recommendation P29*. London, 1989, [Online]. Available: http://www.nienetworks.co.uk/documents/Security-planning/ER-P29.aspx.

[63]   J. Meyer, F. Möller, S. Perera, and S. Elphick, "General Definition of Unbalanced Power to Calculate and Assess Unbalance of Customer Installations," in *2019 Electric Power Quality and Supply Reliability Conference (PQ) 2019 Symposium on Electrical Engineering and Mechatronics (SEEM)*, 2019.

[64]   M. Domagk, J. Meyer, M. Hoven, K. Malekian, F. Safargholi, and K. Kuech, "Probabilistic comparison of methods for calculating harmonic current emission limits," in *2017 IEEE Manchester PowerTech*, 2017.

[65]   H. Koettnitz and H. Pundt, *Mathematische Grundlagen und Netzparameter*, 2., verb. Leipzig: Dt. Verl. f. Grundstoffindustrie, 1973.

[66]   F. Ollendorff, *Technische Elektrodynamik1 Berechnung magnetischer Felder*. Wien: Springer, 1952.

[67]   G. Winkler, "Der Einfluß der Rückleiter auf die Nullimpedanz der Niederspannungsübertragungsleitungen," Technische Universität Dresden, 1968.

[68]   D. T. Luhnau, "Analytische und messtechnische Bestimmung der elektrischen Parameter eines typischen Niederspannungskabels unter realen Verlegebedingungen," Technische Universität Dresden, 2018.

[69]   K. Koch, "Untersuchungen zur Ausbreitung von Harmonischen im Frequenzbereich 2 - 9 kHz in Niederspannungsnetzen," Technische Universität Dresden, 2011.

[70]   H. Renner, "Voltage unbalance emission assessment," *PQ2010 7th Int. Conf. - 2010 Electr. Power Qual. Supply Reliab. Conf. Proc.*, pp. 43–48, 2010.

[71]   M. Schmidt and P. Schegner, "State Estimation in Three-Phase Unbalanced Low Voltage Grids Using Uncertainty Intervals," in *International ETG-Congress 2019; ETG Symposium*, 2019.

[72]   VDE FNN, "FNN Studie zu Unsymmetrie-Grenzwerten," 2020. https://www.vde.com/de/fnn/arbeitsgebiete/netzbetrieb-sicherheit/netzbetrieb/unsymmetrie-studie (accessed Jun. 03, 2020).

[73]   VDE 0100-100:2009-06, "Errichten von Niederspannungsanlagen Teil 1: Allgemeine Grundsätze, Bestimmungen allgemeiner Merkmale, Begriffe." 2009.

[74]   M. Aigner, "Sicherheit in aktiven Niederspannungsnetzen," Technische Universität Graz, 2015.

[75]   VDE 0100-600:2017-06, "Errichten von Niederspannungsanlagen Teil 6: Prüfungen." 2017.

[76]   IEC TR 60725:2012, "Consideration of reference impedances and public supply network impedances for use in determining the disturbance characteristics of electrical equipment having a rated current =75 A per phase." 2012.

[77]   J. Przibylla, M. L. Golobart, G.-L. di Modica, C. Biedermann, and R. Witzmann, "Determination of Positive- and Zero-Sequence Components of Line Sections in Low-Voltage Networks Using Impedance Measurements," in *26th International Conference on Electricity Distribution (CIRED)*, 2021, no. September, doi: 10.1049/icp.2021.1560.

[78]   Technische Universität Dresden - IEEH, "Bericht 1263/2016: Einfluss unsymetrisch angeschlossener Geräte auf die Spannungsunsymmetrie und Netzverluste im Niederspannungsnetz," 2016.

[79]   "Bibliography on load models for power flow and dynamic performance simulation," *IEEE Trans. Power Syst.*, vol. 10, no. 1, pp. 523–538, Feb. 1995.

[80]   S. Palm, P. Schegner, and T. Schnelle, "Measurement and modeling of voltage and frequency dependences of low-voltage loads," in *2017 IEEE Power Energy Society General Meeting*, 2017.

[81]   S. Martinenas, K. Knezovic, and M. Marinelli, "Management of Power Quality Issues in Low Voltage Networks Using Electric Vehicles: Experimental Validation," *IEEE Trans. Power Deliv.*, vol. 32, no. 2, pp. 971–979, 2017.

[82]   A. Pana, "Active Load Balancing in a Three-Phase Network by Reactive Power Compensation," in *Power Quality Monitoring, Analysis and Enhancement*, IntechOpen, 2011, pp. 219–254.

[83]   G. Müller and B. Ponick, *Grundlagen elektrischer Maschinen, 10., wesentlich überarb. u. erw. Auflage*. Weinheim: Wiley-VCH, 2015.

[84]   T. Schnelle, M. Schmidt, and P. Schegner, "Power converters in distribution grids - new alternatives for grid planning and operation," in *2015 IEEE Eindhoven PowerTech*, 2015.

[85]   Z. Cui, "Simulation und Beurteilung der Spannungsunsymmetrie in Niederspannungsnetzen mit zentraler Ladung von Elektrofahrzeugen," Technische Universität Dresden, 2015.

[86]   I. Afandi, P. Ciufo, A. Agalgaonkar, and S. Perera, "A combined MV and LV network voltage regulation strategy for the reduction of voltage unbalance," in *2016 17th International Conference on Harmonics and Quality of Power (ICHQP)*, 2016, pp. 318–323.

[87]   IEC 61000-4-30:2015, "Electromagnetic compatibility (EMC) - Part 4-30: Testing and measurement techniques - Power quality measurement methods." 2015.

[88]   50Hertz Transmission GmbH, Amprion GmbH, TenneT TSO GmbH, and TransnetBW GmbH, "EEG-Anlagenstammdaten zur Jahresabrechnung 2018." https://www.netztransparenz.de/EEG/Anlagenstammdat (accessed Jun. 19, 2020).

[89]   A. Breitkopf, "KWK-Anlagen - Bestand in Deutschland nach Größenklasse bis 2017." https://de.statista.com/statistik/daten/studie/468203/umfrage/anzahl-der-kwk-anlagen-in-deutschland/ (accessed Jun. 19, 2020).

[90]   Michael Döring, K. Burges, F. Hofmann, A.-K. Wallasch, G. Gerdes, and R. Klosse, "Entwicklung einer Nachrüstungsstrategie für Erzeugungsanlagen am Mittel- und Niederspannungsnetz zum Erhalt der Systemsicherheit bei Über- und Unterfrequenz," 2013.

[91]   Bundesministerium für Umwelt; Bau und Reaktorsicherheit (BMUB), "Klimaschutzplan 2050 – Klimaschutzpolitische Grundsätze und Ziele der Bundesregierung," 2016. [Online]. Available: https://www.bmu.de/fileadmin/Daten_BMU/Download_PDF/Klimaschutz/klimaschutzplan_2050_bf.pdf.

[92]   Bundesministerium für Wirtschaft und Energie, "Zeitreihen zur Entwicklung der erneuerbaren Energien in Deutschland unter Verwendung von Daten der Arbeitsgruppe Erneuerbare Energien-Statistik (AGEE-Stat)," 2020.

[93]   M. Sterner and I. Stadler, *Energiespeicher - Bedarf, Technologien, Integration*, 2., korrig. Berlin, Heidelberg: Springer Vieweg, 2017.

[94] A. Von Oehsen, Y.-M. Saint-Drenan, T. Stetz, and M. Braun, "Vorstudie zur Integration großer Anteile Photovoltaik in die elektrische Energieversorgung Studie im Auftrag des BSW - Bundesverband Solarwirtschaft e.V.," 2012.

[95] M. Lödel, G. Kerber, R. Witzmann, C. Hoffmann, and M. Metzger, "Abschätzung des Photovoltaik-Potentials auf Dachflächen in Deutschland," *11. Symp. Energieinnovation*, 2010.

[96] M. Pourarab, J. Meyer, and R. Stiegler, "Assessment of harmonic contribution of a photovoltaic installation based on field measurements," in *International Conference on Renewable Energies and Power Quality (ICREPQ'17)*, 2017.

[97] M. Klatt, "Höherfrequente Emissionen von einphasigen, pulsweitenmodulierten Photovoltaikwechselrichtern im öffentlichen Niederspannungsnetz," Technische Universität, 2020.

[98] Kraftfahrt-Bundesamt, "Fahrzeugzulassungen (FZ) Neuzulassungen von Kraftfahrzeugen und Kraftfahrzeuganhängern - Monatsergebnisse Januar 2011 bis Dezember 2019."

[99] Automobilwoche, "Anzahl der Neuzulassungen von ausgewählten Elektroautos im Zeitraum von 2011 bis zum 1. Halbjahr 2014 in Deutschland nach Marke/Modellreihe nach Daten des KBA und CAR - Center for Automotive Research," 2014.

[100] DIN EN IEC 61851-1:2019-12;VDE 0122-1:2019-12, "Konduktive Ladesysteme für Elektrofahrzeuge - Teil 1: Allgemeine Anforderungen (IEC 61851-1:2017); Deutsche Fassung EN IEC 61851-1:2019." 2019.

[101] Landeshauptstadt Dresden, "Daten Tanken," 2020. https://www.dresden.de/de/wirtschaft/wirtschaftsst (accessed Jun. 20, 2020).

[102] S. Stüdli, E. Crisostomi, R. Middleton, and R. Shorten, "AIMD-like algorithms for charging electric and plug-in hybrid vehicles," *2012 IEEE Int. Electr. Veh. Conf. IEVC 2012*, 2012, doi: 10.1109/IEVC.2012.6183189.

[103] DIN EN 62196-1:2015-06;VDE 0623-5-1:2015-06, "Stecker, Steckdosen, Fahrzeugkupplungen und Fahrzeugstecker - Konduktives Laden von Elektrofahrzeugen - Teil 1: Allgemeine Anforderungen (IEC 62196-1:2014, modifiziert); Deutsche Fassung EN 62196-1:2014." 2015.

[104] G. Stoeckl, R. Witzmann, and J. Eckstein, "Analyzing the capacity of low voltage grids for electric vehicles," *2011 IEEE Electr. Power Energy Conf. EPEC 2011*, pp. 415–420, 2011, doi: 10.1109/EPEC.2011.6070236.

[105] I. Frenzel, J. Jarass, S. Trommer, and B. Lenz, "Erstnutzer von Elektrofahrzeugen in Deutschland," 2015.

[106] Statistische Ämter des Bundes und der Länder, "Gemeindeverzeichnis-Informationssystem GV-ISys." https://www.destatis.de/DE/Themen/Laender-Regionen (accessed Jun. 20, 2020).

[107] K. Malekian, F. Safargholi, K. Küch, M. Domagk, J. Meyer, and M. Hoven, "Characteristic Parameters and Reference Networks of German Distribution Grid (LV , MV , and HV) for Power System Studies," *Int. ETG Congr. 2017*, pp. 278–283, 2017.

[108] I. N. Bronstein, K. A. Semendjajew, G. Musiol, and H. Mühlig, *Taschenbuch der Mathematik, 7., vollständig überarbeitete und ergänzte Auflage*. Frankfurt am Main: Wissenschaflicher Verlag Harri Deutsch GmbH, 2008.

[109] G. Beaulieu, R. Koch, M. Halpin, and L. Berthet, "Recommended Methods of Determining Power Quality Emission Limits for Installations Connected to EHV, HV, MV and LV Power Systems," in *International Conference on Electricity Distribution (CIRED)*, 2007.

[110] VEÖ, VSE, CSRES, and VDN, *DACHCZ: Technische Regeln zur Beurteilung von Netzrückwirkungen*, 2. Ausgabe. 2007.

[111] F. Möller, "Validierung eines Verfahrens zur Berechnung von Emissionsgrenzwerten für Anlagen mit unsymmetrischem Anschluss an Mittelspannungsnetze," Technische Universität, Institut für Elektrische Energieversorgung und Hochspannungstechnik (IEEH), 2016.

[112] Siemens AG, "Transformatoren," in *Totally Integrated Power by Siemens*, 2005.

[113] G. Herold, *Elektrische Energieversorgung 2 Parameter elektrischer Stromkreise, Leitungen, Transformatoren*, 2., überar. Wilburgstetten: Schlembach, 2008.

[114] DIN EN 60909-0 VDE 0102 Beiblatt 1:2002-11, "Kurzschlussströme in Drehstromnetzen Beispiele für die Berechnung von Kurzschlussströmen (IEC/TR 60909-4:2000)." 2002.

[115] H. Meier, C. Fünfgeld, T. Adam, and B. Schieferdecker, "Repräsentative VDEW-Lastprofile," Frankfurt am Main, 1999.

[116] M. Neaimeh *et al.*, "A probabilistic approach to combining smart meter and electric vehicle charging data to investigate distribution network impacts," *Appl. Energy*, vol. 157, pp. 688–698, 2015, [Online]. Available: http://dx.doi.org/10.1016/j.apenergy.2015.01.144.

[117] J. Dickert and P. Schegner, "Residential load models for network planning purposes," in *Modern Electric Power Systems (MEPS), 2010 Proceedings of the International Symposium*, 2010.

[118] J. Dickert and P. Schegner, "A time series probabilistic synthetic load curve model for residential customers," in *2011 IEEE PES Trondheim PowerTech: The Power of Technology for a Sustainable Society, POWERTECH 2011*, 2011.

[119] J. V. Paatero and P. D. Lund, "A model for generating household electricity load profiles," *Int. J. Energy Res.*, vol. 30, no. 5, pp. 273–290, 2006.

[120] P. Huppertz, L. Kopczynski, R. Zeise, and M. Kizilcay, "Approaching the diversity of unbalanced residential load in low-voltage grids by probabilistic load-flow simulation of cross-sectional data," *2015 IEEE Eindhoven PowerTech, PowerTech 2015*, 2015.

[121] F. Möller and J. Meyer, "Probabilistic household load model for unbalance studies based on measurements," in *10th International Conference - 2016 Electric Power Quality and Supply Reliability, PQ 2016, Proceedings*, 2016.

[122] A. C. Probst, M. Braun, J. Backes, and S. Tenbohlen, "Probabilistic analysis of voltage bands stressed by electric mobility," *IEEE PES Innov. Smart Grid Technol. Conf. Eur.*, pp. 1–8, 2011, doi: 10.1109/ISGTEurope.2011.6162773.

[123] V. Quaschning, *Regenerative EnergiesystemeTechnologie - Berechnung - Simulation ; mit 97 Tabellen und einer DVD*, 5., aktual. München: Hanser.

[124] EnBW Energie Baden-Württemberg AG, "PV-Einspeiseprofil EV0." http://www.enbw.com/content/de/netznutzer/media/pdf/001_REG_Veroeffentlichung/Netznutzung/Lastprofile-Temperatur/IV_EnBW_EV0_Einspeise-Photo.xls (accessed Jun. 13, 2012).

[125] S. Müller, J. Meyer, and P. Schegner, "Characterization of small photovoltaic inverters for harmonic modeling," in *2014 16th International Conference on Harmonics and Quality of Power (ICHQP)*, 2014, pp. 659–663.

[126] A. Varatharajan, S. Schoettke, J. Meyer, and A. Abart, "Harmonic emission of large PV installations case study of a 1 MW solar campus," in *International Conference on Renewable Energies and Power Quality (ICREPQ'14)*, 2014, vol. 1, no. 12.

[127] R. Follmer *et al.*, "Mobilität in Deutschland 2008 Ergebnisbericht Struktur – Aufkommen – Emissionen – Trends," Bonn und Berlin, 2010.

[128] F. Möller, J. Meyer, and P. Schegner, "Load model of electric vehicles chargers for load flow and unbalance studies," in *9th International: 2014 Electric Power Quality and Supply Reliability Conference, (PQ 2014)*, 2014.

[129] D. Heinz, "Anhang E Standardlastprofile für Elektrofahrzeuge," 2018. https://www.iip.kit.edu/3559.php (accessed Apr. 24, 2020).

[130] J. Linke, "Analyse der Ausbreitung und Überlagerung von Harmonischen im Nieder- und Mittelspannungsnetz - Studienarbeit," Technische Universität Dresden, 2020.

[131] M. Lindner *et al.*, "Ergebnisse der FNN-Studie zu neuen Verfahren der statischen Spannungshaltung Effektivität der Spannungshaltungskonzepte," 2018.

[132]   M. Domagk, J. Meyer, and P. Schegner, "Identifikation und Quantifizierung korrelativer Zusammenhänge zwischen elektrischer sowie klimatischer Umgebung und Elektroenergiequalität - Ergebnisbericht zum DFG-Forschungsvorhaben SCHE 571/8-1," 2012.

[133]   Bundesnetzagentur, "Genehmigung des Szenariorahmens 2019-2030," 2018.

[134]   J. Dickert, "Synthese von Zeitreihen elektrischer Lasten basierend auf technischen und sozialen Kennzahlen," Technische Universität Dresden, 2015.

[135]   Bayernwerk Netz GmbH, "Kundenanlagen und Mieterstrommodelle," 2020. https://www.bayernwerk-netz.de/de/energie-anschliessen/stromnetz/kundenanlagen.html (accessed Aug. 12, 2020).

[136]   Bundesanstalt für Verwaltungsdienstleistungen, "Förderprogramme - Ladeinfrastruktur für Elektrofahrzeuge   -   Definitionen." https://www.bav.bund.de/SharedDocs/FAQs/DE/Foerderung_Ladeinfrastruktur/2_Definitione n/01_Was_ist_eine_Ladesaeule.html (accessed Jun. 18, 2019).

[137]   spondeus solar, "Der Maximum Power Point und das MPP-Tracking." https://photovoltaiksolarstrom.com/photovoltaiklexikon/maximum-power-point-mpp-tracking/ (accessed Aug. 11, 2020).

[138]   Klaus Faber AG, "Starkstromkabel NAYY- J / -O nach VDE 0276-603," 2016.

[139]   Nexans Schweiz AG, "Niederspannungsnetzkabel und Mittelspannungskabel," 2006.

[140]   Bundesnetzagentur, "Kraftwerksliste." http://www.bundesnetzagentur.de/DE/Sach (accessed Feb. 19, 2014).

[141]   EEG / KWK-G Informationsplattform der deutschen Übertragungsnetzbetreiber, "EEG-Anlagenstammdaten zum 31.12.2013 Gesamtdeutschland."

[142]   V. Broekmans and L.-M. Krämer, "Kurzstudie - Beitrag von zentralen und dezentralen KWK-Anlagen zur Netzstützung," 2014.

[143]   Deutsche Gesellschaft für Sonnenenergie e.V. and RAL-Gütegemeinschaft Solarenergieanlagen e.V., "energymap.info." http://www.energymap.info (accessed Apr. 21, 2018).

[144]   witthinrich GmbH, "Aldrey-Seile," 2017. http://witthinrich.com/de/AldreySeileAAAC (accessed Aug. 09, 2019).

[145]   P. von der Lippe, "Wie groß muss meine Stichprobe sein, damit sie repräsentativ ist?," *IBES Diskuss. aus dem FB Wirtschaftswissenschaften Univ. Duisburg-Essen*, vol. 191, no. 29, 2011.

[146]   F. Möller, J. Meyer, M. Klatt, C. Lakenbrink, P. Vasile, and R. Holder, "Impact of high Penetration of Battery Electric Vehicles on Power Quality in Central and Distributed Charging Infrastructure," in *International Conference on Electricity Distribution (CIRED)*, 2021.

Anhang

A.1 Definitionen und Begriffsbestimmungen

Anschlusspunkt der Anlage des Netzbenutzers | Übergabestelle (IEV: 614-01-02)

Punkt in einem Elektrizitätsversorgungsnetz, der vertraglich festgelegt und als solcher bezeichnet ist und an dem elektrische Energie zwischen Vertragspartnern ausgetauscht wird.

ANMERKUNG Die Übergabestelle kann von der Grenze zwischen Elektrizitätsversorgungsnetz und der Anlage des Nutzers oder vom Messpunkt abweichen

Ausrüstung, Betriebsmittel (IEV: 151-11-25)

Einzelnes Gerät oder Gesamtheit von Einrichtungen oder Geräten, oder Gesamtheit der wesentlichen Einrichtungen einer Anlage, oder alle zur Ausführung einer bestimmten Aufgabe notwendigen Einrichtungen.

ANMERKUNG Beispiele für Ausrüstungen oder Betriebsmittel sin ein Transformator, die Ausrüstung einer Schaltstation, eine Messeinrichtung

Außenleiter (IEV: 601-03-09)

Bezeichnung von Leitern, Leiterbündeln, Klemmen, Wicklungen oder anderen Elementen eines mehrphasigen Systems, die bei Normalbetrieb unter Spannung stehen können

Betriebsdauer (IEV: 692-06-02)

Dauer des Zeitintervalls, während dem eine Betrachtungseinheit im Betriebszustand ist

Elektroenergiequalität / Spannungsqualität (IEV: 614-01-01)

Eigenschaft von Stromstärke, Spannung und Frequenz an einem gegebenen Punkt in einem Elektrizitätsversorgungssystem, bewertet nach einem Satz von technischen Bezugsparametern

Elektromagnetische Verträglichkeit (EMV) (IEV: 161-01-07)

Fähigkeit einer Einrichtung oder eines Systems, in ihrer/seiner elektromagnetischen Umgebung zufriedenstallend zu funktionieren, ohne in andere Einrichtungen in dieser Umgebung, unzulässige elektromagnetische Störgrößen einzubringen

Erder (IEV: 195-02-01)

Leitfähiges Teil, das in ein bestimmtes leitfähiges Medium, zum Beispiel Beton oder Koks, eingebettet sein kann und in elektrischem Kontakt mit Erde steht

Erderwärmung / Globale Erwärmung

Anstieg der Durchschnittstemperatur der erdnahen Atmosphäre

Erdungsanlage (IEV: 195-02-20)

Gesamtheit der zum Erden eines Netzes, einer Anlage oder eines Betriebsmittels verwendeten elektrischen Verbindungen und Einrichtungen

Erneuerbare Energien (IEV: 617-04-11)

Primärenergie, deren Quelle sich konstant wiederauffüllt und die nicht erschöpft wird
ANMERKUNG Beispiele für erneuerbare Energie sind Windenergie, Sonnenenergie, geothermische Energie, Wasserkraft

EVU-Last nach [44]

Ist eine Betriebsart die durch eine ausgeprägter Größtlast und Belastungsgrad gekennzeichnet ist (24-h-Zyklus). Der Belastungsgrad beträgt bei einer EVU-Last 0,7. Er entspricht dem Quotienten aus der Fläche unter der Lastkurve und der Multiplikation der Größtlast mit 24 h.

Gleichphasigkeit

Diversität des Phasenwinkels der (harmonischen) Ströme zwischen verschiedenen Kundenanlagen

Gleichzeitigkeitsfaktor nach [134]

das Verhältnis, ausgedrückt als Zahlenwert oder Prozentanteil, der Höchstlast einer Gruppe von elektrischen Geräten oder Endabnehmern innerhalb einer spezifizierten Periode zur Summe der individuellen maximalen Leistungen in der gleichen Periode

ANMERKUNG Bei der Verwendung des Begriffs ist die Angabe notwendig, auf welche Systemgröße er sich bezieht

Grundschwingung (IEV: 101-14-49)

Sinusförmiger Term erster Ordnung der Fourier-Reihe einer periodischen Größe

Kundenanlage [135]

Eine Kundenanlage im Sinne des § 3 Nr. 24a oder b EnWG entsteht, wenn über eine kundeneigene Energieanlage Letztverbraucher angeschlossen sind und diese Anlage mit einem Summenzähler vom Netz der allgemeinen Versorgung abgegrenzt ist.

Ladepunkt [136]

Eine Einrichtung, die zum Aufladen von Elektromobilen geeignet und bestimmt ist und an der zur gleichen Zeit nur ein Elektromobil aufgeladen werden kann.

Ladesäule [136]

Eine Ladesäule ist eine Lademöglichkeit für Elektromobile, die aus einem oder mehreren Ladepunkten bestehen kann.

Lastgang / Lastganglinie (IEV: 601-01-17)

Graphische Darstellung der beobachteten oder erwarteten Last in ihrem zeitlichen Ablauf

Lastprofil (IEV: 617-04-05)

Kurvendarstellung der gelieferten elektrischen Leistung als Funktion der Zeit zur Illustration der Lastschwankungen während eines gegebenen Zeitintervalls

Leistungsfaktor (IEV: 131-11-46)

Bei periodischen Bedingungen Verhältnis des Betrags der Wirkleistung P zur Scheinleistung S

ANMERKUNG Bei Sinusvorgängen entspricht der Leistungsfaktor dem Betrag des Wirkfaktors

Maximum Power Point (MPP) [137]

Beschreibt jenen Betriebspunkt, an dem eine Solarzelle, ein Solarmodul oder ein Solargenerator die höchste Leistung abgeben.

Mittelspannung (IEV: 601-01-28)

In Elektrizitätsversorgungssystemen Gesamtheit aller Spannungsebenen zwischen Nieder- und Hochspannung

ANMERKUNG Die Grenze zwischen Mittel- und Hochspannung hängt von örtlichen und historischen Gegebenheiten ab. Im Allgemeinen befindet sich die Grenze zwischen 30 und 100 kV

Neutralleiter (IEV: 141-03-03)

Leiter einer Mehrstrangleitung, der mit dem Sternpunkt einer Mehrstrangkombination verbunden ist

Niederspannung (IEV: 601-01-26)

Gesamtheit der Spannungsebenen, die der Verteilung elektrischer Energie dienen und in einem Bereich liegen, der sich bei Wechselstromnetzen im Allgemeinen bis 1000 V als obere Grenze erstreckt

Oberschwingung (IEV: 103-07-25)

Sinusförmige Komponente der Fourier-Reihe einer periodischen Größe, deren Ordnungszahl eine ganze Zahl größer eins ist

ANMERKUNG Eine Komponente mit der Ordnungszahl n (mit $n > 1$) wird im Allgemeinen als „n-te Harmonische" bezeichnet. Die Bezeichnung der Grundschwing als „erste Harmonische" wird nicht empfohlen

Rückleiter

Leiter, der im fehlerfreien Betrieb den Strom einer 1-phasigen Last zurückleitet.

ANMERKUNG Dieser Leiter ist im Allgemeinen als Neutral- oder PEN-Leiter ausgeführt.

Schaltgruppe (IEV: 421-10-09)

Nach Übereinkunft beziehungsweise für die Schaltung der Oberspannungs-, Zwischenspannungs- (falls vorhanden) und Unterspannungswicklungen und ihrer relative Phasenverschiebung(en), ausgedrückt als Kombination von Buchstaben und Stundenzahl(en)

Schutzleiter (Bezeichnung PE) (IEV: 195-02-09)

Leiter zum Zweck der Sicherheit, zum Beispiel zum Schutz gegen elektrischen Schlag

Stichleitung (IEV: 601-02-09)

Energieübertragungsleitung, die nur an einem Ende gespeist wird

Supraharmonische (höher frequente Emission)

umfassen alle Emissionen im Bereich 2 kHz bis 150 kHz.

Verknüpfungspunkt (PCC) (IEV: 161-07-15)

Punkt in einem Elektrizitätsversorgungsnetz, der elektrisch einem speziellen Verbraucher am nächsten liegt und an den andere Verbraucher angeschlossen sind oder sein können

Zwischenharmonische Spannung (IEV: 614-01-15)

Sinusförmige Spannung mit einer Frequenz ungleich einem ganzzahligen Vielfachen der Grundfrequenz der Spannung

A.2 Tabellen und Abbildungen

Analyse des quantitativen Einflusses verschiedener Betriebsmittel- und Anlagenparameter

Tabelle A.2-1: Charakterisierung des Referenzfalls zur Abschätzung des Einflusses verschiedener Betriebsmittelparameter auf Spannungsdifferenz, Unsymmetrie und Verlustleistung

Betriebsmittel	Charakteristik		
Übergeordnetes Netz	$S_{k\,MS} \to \infty$	$U_{n\,MS} = 20\ kV$	$k_{u2\,MS} = 0$
Transformator	$S_{r\,T} = 400\ kVA$	$u_k = 5\,\%$	Starre Sternpunkterdung Vernachlässigung der Verluste
Leitung	Al 4x150 mm² $\underline{Z}'_{Rü} = \underline{Z}'_L$ $l_L = 500\ m$ $C_b = 0$ $\underline{Z}'_L = (0{,}206 + j \cdot 0{,}08)\ \Omega/km\ [138]$		
Kundenanlage	1-phasiger Anschluss	$I_a = 16\ A$	I-konst
Erdung	Keine zusätzliche Erdung an Anlage		

Die resultierende Leitungsimpedanz für den Referenzfall beträgt

$$\underline{Z}_{120\,sym} = \begin{bmatrix} 0{,}103 + j \cdot 0{,}04 & 0 & 0 \\ 0 & 0{,}103 + j \cdot 0{,}04 & 0 \\ 0 & 0 & 0{,}412 + j \cdot 0{,}16 \end{bmatrix} \Omega \tag{A.2-1}$$

Die in Tabelle A.2-2 bis Tabelle A.2-4 dargestellten Ergebnisse zeigen je Variation die auf den Referenzwert bezogene Abweichung in Prozent. Sie werden wie folgt berechnet

$$\Delta X = \frac{|X_{ref} - X_{var}|}{X_{ref}} \cdot 100 \tag{A.2-2}$$

Tabelle A.2-2: Einfluss verschiedener Kabelparameter auf ausgewählte Kenngrößen (Angaben in %)

Variation	ΔU	k_{u2}	k_{u0}	P_v	S_{un2}	S_{un0}
Kabelquerschnitt						
Al 4x95 mm²	49,3	43,4	48,4	55,3	0,0	0,0
Al 4x240 mm²	34,5	26,7	31,6	39,3	0,0	0,0
Betriebskapazität						
$C_b = 0{,}82\ \mu F/km\ [139]$	0,0	0,0	0,0	0,0	0,0	0,0
$C_b = 1{,}1\ \mu F/km\ [61]$	0,0	0,0	0,0	0,0	0,0	0,0
Kabellänge						
250 m	49,9	45,7	48,8	50	0,0	0,0
1000 m	100,2	93,6	98,4	100	0,0	0,0
Reduzierte Impedanz Rückleiter						
$\underline{Z}_{Rü} = 2/3 \cdot \underline{Z}_L\ [76]$	21,6	0,6	24,8	16,7	0,0	0,0
Unsymmetrische Kabelimpedanz						
$\underline{Z}_{120\,un}$ gemäß (A.2-3)	0,0	2,6	2,6	0,0	0,0	0,0

Für die unsymmetrische Kabelimpedanz werden folgende Werte simuliert

$$\underline{Z}_{120\,un} = \begin{bmatrix} 0{,}103 + j \cdot 0{,}04 & 0 - j \cdot 0{,}00725 & 0 + j \cdot 0{,}0145 \\ 0 - j \cdot 0{,}00725 & 0{,}103 + j \cdot 0{,}04 & 0 + j \cdot 0{,}0145 \\ 0 + j \cdot 0{,}0145 & 0 + j \cdot 0{,}0145 & 0{,}412 + j \cdot 0{,}16 \end{bmatrix} \Omega \tag{A.2-3}$$

Tabelle A.2-3: Einfluss verschiedener Transformatorparameter und der Kurzschlussleistung des übergeordneten Netzes auf ausgewählte Kenngrößen (Angaben in %)

Variation	ΔU	k_{u2}	k_{u0}	P_v	S_{un2}	S_{un0}
Kurzschlussspannung						
$u_k = 4\,\%$ [107]	0,0	2,1	0,4	0,0	0,0	0,0
$u_k = 6\,\%$ [107]	0,0	1,1	0,2	0,0	0,0	0,0
Bemessungsleistung						
$S_{rT} = 250\,\mathrm{kVA}$ [107]	0,0	4,5	0,9	0,0	0,0	0,0
$S_{rT} = 630\,\mathrm{kVA}$ [107]	0,0	3,0	0,6	0,0	0,0	0,0
Sternpunktbehandlung						
Isolierter Sternpunkt	0,0	0,0	0,0	0,0	0,0	0,0
Übergeordnetes Netz						
$S_{k\,MS} = 150\,\mathrm{MVA}$ [107]	0,2	0,5	0,1	0,0	0,0	0,0
$S_{k\,MS} = 50\,\mathrm{MVA}$ [107]	0,4	3,5	0,1	0,0	0,0	0,0

Tabelle A.2-4: Einfluss verschiedener Kundenanlageparameter auf ausgewählte Kenngrößen (Angaben in %)

Variation	ΔU	k_{u2}	k_{u0}	P_v	S_{un2}	S_{un0}
Anschlusstyp						
2 x 1-phasig 16 A	0,9	0,1	0,8	150,0	1,1	1,1
3 x 1-phasig 16 A	100,0	100,0	100,0	150,0	100,0	100,0
1 x 2-phasig 16 A	59,1	74,0	99,9	0,0	73,2	100,0
2 x 2-phasige 16 A	59,5	73,4	99,8	250,0	72,2	100,0
3-phasig 16 A	100,0	100,0	100,0	150,0	100,0	100,0
Außenleiterstrom						
$I_a = 8\,\mathrm{A}$	49,9	50,5	49,7	75,0	50,0	50,0
$I_a = 32\,\mathrm{A}$	100,2	101,3	100,1	300,0	100,0	100,0
Wirkfaktor						
$\cos\varphi = 0{,}85_{ind}$	2,6	1,0	0,3	0,0	0,0	0,0
$\cos\varphi = 0{,}85_{kap}$	20,1	0,6	0,1	0,0	0,0	0,0
Statisches Verhalten						
S-konstant	1,5	1,2	1,4	3,0	1,5	1,5
Z-konstant	1,5	1,6	1,4	3,0	1,4	1,4

Tabelle A.2-5: Parameter zur Beschreibung der Genauigkeit zur Abschätzung ausgewählter Quantile des Summationsexponenten α_{nEV} für $n_{EV} < 60$ für Anschlussvariante „Zufall"

Parameter	Quantil			
	$q^{(0)}(\alpha_{nEV})$	$q^{(0,001)}(\alpha_{nEV})$	$q^{(0,01)}(\alpha_{nEV})$	$q^{(0,05)}(\alpha_{nEV})$
SQR	0	0,01336	0,02749	0,04004
R^2	NaN	0,971	0,938	0,902
$RMSE$	0	0,01651	0,02369	0,02859

Tabelle A.2-6: Parameter zur Beschreibung der Genauigkeit zur Abschätzung ausgewählter Quantile des Summationsexponenten α_{nEV} für $n_{EV} < 60$ für Anschlussvariante „Verteilt"

Parameter	Quantil			
	$q^{(0)}(\alpha_{nEV})$	$q^{(0,001)}(\alpha_{nEV})$	$q^{(0,01)}(\alpha_{nEV})$	$q^{(0,05)}(\alpha_{nEV})$
SQR	0 0,01050 0,05204	0,1195	0,04994	0,02866
R^2	NaN 0,8688 0,9334	0,9551	0,9787	0,9771
$RMSE$	0 0,02562 0,07214	0,05535	0,03674	0,0304

Tabelle A.2-7: Übersicht installierter Erzeugungsanlagen in deutschen Niederspannungsnetzen bis einschließlich 31.12.2013 [90], [140]–[143]

Erzeugungstyp	Anzahl Anlagen (gerundet)	installierte Leistung in MW	Anlagen relativ in %	Leistung relativ in %
Biomasse	3.600	450,3	0,36	2,95
Erdwärme	20	0,2	0,00	0,00
Gas	130	20,4	0,01	0,13
Solarstrom	952.700	14.117,1	94,16	92,56
Wasserkraft	4850	216,5	0,48	1,42
Windkraft	430	17,2	0,04	0,11
KWK-Anlagen	50.250	430,0	4,94	2,82

Tabelle A.2-8: Betriebsmittelparameter der Simulationsnetze

Parameter	zentrales Laden	dezentrales Laden		
		Stadtrandnetz	ländliches Freileitungsnetz	ländliches Kabelnetz
Tranformator				
S_{rT} in kVA	630	630	250	
u_k in %	4	6	4	
Leitung				
Leitungstyp	NAYY 4x150 mm²	NAYY 4x150 mm²	Aldrey Freileitung	NAYY 4x150 mm²
$\underline{Z}'_L$ in Ω/km [138], [110]	$0,206 + j{\cdot}0,08$	$0,206 + j{\cdot}0,08$	$0,358 + j{\cdot}0,252$	$0,206 + j{\cdot}0,08$
$\underline{Z}'_{Rü}$ in Ω/km	$0,206 + j{\cdot}0,08$	$0,137 + j{\cdot}0,053$	$0,358 + j{\cdot}0,252$	$0,206 + j{\cdot}0,08$
$I_{b\,max}$ in A [138], [144]	275	275	320	275
maximale Abgangslänge	variabel	360 m	800 m	
Leitungslänge zwischen Verknüpfungspunkten	variabel	60 m	200 m	
Kurzschlussleistung				
$S_{k\,SS}$	14,62 MVA	10,18 MVA	5,94 MVA	
$S_{kV\,min}$	variabel	1,84 MVA	436 kVA	847 kVA

Tabelle A.2-9: Anzahl der Netze je Gleichphasigkeitsgruppe Unterteilung gemäß [37]

Gleichphasigkeit	Gleichphasigkeitsgrad PR	Anzahl an Netze
Hohe Gleichphasigkeit	$PR \geq 0,95$	51
Mittlere Gleichphasigkeit	$0,95 > PR \geq 0,89$	32
Geringe Gleichphasigkeit	$0,89 > PR \geq 0,8$	24
Keine Gleichphasigkeit	$0,80 > PR$	20

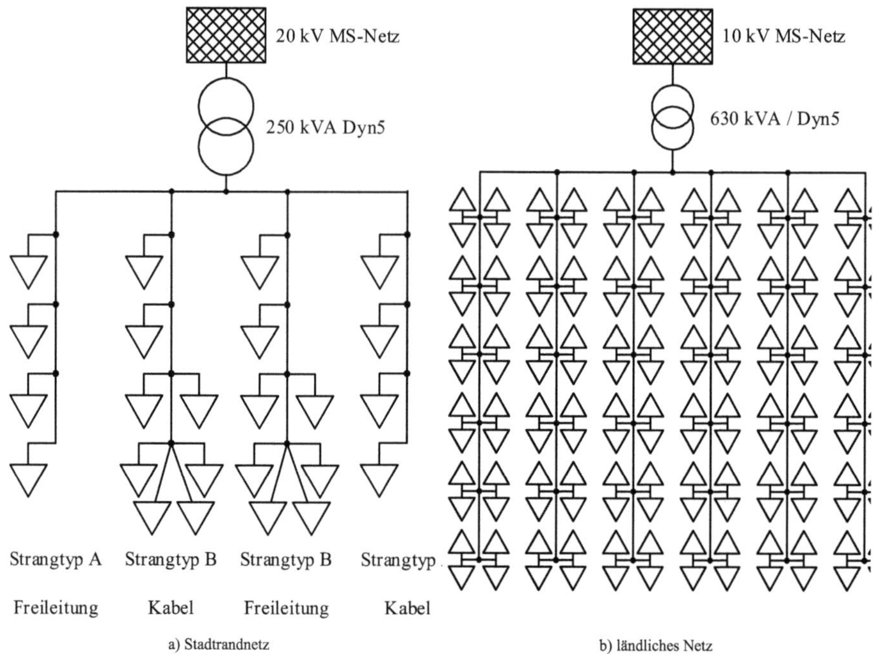

Bild A.2-1:   Schematische Netzpläne der gewählten Simulationsnetze für dezentrales Laden

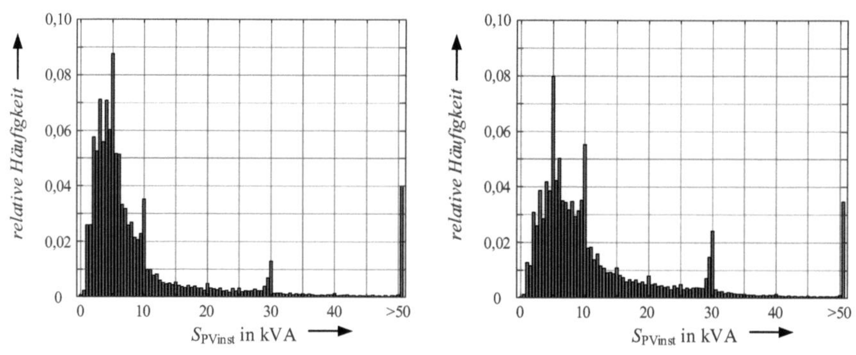

Bild A.2-2:   Histogramm der in Deutschland installierten PV-Anlagenleistung je PV-Anlage für unterschiedliche Verstädterungsgrade mit einer Schrittweite von 0,5 kVA nach [88], [106]

Tabelle A.2-10: Parameter zur Bestimmung der Dauer einer Lastspitze

Uhrzeit	t_{min} in min	t_{max} in min	p_{tmin}
00:00 bis 00:59	5	63	0,080
01:00 bis 01:59	5	30	0,744
02:00 bis 02:59	5	30	0,971
03:00 bis 03:59	5	55	0,245
04:00 bis 04:59	5	40	0,732
05:00 bis 05:59	5	69	0,072
06:00 bis 06:59	5	48	0,105
07:00 bis 07:59	5	53	0,094
08:00 bis 08:59	5	70	0,071
09:00 bis 09:59	5	60	0,335
10:00 bis 10:59	5	65	0,252
11:00 bis 11:59	5	64	0,079
12:00 bis 12:59	5	65	0,077
13:00 bis 13:59	5	70	0,237
14:00 bis 14:59	5	66	0,076
15:00 bis 15:59	5	50	0,379
16:00 bis 16:59	5	52	0,097
17:00 bis 17:59	5	61	0,082
18:00 bis 18:59	5	60	0,335
19:00 bis 19:59	5	78	0,064
20:00 bis 20:59	5	67	0,074
21:00 bis 21:59	5	70	0,071
22:00 bis 22:59	5	35	0,605
23:00 bis 23:59	5	25	0,754

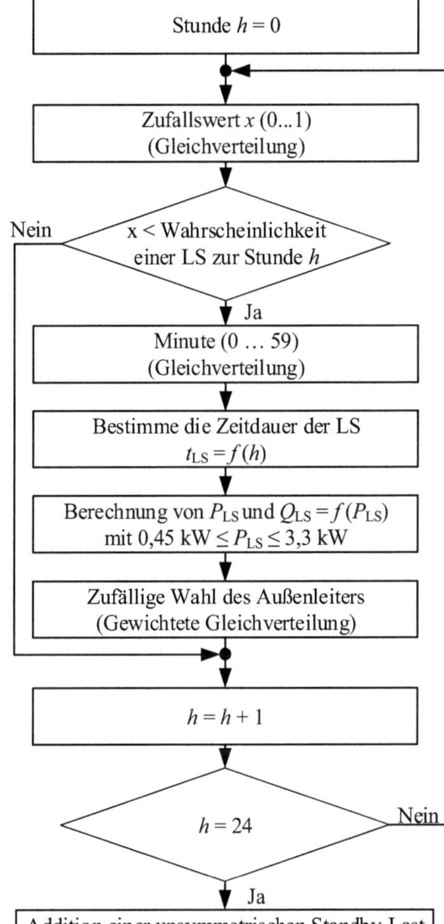

Bild A.2-3: Ablaufdiagramm zur Bestimmung des Tageslastgangs eines Haushaltes nach [121]

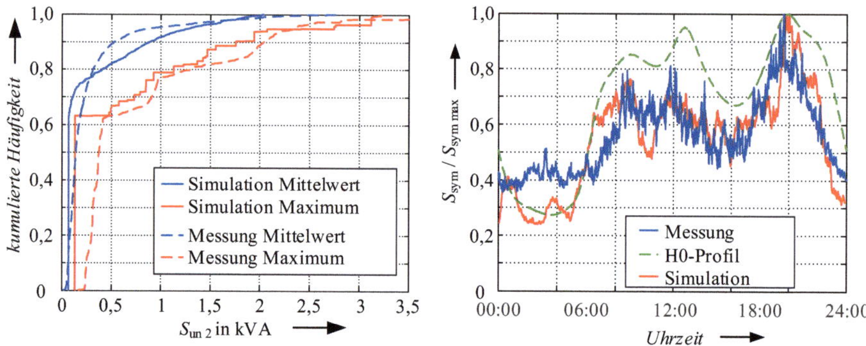

Bild A.2-4: Vergleich der unsymmetrischen Leistung über einen Tag von gemessenen und simulierten Haushalten

Bild A.2-5: Vergleich des bezogenen Tageslastgangs eines gemessenen und simulierten Wohngebiets mit ca. 400 Wohneinheiten

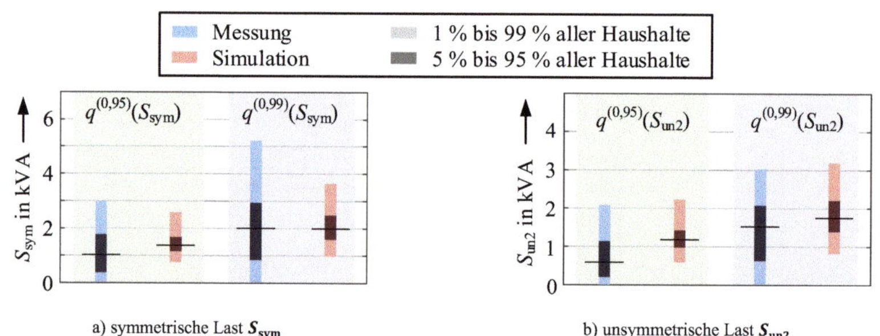

Bild A.2-6: Vergleich der 10-Minutenmittelwerte der symmetrischen und unsymmetrischen Last gemessener und simulierter Haushalte

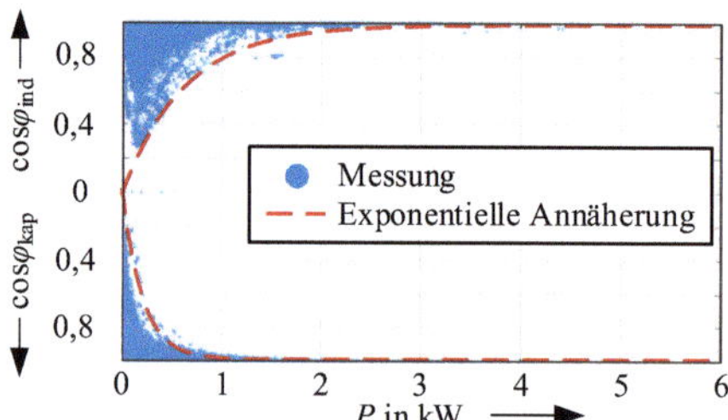

Bild A.2-7: Gemessener und angenäherter Wirkfaktor von Haushalten in Abhängigkeit der Bezugsleistung

Tabelle A.2-11: Quantitative Bewertung des Einflusses verschiedener Parameter auf das EV-Lastprofil anhand gewählter Beispiele für 10.000 EVs die während eines Tages geladen werden

Ladeleistung $P_{EV\,max}$	Energiebedarf E'_{bedarf}	Betrag der Spitzenlast P_{max}/n_{EV} in kW	Zeitpunkt der Spitzenlast
2,3 kW	0,1 kWh/km	0,42	18:50 Uhr
2,3 kW	0,2 kWh/km	0,71	19:30 Uhr
2,3 kW	0,3 kWh/km	0,92	20:20 Uhr
3,7 kW	0,1 kWh/km	0,46	18:40 Uhr
3,7 kW	0,2 kWh/km	0,80	19:10 Uhr
3,7 kW	0,3 kWh/km	1,08	19:30 Uhr
7,4 kW	0,1 kWh/km	0,50	18:20 Uhr
7,4 kW	0,2 kWh/km	0,92	18:40 Uhr
7,4 kW	0,3 kWh/km	1,28	18:40 Uhr

Tabelle A.2-12: Qualitätsreserve bezüglich der Auslastung der Betriebsmittel Stadtrandnetz in % (100 %-Quantil über alle Simulationsdurchläufe)

EV-Durchdringung in %	Transformator						Kabel					
PV-Durchdringung in %	0	10	25	50	75	100	0	10	25	50	75	100
0	76	82	68	45	23	4	65	61	45	23	6	-9
10	72	72		45	23		63	59		23	6	
25	69						52					
50	62	63		46	25		41	42		23	4	
75	55						38					
100	51	52		51	28		36	36		24	4	

Tabelle A.2-13: Qualitätsreserve bezüglich der Auslastung der Betriebsmittel ländliches Netz in % (100 %-Quantil über alle Simulationsdurchläufe)

EV-Durchdringung in %	Transformator						Kabel						Freileitung					
PV-Durchdringung in %	0	10	25	50	75	100	0	10	25	50	75	100	0	10	25	50	75	100
0	65	76	64	36	14	-1	64	77	70	57	51	51	64	81	71	60	56	57
10	73	73		36	14		79	77		57	51		78	78		60	56	
25	68						73						78					
50	62	63		37	14		73	73		57	51		68	68		60	56	
75	47						70						68					
100	44	49		40	16		68	65		57	51		67	60		60	56	

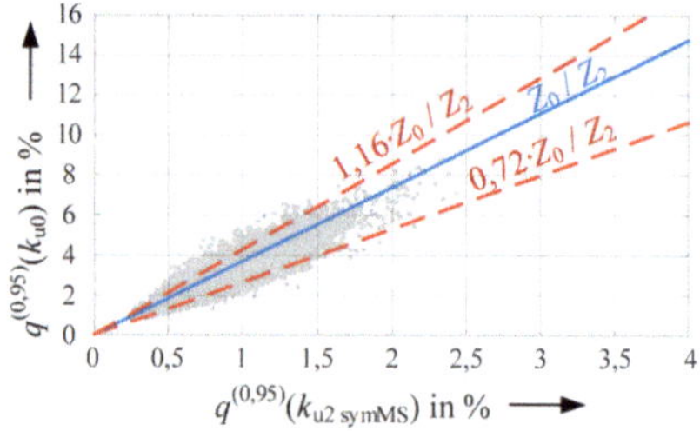

Bild A.2-8: 95 %-Quantile der 10-Minutenmittelwerte der Nullsystemspannungsunsymmetrie in Abhängigkeit der 10-Minutenmittelwerte des Gesamtstöreintrags zur Spannungsunsymmetrie – ländliches Kabelnetz

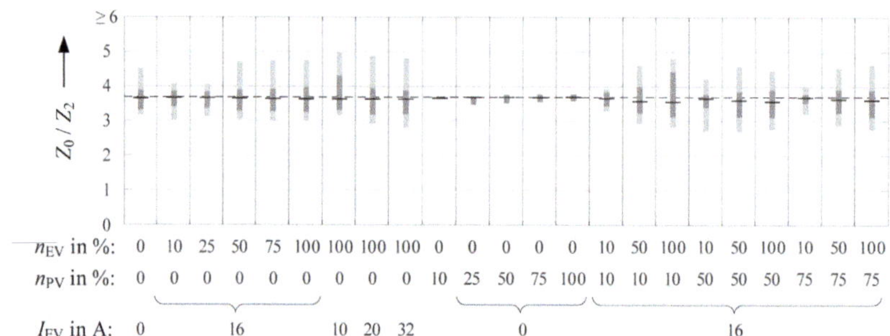

Bild A.2-9: Betrag des Verhältnisses zwischen $\Delta\underline{k}_{u0}$ zu $\Delta\underline{k}_{u2}$ am Ende eines Abgangs für das ländliche Kabelnetz

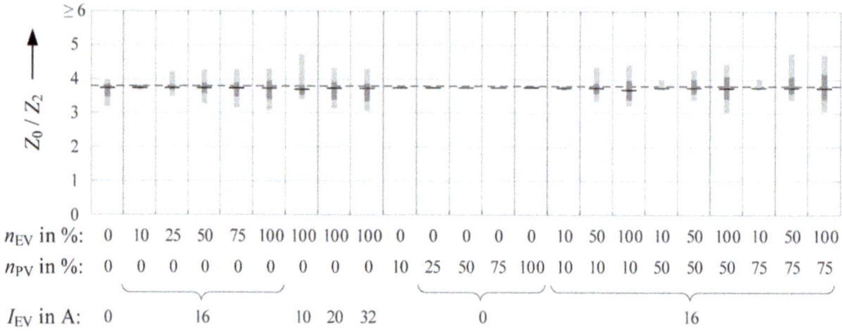

Bild A.2-10: Betrag des Verhältnisses zwischen $\Delta\underline{k}_{u0}$ zu $\Delta\underline{k}_{u2}$ am Ende eines Abgangs für das ländliche Freileitungsnetz

Die geringe Streuung für Simulationsvarianten ohne EVs in Bild A.2-9 und Bild A.2-10 ist auf die geringe Anzahl an Werten zurückzuführen, die das festgelegte Kriterium für eine ausreichend hohe, gleichzeitige Änderung von k_{u0} und k_{u2} erfüllen.

Tabelle A.2-14: Verlustenergie der Außen- und des Rückleiters hervorgerufen durch Leitungsverluste bezogen auf die Verlustenergie bei symmetrischer Belastung des Netzes, 50 %- und 95 %-Quantil für das ländliche Kabelnetz

	EV-Durchdringung	Außenleiter						Rückleiter					
		PV-Durchdringung											
		0 %	10 %	25 %	50 %	75 %	100 %	0 %	10 %	25 %	50 %	75 %	100 %
$q_{0,95}(E'_V)$	0 %	1,27	1,33	1,35	1,35	1,34	1,28	0,89	0,59	0,77	0,85	0,81	0,65
	10 %	1,26	1,33		1,34	1,33		0,86	0,57		0,83	0,80	
	25 %	1,36						0,97					
	50 %	1,45	1,30		1,31	1,29		1,03	0,59		0,73	0,71	
	75 %	1,49						1,08					
	100 %	1,56	1,28		1,27	1,26		1,00	0,54		0,62	0,62	
$q_{0,50}(E'_V)$	0 %	1,10	1,22	1,20	1,16	1,11	1,09	0,71	0,37	0,44	0,42	0,27	0,22
	10 %	1,05	1,22		1,16	1,11		0,68	0,38		0,41	0,27	
	25 %	1,15						0,76					
	50 %	1,23	1,22		1,16	1,11		0,8	0,35		0,37	0,27	
	75 %	1,28						0,81					
	100 %	1,35	1,19		1,15	1,10		0,73	0,32		0,34	0,26	

Tabelle A.2-15 Verlustenergie der Außen- und des Rückleiters hervorgerufen durch Leitungsverluste bezogen auf die Verlustenergie bei symmetrischer Belastung des ländlichen Freileitungsnetzes, 50 %- und 95 %-Quantil

	EV-Durchdringung	Außenleiter						Rückleiter					
		PV-Durchdringung											
		0 %	10 %	25 %	50 %	75 %	100 %	0 %	10 %	25 %	50 %	75 %	100 %
$q_{0,95}(E'_V)$	0 %	1,46	1,33	1,35	1,39	1,34	1,26	0,76	0,71	0,86	0,93	0,73	0,49
	10 %	1,41	1,35		1,38	1,34		0,60	0,72		0,93	0,72	
	25 %	1,45						0,69					
	50 %	1,50	1,38		1,37	1,33		0,77	0,68		0,87	0,72	
	75 %	1,52						0,80					
	100 %	1,53	1,36		1,35	1,31		0,82	0,65		0,78	0,69	
$q_{0,50}(E'_V)$	0 %	1,35	1,32	1,26	1,17	1,11	1,08	0,56	0,46	0,49	0,35	0,23	0,16
	10 %	1,32	1,31		1,18	1,12		0,48	0,47		0,36	0,23	
	25 %	1,35						0,53					
	50 %	1,37	1,30		1,19	1,13		0,58	0,51		0,40	0,26	
	75 %	1,38						0,60					
	100 %	1,38	1,28		1,20	1,14		0,59	0,47		0,41	0,27	

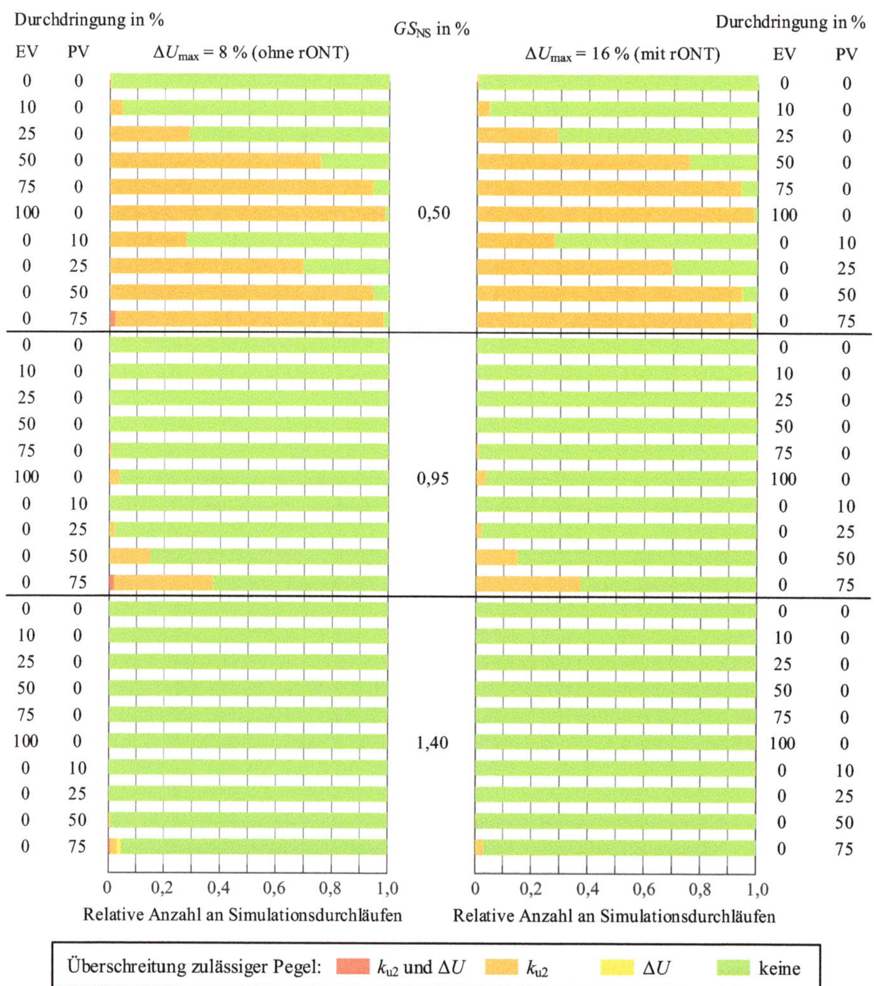

Bild A.2-11:   Übersicht der relativen Anzahl an Überschreitungen von zulässigen Gesamtstöreinträgen für das Stadtrandnetz

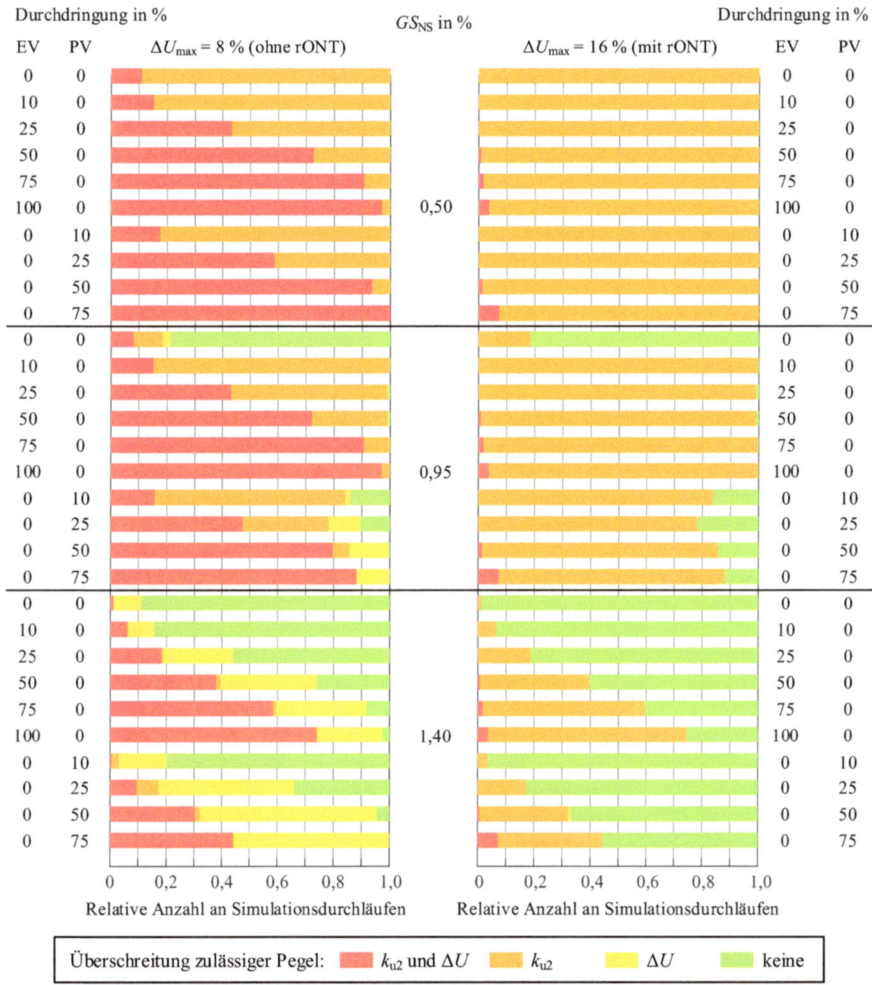

Bild A.2-12: Übersicht der relativen Anzahl an Überschreitungen von zulässigen Gesamtstöreinträgen für das ländliche Freileitungsnetz

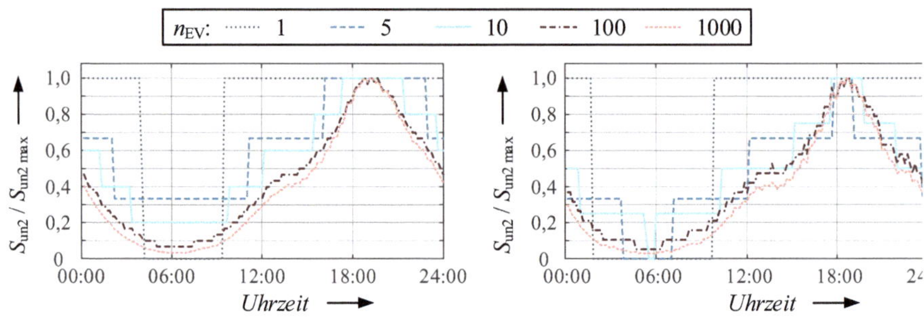

a) 1-phasiges Laden mit 16 A

b) 1-phasiges Laden mit 32 A

Bild A.2-13:   Relative unsymmetrische Leistung in Abhängigkeit der Anzahl an Elektrofahrzeugen im Netz

A.3   Nebenrechnungen

A.3.1   *Berechnung des Phasenwinkels der Gegensystemspannungsunsymmetrie*

Wie in Gleichung (2-14) gezeigt gilt für die Gegensystemspannungsunsymmetrie für die Bezugsspannung $\underline{U}_{\mathrm{aRü}}$ folgender Zusammenhang

$$\underline{k}_{\mathrm{u2\,aRü}} = \frac{\underline{U}_{\mathrm{aRü}} + \underline{a}^2 \cdot \underline{U}_{\mathrm{bRü}} + \underline{a} \cdot \underline{U}_{\mathrm{cRü}}}{\underline{U}_{\mathrm{aRü}} + \underline{a} \cdot \underline{U}_{\mathrm{bRü}} + \underline{a}^2 \cdot \underline{U}_{\mathrm{cRü}}} \tag{A.3-4}$$

Für die Bezugsspannung $\underline{U}_{\mathrm{ab}}$ gilt

$$\begin{pmatrix} \underline{U}_{1\,\mathrm{ab}} \\ \underline{U}_{2\,\mathrm{ab}} \\ \underline{U}_{0\,\mathrm{ab}} \end{pmatrix} = \frac{1}{3} \cdot \begin{bmatrix} 1 & \underline{a} & \underline{a}^2 \\ 1 & \underline{a}^2 & \underline{a} \\ 1 & 1 & 1 \end{bmatrix} \cdot \begin{pmatrix} \underline{U}_{\mathrm{ab}} \\ \underline{U}_{\mathrm{bc}} \\ \underline{U}_{\mathrm{ca}} \end{pmatrix} = \frac{1}{3} \cdot \begin{bmatrix} 1 & \underline{a} & \underline{a}^2 \\ 1 & \underline{a}^2 & \underline{a} \\ 1 & 1 & 1 \end{bmatrix} \cdot \begin{pmatrix} \underline{U}_{\mathrm{aRü}} - \underline{U}_{\mathrm{bRü}} \\ \underline{U}_{\mathrm{bRü}} - \underline{U}_{\mathrm{cRü}} \\ \underline{U}_{\mathrm{cRü}} - \underline{U}_{\mathrm{aRü}} \end{pmatrix} \tag{A.3-5}$$

und für die Gegensystemspannungsunsymmetrie

$$\underline{k}_{\mathrm{u2\,ab}} = \frac{\underline{U}_{\mathrm{aRü}} - \underline{U}_{\mathrm{bRü}} + \underline{a}^2 \cdot \left(\underline{U}_{\mathrm{bRü}} - \underline{U}_{\mathrm{cRü}}\right) + \underline{a} \cdot \left(\underline{U}_{\mathrm{cRü}} - \underline{U}_{\mathrm{aRü}}\right)}{\underline{U}_{\mathrm{aRü}} - \underline{U}_{\mathrm{bRü}} + \underline{a} \cdot \left(\underline{U}_{\mathrm{bRü}} - \underline{U}_{\mathrm{cRü}}\right) + \underline{a}^2 \cdot \left(\underline{U}_{\mathrm{cRü}} - \underline{U}_{\mathrm{aRü}}\right)} \tag{A.3-6}$$

Durch Umstellen erhält man

$$\underline{k}_{\mathrm{u2\,ab}} = \frac{\underline{U}_{\mathrm{aRü}} \cdot \left(1 - \underline{a}\right) + \underline{U}_{\mathrm{bRü}} \cdot \left(\underline{a}^2 - 1\right) + \underline{U}_{\mathrm{cRü}} \cdot \left(\underline{a} - \underline{a}^2\right)}{\underline{U}_{\mathrm{aRü}} \cdot \left(1 - \underline{a}^2\right) + \underline{U}_{\mathrm{bRü}} \cdot \left(\underline{a} - 1\right) + \underline{U}_{\mathrm{cRü}} \cdot \left(\underline{a}^2 - \underline{a}\right)} \tag{A.3-7}$$

Dabei gilt für die Überführung in die Exponentialschreibweise

$$\left(1 - \underline{a}\right) = \sqrt{3} \cdot \mathrm{e}^{\mathrm{j}-30°}$$

$$\left(\underline{a}^2 - 1\right) = \sqrt{3} \cdot \mathrm{e}^{\mathrm{j}-150°}$$

$$\left(\underline{a} - \underline{a}^2\right) = \sqrt{3} \cdot \mathrm{e}^{\mathrm{j}90°}$$

$$\left(1 - \underline{a}^2\right) = \sqrt{3} \cdot \mathrm{e}^{\mathrm{j}30°} \tag{A.3-8}$$

$$\left(\underline{a} - 1\right) = \sqrt{3} \cdot \mathrm{e}^{\mathrm{j}150°}$$

$$\left(\underline{a}^2 - \underline{a}\right) = \sqrt{3} \cdot \mathrm{e}^{\mathrm{j}-90°}$$

Woraus folgt

$$\underline{k}_{\text{u2 ab}} = \frac{\sqrt{3} \cdot \left(\underline{U}_{\text{aRü}} \cdot \text{e}^{\text{j}-30°} + \underline{U}_{\text{bRü}} \cdot \text{e}^{\text{j}-150°} + \underline{U}_{\text{cRü}} \cdot \text{e}^{\text{j}90°}\right)}{\sqrt{3} \cdot \left(\underline{U}_{\text{aRü}} \cdot \text{e}^{\text{j}30°} + \underline{U}_{\text{bRü}} \cdot \text{e}^{\text{j}150°} + \underline{U}_{\text{cRü}} \cdot \text{e}^{\text{j}-90°}\right)} \tag{A.3-9}$$

Durch Umstellen und Kürzen ergibt sich daraus im ersten Zwischenschritt

$$\underline{k}_{\text{u2 ab}} = \frac{\text{e}^{\text{j}-30°} \cdot \left(\underline{U}_{\text{aRü}} + \underline{U}_{\text{bRü}} \cdot \text{e}^{\text{j}-120°} + \underline{U}_{\text{cRü}} \cdot \text{e}^{\text{j}120°}\right)}{\text{e}^{\text{j}-30°} \cdot \left(\underline{U}_{\text{aRü}} \cdot \text{e}^{\text{j}60°} + \underline{U}_{\text{bRü}} \cdot \text{e}^{\text{j}180°} + \underline{U}_{\text{cRü}} \cdot \text{e}^{\text{j}-60°}\right)} \tag{A.3-10}$$

Und im zweiten Schritt

$$\underline{k}_{\text{u2 ab}} = \frac{\underline{U}_{\text{aRü}} + \underline{U}_{\text{bRü}} \cdot \text{e}^{\text{j}-120°} + \underline{U}_{\text{cRü}} \cdot \text{e}^{\text{j}120°}}{\text{e}^{\text{j}60°} \cdot \left(\underline{U}_{\text{aRü}} + \underline{U}_{\text{bRü}} \cdot \text{e}^{\text{j}120°} + \underline{U}_{\text{cRü}} \cdot \text{e}^{\text{j}-120°}\right)}$$

$$\underline{k}_{\text{u2 ab}} = \text{e}^{\text{j}-60°} \cdot \frac{\underline{U}_{\text{aRü}} + \underline{U}_{\text{bRü}} \cdot \text{e}^{\text{j}-120°} + \underline{U}_{\text{cRü}} \cdot \text{e}^{\text{j}120°}}{\left(\underline{U}_{\text{aRü}} + \underline{U}_{\text{bRü}} \cdot \text{e}^{\text{j}120°} + \underline{U}_{\text{cRü}} \cdot \text{e}^{\text{j}-120°}\right)} \tag{A.3-11}$$

Unter Berücksichtigung von

$$\underline{a} = \text{e}^{\text{j}120°}$$

$$\underline{a}^2 = \text{e}^{\text{j}-120°} \tag{A.3-12}$$

$$-\underline{a} = \text{e}^{\text{j}-60°}$$

Gilt

$$\underline{k}_{\text{u2 ab}} = -\underline{a} \cdot \frac{\underline{U}_{\text{aRü}} + \underline{U}_{\text{bRü}} \cdot \underline{a}^2 + \underline{U}_{\text{cRü}} \cdot \underline{a}}{\underline{U}_{\text{aRü}} + \underline{U}_{\text{bRü}} \cdot \underline{a} + \underline{U}_{\text{cRü}} \cdot \underline{a}^2} = -\underline{a} \cdot \underline{k}_{\text{u2 aRü}} \tag{A.3-13}$$

A.3.2 *Vergleich Gegen- und Nullsystemstrom bei einer Vielzahl einphasig angeschlossenen EVs*

$$|n_{\text{a}} + \underline{a} \cdot n_{\text{b}} + \underline{a}^2 \cdot n_{\text{c}}| = \sqrt{\left(n_{\text{a}} - \frac{1}{2} \cdot n_{\text{b}} - \frac{1}{2} \cdot n_{\text{c}}\right)^2 + \left(\frac{\sqrt{3}}{2} \cdot n_{\text{b}} - \frac{\sqrt{3}}{2} \cdot n_{\text{c}}\right)^2} \tag{A.3-14}$$

Mit

$$\sqrt{\left(n_{\text{a}} - \frac{1}{2} \cdot n_{\text{b}} - \frac{1}{2} \cdot n_{\text{c}}\right)^2 + \left(\frac{\sqrt{3}}{2} \cdot n_{\text{b}} - \frac{\sqrt{3}}{2} \cdot n_{\text{c}}\right)^2} = \sqrt{A} \tag{A.3-15}$$

Gilt für die Hilfskenngröße A

$$A = n_{\text{a}}^2 + n_{\text{b}}^2 + n_{\text{c}}^2 - n_{\text{a}} \cdot n_{\text{b}} - n_{\text{a}} \cdot n_{\text{c}} - n_{\text{b}} \cdot n_{\text{c}} \tag{A.3-16}$$

Für

$$|n_{\text{a}} + \underline{a}^2 \cdot n_{\text{b}} + \underline{a} \cdot n_{\text{c}}| = \sqrt{\left(n_{\text{a}} - \frac{1}{2} \cdot n_{\text{b}} - \frac{1}{2} \cdot n_{\text{c}}\right)^2 + \left(-\frac{\sqrt{3}}{2} \cdot n_{\text{b}} + \frac{\sqrt{3}}{2} \cdot n_{\text{c}}\right)^2} \tag{A.3-17}$$

Gilt unter Einführung der Hilfskenngröße B

$$\sqrt{\left(n_{\text{a}} - \frac{1}{2} \cdot n_{\text{b}} - \frac{1}{2} \cdot n_{\text{c}}\right)^2 + \left(-\frac{\sqrt{3}}{2} \cdot n_{\text{b}} + \frac{\sqrt{3}}{2} \cdot n_{\text{c}}\right)^2} = \sqrt{B} \tag{A.3-18}$$

Und für B der folgende Ausdruck

$$B = n_\mathrm{a}^2 + n_\mathrm{b}^2 + n_\mathrm{c}^2 - n_\mathrm{a} \cdot n_\mathrm{b} - n_\mathrm{a} \cdot n_\mathrm{c} - n_\mathrm{b} \cdot n_\mathrm{c} \tag{A.3-19}$$

Somit gilt

$$A = B \tag{A.3-20}$$

Und daraus folgt

$$\left| n_\mathrm{a} + \underline{a} \cdot n_\mathrm{b} + \underline{a}^2 \cdot n_\mathrm{c} \right| = \left| n_\mathrm{a} + \underline{a}^2 \cdot n_\mathrm{b} + \underline{a} \cdot n_\mathrm{c} \right| \tag{A.3-21}$$

A.4 Bestimmung der Transformatorimpedanzen anhand der Messergebnisse eines realen Transformators

Die Berechnung des Übertragungsverhaltens sowie der Impedanzen bezogen auf die Sekundärseite des Transformators erfolgt anhand des gemessenen Übertragungsverhaltens eines realen Dyn5 Transformators ($S_\mathrm{rT} = 1000$ kVA, $u_\mathrm{k} = 6$ %). Für das gemessene Übertragungsverhalten im natürlichen System gilt

$$\begin{bmatrix} \underline{U}_\mathrm{p} \\ \underline{U}_\mathrm{s} \end{bmatrix} = \begin{bmatrix} \underline{A} & \underline{B} \\ \underline{C} & \underline{D} \end{bmatrix} \cdot \begin{bmatrix} \underline{I}_\mathrm{p} \\ \underline{I}_\mathrm{s} \end{bmatrix} \tag{A.4-22}$$

Wobei für die Spannungen und Ströme gilt

$$\underline{U}_\mathrm{p} = \begin{bmatrix} \underline{U}_\mathrm{AB} \\ \underline{U}_\mathrm{BC} \\ \underline{U}_\mathrm{CA} \end{bmatrix} \qquad\qquad \underline{U}_\mathrm{s} = \begin{bmatrix} \underline{U}_\mathrm{a} \\ \underline{U}_\mathrm{b} \\ \underline{U}_\mathrm{c} \end{bmatrix} \tag{A.4-23}$$

sowie

$$\underline{I}_\mathrm{p} = \begin{bmatrix} \underline{I}_\mathrm{AB} \\ \underline{I}_\mathrm{BC} \\ \underline{I}_\mathrm{CA} \end{bmatrix} \qquad\qquad \underline{I}_\mathrm{s} = \begin{bmatrix} \underline{I}_\mathrm{a} \\ \underline{I}_\mathrm{b} \\ \underline{I}_\mathrm{c} \end{bmatrix} \tag{A.4-24}$$

Bei primärseitigem Kurzschluss gilt $\underline{U}_\mathrm{p} = 0$ und für die sekundärseitige Spannung ergibt sich

$$\underline{U}_\mathrm{s} = \underline{D} \cdot \underline{I}_\mathrm{s} - \underline{C} \cdot \underline{A}^{-1} \cdot \underline{B} \cdot \underline{I}_\mathrm{s} \tag{A.4-25}$$

Für das Verhältnis der sekundärseitigen Spannung zum sekundärseitigen Strom gilt

$$\underline{Z}_\mathrm{s} = \underline{U}_\mathrm{s} \cdot \underline{I}_\mathrm{s}^{-1} = \underline{D} - \underline{C} \cdot \underline{A}^{-1} \cdot \underline{B} \tag{A.4-26}$$

Das Übertragungsverhalten der primärseitigen Spannung auf die Sekundärseite kann durch Annahme eines sekundärseitigen Leerlaufs mit $\underline{I}_\mathrm{s} = 0$ wie folgt bestimmt werden

$$\underline{U}_\mathrm{s} = \underline{C} \cdot \underline{A}^{-1} \cdot \underline{U}_\mathrm{p} \tag{A.4-27}$$

Da $\underline{U}_\mathrm{s}$ auf Stranggrößen und $\underline{U}_\mathrm{p}$ auf verketteten Größen beruht, erfolgt eine Umrechnung in der Art, dass gilt

$$\underline{U}_\mathrm{p} = \underline{X} \cdot \begin{bmatrix} \underline{U}_\mathrm{A} \\ \underline{U}_\mathrm{B} \\ \underline{U}_\mathrm{C} \end{bmatrix} \qquad \text{mit} \qquad \underline{X} = \begin{bmatrix} 1 & -1 & 0 \\ 0 & 1 & -1 \\ -1 & 0 & 1 \end{bmatrix} \tag{A.4-28}$$

Somit werden nur Stranggrößen betrachtet. Überführt man anschließend die Spannungen in die symmetrischen Komponenten, so gilt

$$\begin{bmatrix} \underline{U}_{1\,\mathrm{s}} \\ \underline{U}_{2\,\mathrm{s}} \\ \underline{U}_{0\,\mathrm{s}} \end{bmatrix} = \underline{S} \cdot \underline{C} \cdot \underline{A}^{-1} \cdot \underline{X} \cdot \underline{T} \cdot \begin{bmatrix} \underline{U}_{1\,\mathrm{p}} \\ \underline{U}_{2\,\mathrm{p}} \\ \underline{U}_{0\,\mathrm{p}} \end{bmatrix} \tag{A.4-29}$$

A.5 Berechnung der Rückleiterimpedanz

Die Rückleiterimpedanz resultieret aus der PEN- bzw. Neutralleiterimpedanz und zusätzlichen Erdungsimpedanzen. Sie ist abhängig vom genutzten Netzsystem. Bild A.5-14 bis Bild A.5-16 zeigen die Ersatzschaltungen zur Berechnung der wirksamen Rückleiterimpedanz für die einzelnen Netzsysteme. Dabei wird von m Stichleitungen, welche über denselben Transformator gespeist werden, ausgegangen. Jede Stichleitung besitzt beliebig viele Anschlusspunkte k. In Hinblick auf die folgenden Analysen wird Stichleitung 1 mit n Anschlusspunkten betrachtet. Es wird die resultierende Rückleiterimpedanz zwischen dem Neutralleiteranschluss einer Kundenanlage am Ende der Stichleitung 1 und dem Transformatorsternpunkt SP betrachtet.

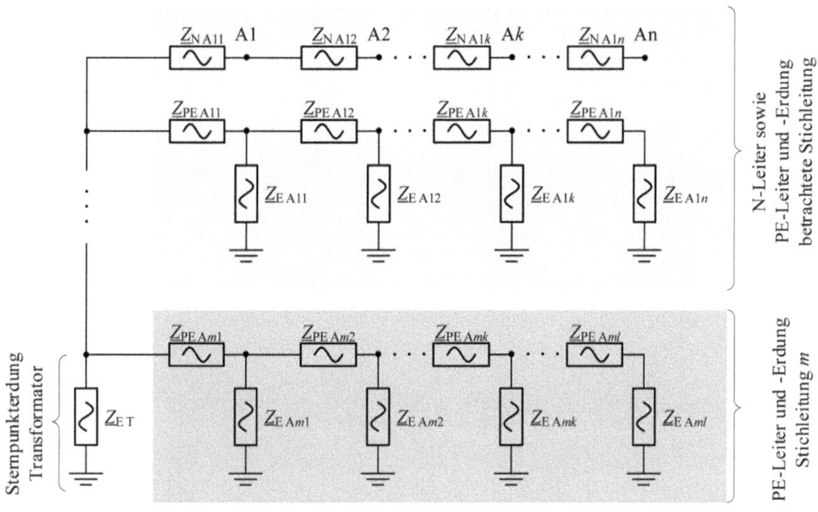

Bild A.5-14: Ersatzschaltbild der Neutral- und Schutzleiterimpedanzen sowie der zusätzlichen Erdungsimpedanzen je Anschlusspunkt und Transformator für ein TN-S-System

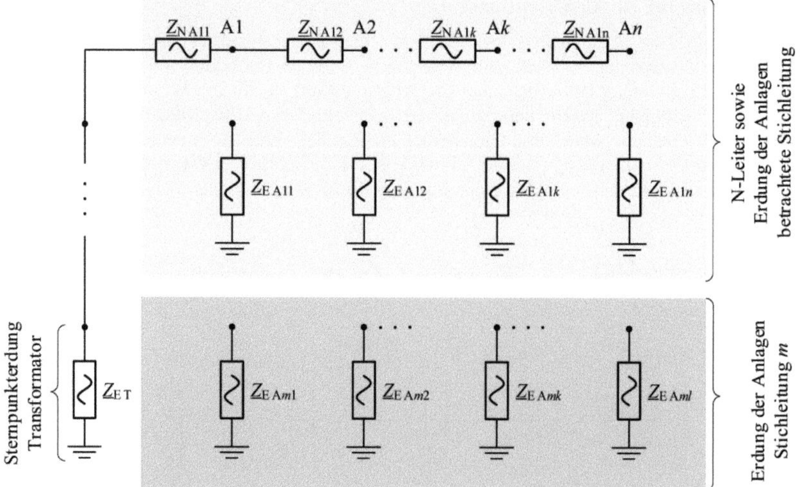

Bild A.5-15: Ersatzschaltbild der Neutralleiterimpedanzen sowie der zusätzlichen Erdungsimpedanzen je Anschlusspunkt und Transformator für ein TT-System

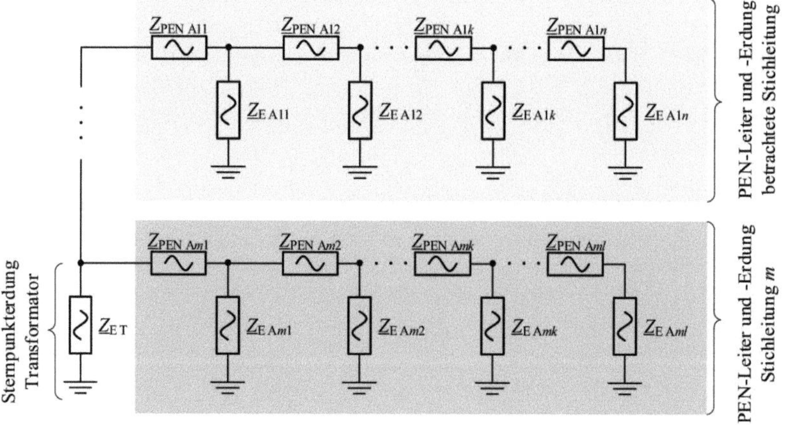

Bild A.5-16: Ersatzschaltbild der PEN-Leiterimpedanzen sowie der zusätzlichen Erdungsimpedanzen je Anschlusspunkt und Transformator für ein TN-C-System

Aus den ausführlichen ESBs können die resultierenden Rückleiterimpedanzen zusammengefasst werden. Für TN-S- und TT-Systeme gilt nach Bild A.5-14 und Bild A.5-15 das ESB nach Bild A.5-17.

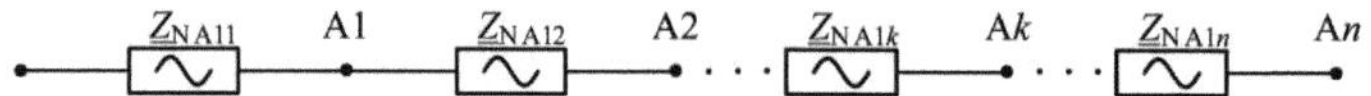

Bild A.5-17: Ersatzschaltbild der Rückleiterimpedanz für TN-S und TT-Systeme

Für TN-C-Systeme ergibt sich die Rückleiterimpedanz entsprechend Bild A.5-18.

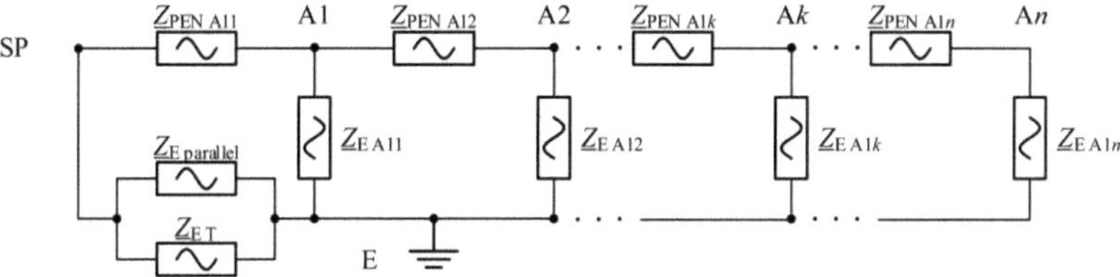

Bild A.5-18   Ersatzschaltbild der Rückleiterimpedanz für TN-C-Systeme

Für die in Bild A.5-18 angegebene Impedanz $\underline{Z}_{\text{E parallel}}$ kann für jede weitere am Transformator angeschlossene Stichleitung die in Bild A.5-19 dargestellte Schaltung genutzt werden. Sie dient zur Bestimmung der resultierenden Impedanz, welche parallel zur Impedanz der Sternpunkterdung des Transformators zwischen Transformatorsternpunkt (SP) und Erde (E) wirkt. Beispielhaft ist die Ersatzschaltung für Stichleitung m mit l Anschlusspunkten dargestellt.

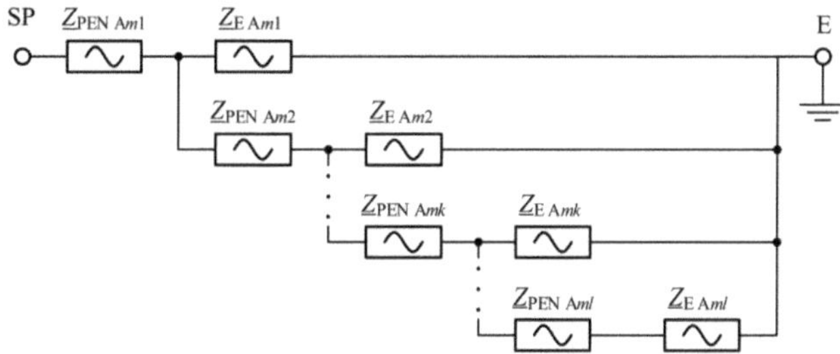

Bild A.5-19:   Ersatzschaltbild zur Berechnung der zur Erdungsimpedanz des Transformators parallelen Impedanz hervorgerufen durch eine parallele Stichleitung

Die resultierende Impedanz $\underline{Z}_{m\,\text{SPE}}$ einer parallelen Stichleitung m zwischen Transformatorsternpunkt und Erde kann mittels der Hilfskenngrößen $\underline{Z}_{m\,\text{h}k}$ wie folgt ermittelt werden. Dabei ist k eine Zählvariable über die einzelnen Anschlusspunkte der Stichleitung, beginnend bei l und rückwärtszählend bis 1. Mit

$$\underline{Z}_{m\,\text{h}l} = \underline{Z}_{\text{PEN A}ml} + \underline{Z}_{\text{E A}ml} \tag{A.5-30}$$

können die einzelnen Hilfskenngrößen wie folgt ermittelt werden

$$\underline{Z}_{m\,\text{h}k} = \frac{\underline{Z}_{m\,\text{h}(k+1)} \cdot \underline{Z}_{\text{E A}mk}}{\underline{Z}_{m\,\text{h}(k+1)} + \underline{Z}_{\text{E A}mk}} + \underline{Z}_{\text{PEN A}mk} \tag{A.5-31}$$

Für die resultierende Impedanz $\underline{Z}_{m\,\text{SPE}}$ gilt dann

$$\underline{Z}_{m\,\text{SPE}} = \frac{\underline{Z}_{m\,\text{h2}} \cdot \underline{Z}_{\text{E A}m1}}{\underline{Z}_{m\,\text{h2}} + \underline{Z}_{\text{E A}m1}} + \underline{Z}_{\text{PEN A}m1} \tag{A.5-32}$$

Die in Bild A.5-19 als $\underline{Z}_{\text{E parallel}}$ bezeichnete Impedanz kann über folgenden Zusammenhang bestimmt werden. Dabei stellt m die Anzahl der Stichleitungen dar, die über denselben Transformator gespeist werden.

Mit $m = 1$ wird die Stichleitung bezeichnet, für die die resultierende Rückleiterimpedanz berechnet werden soll.

$$\frac{1}{\underline{Z}_{\text{E parallel}}} = \sum_{x=2}^{m} \frac{1}{\underline{Z}_{x\,\text{SPE}}} \tag{A.5-33}$$

Die in Tabelle 3-1 angegebene Impedanz $\underline{Z}_{\text{E parallel}}$ für TN-S-System kann mittels der Gleichungen (A.5-30) bis (A.5-33) bestimmt werden. Dabei sind in Gleichung (A.5-30) die Impedanzen $\underline{Z}_{\text{PEN}}$ durch $\underline{Z}_{\text{PE}}$ zu ersetzen und in Gleichung (A.5-33) die Summe über $x = 1$ bis m zu bilden.

Die Rückleiterimpedanz für ein TN-C-System kann für jeden Anschlusspunkt berechnet werden. Im Folgenden ist die Berechnung für den Anschlusspunkt A12 dargestellt.

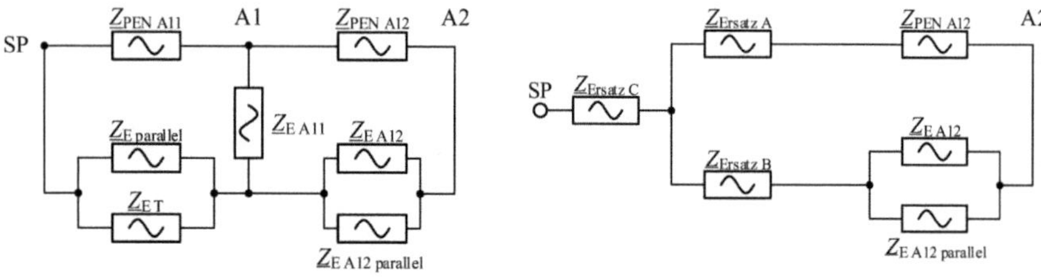

a) Ableitung des Impedanznetzwerks nach Bild A.5-18 b) Ersatzschaltbild nach Anwendung der Dreick-Stern-Transformation

Bild A.5-20:   Ersatzschaltbild zur Berechnung der Rückleiterimpedanz zwischen Anschlusspunkt A2 und Sternpunkt

Die Ersatzimpedanzen nach Bild A.5-20 b können wie folgt berechnet werden.

$$\underline{Z}_{\text{Ersatz A}} = \frac{\underline{Z}_{\text{PEN A11}} \cdot \underline{Z}_{\text{E A11}}}{\underline{Z}_{\text{PEN A11}} + \underline{Z}_{\text{E parallel}}||\underline{Z}_{\text{E T}} + \underline{Z}_{\text{E A11}}}$$

$$\underline{Z}_{\text{Ersatz B}} = \frac{\underline{Z}_{\text{E A11}} \cdot \underline{Z}_{\text{E parallel}}||\underline{Z}_{\text{E T}}}{\underline{Z}_{\text{PEN A11}} + \underline{Z}_{\text{E parallel}}||\underline{Z}_{\text{E T}} + \underline{Z}_{\text{E A11}}} \tag{A.5-34}$$

$$\underline{Z}_{\text{Ersatz C}} = \frac{\underline{Z}_{\text{PEN A11}} \cdot \underline{Z}_{\text{E parallel}}||\underline{Z}_{\text{E T}}}{\underline{Z}_{\text{PEN A11}} + \underline{Z}_{\text{E parallel}}||\underline{Z}_{\text{E T}} + \underline{Z}_{\text{E A11}}}$$

Die Impedanz $\underline{Z}_{\text{E A12 parallel}}$ kann, analog zu Bild A.5-19 und Gleichung (A.5-30) bestimmt werden, wobei nur die Impedanzen $\underline{Z}_{\text{PEN}}$ und $\underline{Z}_{\text{E}}$ von Anschluss A1n bis A13 zu berücksichtigen sind.

Beispiel

Der Einfluss der Rückleiterimpedanz auf die k_{u2} und k_{u0} und die Spannungsdifferenz zwischen den Beträgen der Außenleiter-Rückleiterspannungen ist in Bild A.6-21 für 1-phasige Lasten und in Bild A.6-22 für 1-phasige Erzeuger mit unterschiedlichem statischen Verhalten dargestellt. Die bezogene bzw. eingespeiste Leistung ist bei Nennspannung jeweils 10 kW. Die Außenleiterimpedanz bei einer Länge von 1000 m entspricht der Außenleiterimpedanz der Flickerreferenzimpedanz nach [76]. Die Skalierung erfolgt linear über die Länge. Die Rückleiterimpedanz wird zwischen Null und dem Wert der Außenleiterimpedanz variiert. Die Erhöhung des Betrags der Impedanz $Z_{\text{Rü}}$ ist durch Pfeile gekennzeichnet. Für die Spannungsunsymmetrie treten für k_{u2} gegenläufige Effekte, in Abhängigkeit des statischen Verhaltens auf, weshalb entsprechend zwei Pfeile eingezeichnet sind. Die Verläufe bei der die Rückleiterimpedanz 2/3 der Außenleiterimpedanz entspricht sind durch eine höhere Linienstärke hervorgehoben.

A.6 Lastmodell

Nachfolgend ist der Einfluss 1-phasig angeschlossener Kundenanlagen auf Spannungsunsymmetrie und Spannungsdifferenz in Abhängigkeit des statischen Verhaltens sowie der Rückleiterimpedanz für Lasten und Einspeiser dargestellt. Es werden keine parallel angeschlossenen Kundenanlagen berücksichtigt und es wird von einer symmetrischen Spannungsquelle ausgegangen.

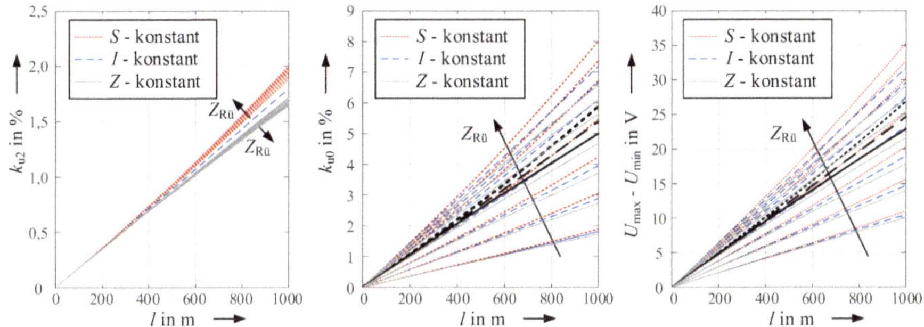

Bild A.6-21: Spannungsunsymmetrie und maximale Spannungsdifferenz in Abhängigkeit der Rückleiterimpedanz und des statischen Verhaltens 1-phasiger Lasten

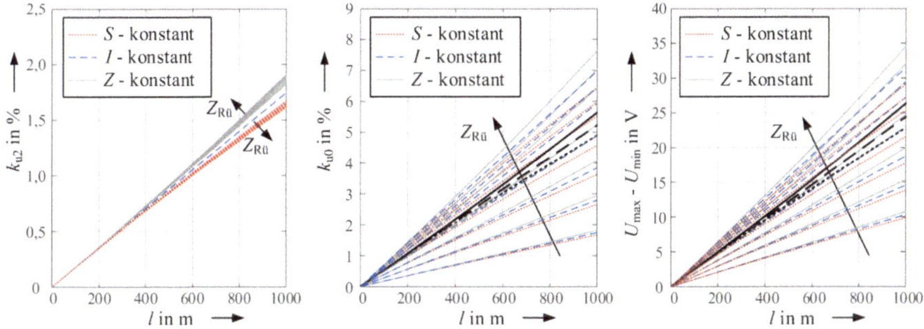

Bild A.6-22: Spannungsunsymmetrie und maximale Spannungsdifferenz in Abhängigkeit der Rückleiterimpedanz und des statischen Verhaltens 1-phasiger Erzeuger

Wie aus Bild A.6-21 und Bild A.6-22 ersichtlich hat die Rückleiterimpedanz einen wesentlichen Einfluss auf die Nullsystemspannungsunsymmetrie k_{u0} und auf die Differenz zwischen höchster und kleinster Außenleiter-Rückleiterspannung. Der Einfluss auf die Gegensystemspannungsunsymmetrie k_{u2} ist gering und nur für leistung- und impedanzkonstante Kundenanlagen nachweisbar. In Abschnitt 3.5.3 ist der Einfluss der Rückleiterimpedanz auf k_{u2} in Abhängigkeit der Anschlussart von impedanzkonstanten Kundenanlagen aufgeführt.

Das spannungsabhänge statische Verhalten der Kundenanlagen beeinflusst alle drei betrachteten Kriterien. Bei jedem Kriterium weisen leistungskonstante Abnehmeranlagen höhere Werte auf als stromkonstante Abnehmeranlagen und diese wiederum höhere Werte als impedanzkonstante Abnehmeranlagen, unter Voraussetzung eines gleichen Leistungsbezugs unter Nennbedingungen. Für Erzeugeranlagen ist die Reihenfolge umgekehrt.

Der Grund für dieses Verhalten ist, dass mit erhöhtem Außenleiterstrom die Werte der betrachten Kriterien steigen. Die Abhängigkeit des Außenleiterstroms von der Außenleiter-Rückleiter-Spannung kann wie folgt beschrieben werden

$$I_{\mathrm{L}} = I_{\mathrm{bez}} \cdot \left(\frac{U_{\mathrm{LRü}}}{U_{\mathrm{bez}}}\right)^{k_{\mathrm{I\,U}}} \tag{A.6-35}$$

Mit

- $k_{\mathrm{I\,U}} = -1$ leistungskonstante Kundenanlagen
- $k_{\mathrm{I\,U}} = 0$ stromkonstante Kundenanlagen
- $k_{\mathrm{I\,U}} = 1$ impedanzkonstante Kundenanlagen

Das heißt: für leistungskonstante Kundenanlagen ist der Außenleiterstrom umgekehrt proportional zur Spannung, für stromkonstante Kundenanlagen unabhängig von der Spannung und für impedanzkonstante Kundenanlagen proportional zur Spannung.

Gemäß dem ESB nach Bild 3-11 und den Annahmen, dass weder parallele Kundenanlagen angeschlossen sind und die Spannung $U_{2\mathrm{q}} = 0$ ist, gilt für die Spannungen in den symmetrischen Komponenten am Verknüpfungspunkt

$$\begin{bmatrix} U_{1\mathrm{V}} \\ U_{2\mathrm{V}} \\ U_{0\mathrm{V}} \end{bmatrix} = \begin{bmatrix} \left|\underline{U}_{1\mathrm{q}} - \underline{I}_1 \cdot \underline{Z}_{1\mathrm{V}}\right| \\ \left|\underline{I}_2 \cdot \underline{Z}_{2\mathrm{V}}\right| \\ \left|\underline{I}_0 \cdot \underline{Z}_{0\mathrm{V}}\right| \end{bmatrix} \tag{A.6-36}$$

Für 1-phasige Kundenlagen sind die Beträge der Ströme in den symmetrischen Komponenten gleich groß und entsprechen $1/3 \cdot I_{\mathrm{L}}$.

Für die Impedanzen in den symmetrischen Komponenten gelten folgende Zusammenhänge

$$Z_{1\mathrm{V}} \sim \left|\underline{Z}_{\mathrm{L}} + \underline{Z}_{\mathrm{Tr}}\right| \tag{A.6-37}$$

$$Z_{2\mathrm{V}} \sim \left|\underline{Z}_{\mathrm{L}} + \underline{Z}_{\mathrm{Tr}}\right| \tag{A.6-38}$$

$$Z_{0\mathrm{V}} \sim \left|\underline{Z}_{\mathrm{Rü}}\right| \tag{A.6-39}$$

Anhand der gezeigten Zusammenhänge können die oben gezeigten Kurven begründet werden. Beispielsweise sind bei stromkonstanten Kundenanlagen aufgrund des konstanten Außenleiterstroms die Ströme in den symmetrischen Komponenten konstant. Weiterhin sind die Mit- und Gegensystemimpedanzen unabhängig von der Rückleiterimpedanz. Folglich hat der Rückleiter unter den oben getroffenen Annahmen keinen Einfluss auf die Gegensystemspannungsunsymmetrie.

A.7 Anschluss von Kundenanlagen mit konstanter Impedanz

Die folgenden Herleitungen zeigen, welchen Einfluss Kundenanlagen auf die Spannungsunsymmetrie bei unsymmetrischer Kundenanlage und symmetrischer Quellspannung bzw. bei symmetrischer Kundenanlage und unsymmetrischer Quellspannung haben. Dabei werden die Zusammenhänge für eine 3-phasige und eine 3x1-phasige Kundenanlage aufgeführt. Aus diesen Zusammenhängen können die Beziehungen für andere Anschlüsse abgeleitet werden.

3-phasig

Zur Berechnung der Spannungsunsymmetrie bei Anschluss einer 3-phasigen Last wird das in Bild A.7-23 dargestellte ESB zugrunde gelegt.

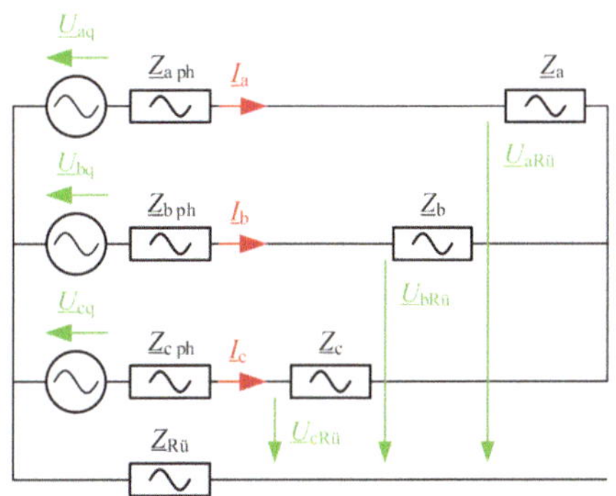

Bild A.7-23:   Ersatzschaltbild zur Berechnung der Spannungen und Ströme im Netz bei Anschluss einer 3-phasigen Kundenanlage

Unter Verwendung des EZBs nach Bild A.7-23 sowie der Zusammenfassung der Impedanzen mit

$$\underline{Z}_{a\,ges} = \underline{Z}_{a\,ph} + \underline{Z}_a \qquad \underline{Z}_{b\,ges} = \underline{Z}_{b\,ph} + \underline{Z}_b \qquad \underline{Z}_{c\,ges} = \underline{Z}_{c\,ph} + \underline{Z}_c \tag{A.7-40}$$

können folgende Maschengleichungen aufgestellt werden.

$$0 = \underline{U}_{bq} - \underline{U}_{aq} + \underline{I}_a \cdot \underline{Z}_{a\,ges} - \underline{I}_b \cdot \underline{Z}_{b\,ges}$$

$$0 = \underline{U}_{cq} - \underline{U}_{aq} + \underline{I}_a \cdot \underline{Z}_{a\,ges} - \underline{I}_c \cdot \underline{Z}_{c\,ges} \tag{A.7-41}$$

$$0 = \underline{U}_{cq} - \underline{U}_{bq} + \underline{I}_b \cdot \underline{Z}_{b\,ges} - \underline{I}_c \cdot \underline{Z}_{c\,ges}$$

Die Knotengleichung ergibt

$$\underline{I}_a + \underline{I}_b + \underline{I}_c = 0 \tag{A.7-42}$$

Die Außenleiterströme berechnen sich wie folgt

$$\underline{I}_b = \frac{\underline{U}_{bq} - \underline{U}_{aq} + \underline{I}_a \cdot \underline{Z}_{a\,ges}}{\underline{Z}_{b\,ges}}$$

$$\underline{I}_c = \frac{\underline{U}_{cq} - \underline{U}_{aq} + \underline{I}_a \cdot \underline{Z}_{a\,ges}}{\underline{Z}_{c\,ges}} \tag{A.7-43}$$

Für den dritten Außenleiterstrom ergibt sich

$$\underline{I}_a + \frac{\underline{U}_{bq} - \underline{U}_{aq} + \underline{I}_a \cdot \underline{Z}_{a\,ges}}{\underline{Z}_{b\,ges}} + \frac{\underline{U}_{cq} - \underline{U}_{aq} + \underline{I}_a \cdot \underline{Z}_{a\,ges}}{\underline{Z}_{c\,ges}} = 0 \tag{A.7-44}$$

Zusammengefasst gilt

$$\underline{I}_a = \frac{\underline{U}_{aq} \cdot \left(\underline{Z}_{b\,ges} + \underline{Z}_{c\,ges}\right) - \underline{U}_{bq} \cdot \underline{Z}_{c\,ges} - \underline{U}_{cq} \cdot \underline{Z}_{b\,ges}}{\underline{Z}_{a\,ges} \cdot \underline{Z}_{b\,ges} + \underline{Z}_{a\,ges} \cdot \underline{Z}_{c\,ges} + \underline{Z}_{b\,ges} \cdot \underline{Z}_{c\,ges}}$$

$$\underline{I}_b = \frac{\underline{U}_{bq} \cdot \left(\underline{Z}_{a\,ges} + \underline{Z}_{c\,ges}\right) - \underline{U}_{aq} \cdot \underline{Z}_{c\,ges} - \underline{U}_{cq} \cdot \underline{Z}_{a\,ges}}{\underline{Z}_{a\,ges} \cdot \underline{Z}_{b\,ges} + \underline{Z}_{a\,ges} \cdot \underline{Z}_{c\,ges} + \underline{Z}_{b\,ges} \cdot \underline{Z}_{c\,ges}} \qquad \text{(A.7-45)}$$

$$\underline{I}_c = \frac{\underline{U}_{cq} \cdot \left(\underline{Z}_{a\,ges} + \underline{Z}_{b\,ges}\right) - \underline{U}_{aq} \cdot \underline{Z}_{b\,ges} - \underline{U}_{bq} \cdot \underline{Z}_{a\,ges}}{\underline{Z}_{a\,ges} \cdot \underline{Z}_{b\,ges} + \underline{Z}_{a\,ges} \cdot \underline{Z}_{c\,ges} + \underline{Z}_{b\,ges} \cdot \underline{Z}_{c\,ges}}$$

Die Spannungen zwischen den Außenleitern und dem Rückleiter können wie folgt berechnet werden

$$\underline{U}_{a\text{Rü}} = \underline{U}_{aq} - \underline{I}_a \cdot \underline{Z}_{a\,ph}$$

$$\underline{U}_{b\text{Rü}} = \underline{U}_{bq} - \underline{I}_b \cdot \underline{Z}_{b\,ph} \qquad \text{(A.7-46)}$$

$$\underline{U}_{c\text{Rü}} = \underline{U}_{cq} - \underline{I}_c \cdot \underline{Z}_{c\,ph}$$

Nach Einsetzen der Außenleiterströme nach Gleichung (A.7-45) ergibt sich allgemein

$$\underline{U}_{a\text{Rü}} = \underline{U}_{aq} - \frac{\underline{U}_{aq} \cdot \left(\underline{Z}_{b\,ges} + \underline{Z}_{c\,ges}\right) - \underline{U}_{bq} \cdot \underline{Z}_{c\,ges} - \underline{U}_{cq} \cdot \underline{Z}_{b\,ges}}{\underline{Z}_{a\,ges} \cdot \underline{Z}_{b\,ges} + \underline{Z}_{a\,ges} \cdot \underline{Z}_{c\,ges} + \underline{Z}_{b\,ges} \cdot \underline{Z}_{c\,ges}} \cdot \underline{Z}_{a\,ph}$$

$$\underline{U}_{b\text{Rü}} = \underline{U}_{bq} - \frac{\underline{U}_{bq} \cdot \left(\underline{Z}_{a\,ges} + \underline{Z}_{c\,ges}\right) - \underline{U}_{aq} \cdot \underline{Z}_{c\,ges} - \underline{U}_{cq} \cdot \underline{Z}_{a\,ges}}{\underline{Z}_{a\,ges} \cdot \underline{Z}_{b\,ges} + \underline{Z}_{a\,ges} \cdot \underline{Z}_{c\,ges} + \underline{Z}_{b\,ges} \cdot \underline{Z}_{c\,ges}} \cdot \underline{Z}_{b\,ph} \qquad \text{(A.7-47)}$$

$$\underline{U}_{c\text{Rü}} = \underline{U}_{cq} - \frac{\underline{U}_{cq} \cdot \left(\underline{Z}_{a\,ges} + \underline{Z}_{b\,ges}\right) - \underline{U}_{aq} \cdot \underline{Z}_{b\,ges} - \underline{U}_{bq} \cdot \underline{Z}_{a\,ges}}{\underline{Z}_{a\,ges} \cdot \underline{Z}_{b\,ges} + \underline{Z}_{a\,ges} \cdot \underline{Z}_{c\,ges} + \underline{Z}_{b\,ges} \cdot \underline{Z}_{c\,ges}} \cdot \underline{Z}_{c\,ph}$$

Symmetrische Quellspannung und unsymmetrische Kundenanlage

Unter der Annahme einer symmetrischen Quellspannung mit

$$\underline{U}_{aq} = \underline{U}_{aq} \qquad\qquad \underline{U}_{bq} = \underline{a}^2 \cdot \underline{U}_{aq} \qquad\qquad \underline{U}_{cq} = \underline{a} \cdot \underline{U}_{aq} \qquad \text{(A.7-48)}$$

und einer identischen Phasenimpedanz $\underline{Z}_{x\,ph}$ je Außenleiter gilt für die Spannungen in den symmetrischen Komponenten nach Gleichung (2-12)

$$\underline{U}_1 = \underline{U}_{aq} \left(1 - \frac{\underline{Z}_{x\,ph} \cdot \left(\underline{Z}_{a\,ges} + \underline{Z}_{b\,ges} + \underline{Z}_{c\,ges}\right)}{\underline{Z}_{a\,ges} \cdot \underline{Z}_{b\,ges} + \underline{Z}_{a\,ges} \cdot \underline{Z}_{c\,ges} + \underline{Z}_{b\,ges} \cdot \underline{Z}_{c\,ges}} \right)$$

$$\underline{U}_2 = \underline{U}_{aq} \cdot \frac{\underline{Z}_{x\,ph} \cdot \left(\underline{Z}_{a\,ges} + \underline{a} \cdot \underline{Z}_{b\,ges} + \underline{a}^2 \cdot \underline{Z}_{c\,ges}\right)}{\underline{Z}_{a\,ges} \cdot \underline{Z}_{b\,ges} + \underline{Z}_{a\,ges} \cdot \underline{Z}_{c\,ges} + \underline{Z}_{b\,ges} \cdot \underline{Z}_{c\,ges}} \qquad \text{(A.7-49)}$$

$$\underline{U}_0 = 0$$

Durch Ersetzen der Impedanzen nach Gleichung (A.7-40) ergibt sich

$$\underline{U}_1 = \underline{U}_{aq} \cdot \frac{\underline{Z}_{x\,ph} \cdot \aleph_\alpha + \beth}{3 \cdot \underline{Z}_{x\,ph}^2 + 2 \cdot \underline{Z}_{x\,ph} \cdot \aleph_\alpha + \beth}$$

$$\underline{U}_2 = \frac{\underline{U}_{aq} \cdot \underline{Z}_{x\,ph} \cdot \aleph_\beta}{3 \cdot \underline{Z}_{x\,ph}^2 + 2 \cdot \underline{Z}_{x\,ph} \cdot \aleph_\alpha + \beth} \qquad \text{(A.7-50)}$$

$$\underline{U}_0 = 0$$

Mit den Hilfsvariablen und den Impedanzen gemäß Bild A.7-23

$$\aleph_\alpha = \underline{Z}_a + \underline{Z}_b + \underline{Z}_c$$

$$\aleph_\beta = \underline{Z}_a + \underline{a} \cdot \underline{Z}_b + \underline{a}^2 \cdot \underline{Z}_c$$

$$\beth = \left(\underline{Z}_a \cdot \underline{Z}_b + \underline{Z}_a \cdot \underline{Z}_c + \underline{Z}_b \cdot \underline{Z}_c \right) \tag{A.7-51}$$

$$\daleth = \underline{Z}_a \cdot \underline{Z}_b \cdot \underline{Z}_c$$

Gemäß den Spannungen in den symmetrischen Komponenten ergibt sich für die Gegensystemspannungsunsymmetrie

$$k_{u2} = \frac{\left| \underline{Z}_{x\,\mathrm{ph}} \cdot \left(\underline{Z}_a + \underline{a} \cdot \underline{Z}_b + \underline{a}^2 \cdot \underline{Z}_c \right) \right|}{\left| \underline{Z}_{x\,\mathrm{ph}} \cdot \left(\underline{Z}_a + \underline{Z}_b + \underline{Z}_c \right) + \underline{Z}_a \cdot \underline{Z}_b + \underline{Z}_a \cdot \underline{Z}_c + \underline{Z}_b \cdot \underline{Z}_c \right|} \tag{A.7-52}$$

und für die Nullsystemspannungsunsymmetrie

$$k_{u0} = 0 \tag{A.7-53}$$

<u>*Unsymmetrische Quellspannung und symmetrische Kundenanlage*</u>
Unter Annahme einer unsymmetrischen Quellspannung und einer symmetrischen Kundenanlage gilt

$$\underline{Z}_a = \underline{Z}_b = \underline{Z}_c = \underline{Z}_A \tag{A.7-54}$$

Für die Spannungen zwischen den Außenleitern und dem Rückleiter gilt folgender Zusammenhang

$$\underline{U}_{a\mathrm{R\ddot u}} = \underline{U}_{aq} - \frac{2 \cdot \underline{U}_{aq} - \underline{U}_{bq} - \underline{U}_{cq}}{3 \cdot \left(\underline{Z}_A + \underline{Z}_{x\mathrm{ph}} \right)} \cdot \underline{Z}_{x\mathrm{ph}}$$

$$\underline{U}_{b\mathrm{R\ddot u}} = \underline{U}_{bq} - \frac{2 \cdot \underline{U}_{bq} - \underline{U}_{aq} - \underline{U}_{cq}}{3 \cdot \left(\underline{Z}_A + \underline{Z}_{x\mathrm{ph}} \right)} \cdot \underline{Z}_{x\mathrm{ph}} \tag{A.7-55}$$

$$\underline{U}_{c\mathrm{R\ddot u}} = \underline{U}_{cq} - \frac{2 \cdot \underline{U}_{cq} - \underline{U}_{aq} - \underline{U}_{bq}}{3 \cdot \left(\underline{Z}_A + \underline{Z}_{x\mathrm{ph}} \right)} \cdot \underline{Z}_{x\mathrm{ph}}$$

Für die Spannungen in den symmetrischen Komponenten gilt

$$\underline{U}_1 = \frac{1}{3} \cdot \left(\underline{U}_{aq} + \underline{a} \cdot \underline{U}_{bq} + \underline{a}^2 \cdot \underline{U}_{cq} - \underline{Z}_{x\mathrm{ph}} \cdot \frac{\underline{U}_{aq} + \underline{a} \cdot \underline{U}_{bq} + \underline{a}^2 \cdot \underline{U}_{cq}}{\left(\underline{Z}_A + \underline{Z}_{x\mathrm{ph}} \right)} \right)$$

$$\underline{U}_2 = \frac{1}{3} \cdot \left(\underline{U}_{aq} + \underline{a}^2 \cdot \underline{U}_{bq} + \underline{a} \cdot \underline{U}_{cq} - \underline{Z}_{x\mathrm{ph}} \cdot \frac{\underline{U}_{aq} + \underline{a}^2 \cdot \underline{U}_{bq} + \underline{a} \cdot \underline{U}_{cq}}{\left(\underline{Z}_A + \underline{Z}_{x\mathrm{ph}} \right)} \right) \tag{A.7-56}$$

$$\underline{U}_0 = \frac{1}{3} \cdot \left(\underline{U}_{aq} + \underline{U}_{bq} + \underline{U}_{cq} - \underline{Z}_{x\mathrm{ph}} \cdot \frac{\underline{U}_{aq} + \underline{U}_{bq} + \underline{U}_{cq}}{3 \cdot \left(\underline{Z}_A + \underline{Z}_{x\mathrm{ph}} \right)} \right)$$

Die Spannungsunsymmetrie berechnet sich daraus zu

$$k_{u2} = \frac{\left| \underline{U}_{aq} + \underline{a}^2 \cdot \underline{U}_{bq} + \underline{a} \cdot \underline{U}_{cq} \right|}{\left| \underline{U}_{aq} + \underline{a} \cdot \underline{U}_{bq} + \underline{a}^2 \cdot \underline{U}_{cq} \right|} \tag{A.7-57}$$

und

$$k_{u0} = \frac{\left| \left(3 \cdot \underline{Z}_A + 2 \cdot \underline{Z}_{x\mathrm{ph}} \right) \cdot \left(\underline{U}_{aq} + \underline{U}_{bq} + \underline{U}_{cq} \right) \right|}{\left| 3 \cdot \underline{Z}_A \cdot \left(\underline{U}_{aq} + \underline{a} \cdot \underline{U}_{bq} + \underline{a}^2 \cdot \underline{U}_{cq} \right) \right|} \tag{A.7-58}$$

3x1-phasig

Zur Herleitung des Einflusses auf die Spannungsunsymmetrie einer 3 x 1-phasigen Kundenanlage dient im Folgenden Bild A.7-24 sowie die Zusammenfassung der Phasen- und Anlagenimpedanz nach Gleichung (A.7-40). Dabei wird davon ausgegangen, dass die Kundenanlage als Stern gegen einen Rückleiter Rü angeschlossen ist.

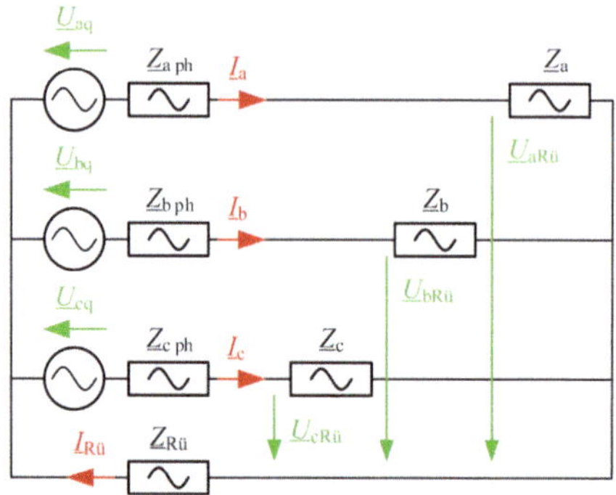

Bild A.7-24: Ersatzschaltbild für den Anschluss einer 3 x 1-phasige Kundenanlage

Nachfolgend ist die Herleitung für den Leiterstrom $\underline{I}_c$ aufgeführt. Über das in Bild A.7-24 abgebildete ESB lassen sich folgende Maschen aufstellen

$$0 = \underline{U}_{aq} - \underline{U}_{cq} + \underline{I}_c \cdot \underline{Z}_{c\,ges} - \underline{I}_a \cdot \underline{Z}_{a\,ges}$$

$$0 = \underline{U}_{bq} - \underline{U}_{cq} + \underline{I}_c \cdot \underline{Z}_{c\,ges} - \underline{I}_b \cdot \underline{Z}_{b\,ges} \tag{A.7-59}$$

$$0 = \underline{U}_{cq} - \underline{I}_{R\ddot{u}} \cdot \underline{Z}_{R\ddot{u}} - \underline{I}_c \cdot \underline{Z}_{c\,ges}$$

Für den Knoten gilt

$$0 = \underline{I}_a + \underline{I}_b + \underline{I}_c - \underline{I}_{R\ddot{u}} \tag{A.7-60}$$

Durch Umstellen erhält man

$$\underline{I}_a = \frac{\underline{U}_{aq} - \underline{U}_{cq} + \underline{I}_c \cdot \underline{Z}_{c\,ges}}{\underline{Z}_{a\,ges}}$$

$$\underline{I}_b = \frac{\underline{U}_{bq} - \underline{U}_{cq} + \underline{I}_c \cdot \underline{Z}_{c\,ges}}{\underline{Z}_{b\,ges}} \tag{A.7-61}$$

Setzt man dies in die dritte Maschengleichung ein erhält man

$$0 = \underline{U}_{cq} - \underline{I}_c \cdot \underline{Z}_{c\,ges} - \underline{I}_c \cdot \underline{Z}_{R\ddot{u}} - \frac{\underline{U}_{aq} - \underline{U}_{cq} + \underline{I}_c \cdot \underline{Z}_{c\,ges}}{\underline{Z}_{a\,ges}} \cdot \underline{Z}_{R\ddot{u}} - \frac{\underline{U}_{bq} - \underline{U}_{cq} + \underline{I}_c \cdot \underline{Z}_{c\,ges}}{\underline{Z}_{b\,ges}} \cdot \underline{Z}_{R\ddot{u}} \tag{A.7-62}$$

Nach umstellen ergibt sich

$$\underline{I}_c = \frac{1}{\underline{K}} \cdot \left(\underline{U}_{cq} \cdot \left(\underline{Z}_{a\,ges} \cdot \underline{Z}_{b\,ges} + \underline{Z}_{a\,ges} \cdot \underline{Z}_{R\ddot{u}} + \underline{Z}_{b\,ges} \cdot \underline{Z}_{R\ddot{u}} \right) - \underline{Z}_{R\ddot{u}} \cdot \left(\underline{U}_{aq} \cdot \underline{Z}_{b\,ges} + \underline{U}_{bq} \cdot \underline{Z}_{a\,ges} \right) \right) \tag{A.7-63}$$

Mit

$$\underline{K} = \underline{Z}_{a\,ges} \cdot \underline{Z}_{b\,ges} \cdot \underline{Z}_{c\,ges} + \underline{Z}_{a\,ges} \cdot \underline{Z}_{b\,ges} \cdot \underline{Z}_{R\ddot{u}} + \underline{Z}_{a\,ges} \cdot \underline{Z}_{c\,ges} \cdot \underline{Z}_{R\ddot{u}} + \underline{Z}_{b\,ges} \cdot \underline{Z}_{c\,ges} \cdot \underline{Z}_{R\ddot{u}} \tag{A.7-64}$$

Analog können die anderen Ströme berechnet werden, so dass gilt

$$\underline{I}_a = \frac{1}{\underline{K}} \cdot \left(\underline{U}_{aq} \cdot \left(\underline{Z}_{b\,ges} \cdot \underline{Z}_{c\,ges} + \underline{Z}_{R\ddot{u}} \cdot \left(\underline{Z}_{b\,ges} + \underline{Z}_{c\,ges} \right) \right) - \underline{Z}_{R\ddot{u}} \cdot \left(\underline{U}_{bq} \cdot \underline{Z}_{c\,ges} + \underline{U}_{cq} \cdot \underline{Z}_{b\,ges} \right) \right)$$

$$\underline{I}_b = \frac{1}{\underline{K}} \cdot \left(\underline{U}_{bq} \cdot \left(\underline{Z}_{a\,ges} \cdot \underline{Z}_{c\,ges} + \underline{Z}_{R\ddot{u}} \cdot \left(\underline{Z}_{a\,ges} + \underline{Z}_{c\,ges} \right) \right) - \underline{Z}_{R\ddot{u}} \cdot \left(\underline{U}_{aq} \cdot \underline{Z}_{c\,ges} + \underline{U}_{cq} \cdot \underline{Z}_{a\,ges} \right) \right)$$

$$\underline{I}_c = \frac{1}{\underline{K}} \cdot \left(\underline{U}_{cq} \cdot \left(\underline{Z}_{a\,ges} \cdot \underline{Z}_{b\,ges} + \underline{Z}_{R\ddot{u}} \cdot \left(\underline{Z}_{a\,ges} + \underline{Z}_{b\,ges} \right) \right) - \underline{Z}_{R\ddot{u}} \cdot \left(\underline{U}_{aq} \cdot \underline{Z}_{b\,ges} + \underline{U}_{bq} \cdot \underline{Z}_{a\,ges} \right) \right) \qquad \text{(A.7-65)}$$

$$\underline{I}_{R\ddot{u}} = \frac{1}{\underline{K}} \cdot \left(\underline{U}_{aq} \cdot \underline{Z}_{b\,ges} \cdot \underline{Z}_{c\,ges} + \underline{U}_{bq} \cdot \underline{Z}_{a\,ges} \cdot \underline{Z}_{c\,ges} + \underline{U}_{cq} \cdot \underline{Z}_{a\,ges} \cdot \underline{Z}_{b\,ges} \right)$$

Die Spannungen zwischen den Außenleitern und dem Rückleiter berechnen sich wie folgt:

$$\underline{U}_{aR\ddot{u}} = \underline{I}_a \cdot \underline{Z}_a$$

$$\underline{U}_{bR\ddot{u}} = \underline{I}_b \cdot \underline{Z}_b \qquad \text{(A.7-66)}$$

$$\underline{U}_{cR\ddot{u}} = \underline{I}_c \cdot \underline{Z}_c$$

Durch Einsetzen der Ströme nach Gleichung (A.7-65) erhält man

$$\underline{U}_{aR\ddot{u}} = \frac{\underline{Z}_a}{\underline{K}} \cdot \left(\underline{U}_{aq} \cdot \left(\underline{Z}_{b\,ges} \cdot \underline{Z}_{c\,ges} + \underline{Z}_{R\ddot{u}} \cdot \left(\underline{Z}_{b\,ges} + \underline{Z}_{c\,ges} \right) \right) - \left(\underline{U}_{bq} \cdot \underline{Z}_{c\,ges} + \underline{U}_{cq} \cdot \underline{Z}_{b\,ges} \right) \cdot \underline{Z}_{R\ddot{u}} \right)$$

$$\underline{U}_{bR\ddot{u}} = \frac{\underline{Z}_b}{\underline{K}} \cdot \left(\underline{U}_{bq} \cdot \left(\underline{Z}_{a\,ges} \cdot \underline{Z}_{c\,ges} + \underline{Z}_{R\ddot{u}} \cdot \left(\underline{Z}_{a\,ges} + \underline{Z}_{c\,ges} \right) \right) - \left(\underline{U}_{aq} \cdot \underline{Z}_{c\,ges} + \underline{U}_{cq} \cdot \underline{Z}_{a\,ges} \right) \cdot \underline{Z}_{R\ddot{u}} \right) \qquad \text{(A.7-67)}$$

$$\underline{U}_{cR\ddot{u}} = \frac{\underline{Z}_c}{\underline{K}} \cdot \left(\underline{U}_{cq} \cdot \left(\underline{Z}_{a\,ges} \cdot \underline{Z}_{b\,ges} + \underline{Z}_{R\ddot{u}} \cdot \left(\underline{Z}_{a\,ges} + \underline{Z}_{b\,ges} \right) \right) - \left(\underline{U}_{aq} \cdot \underline{Z}_{b\,ges} + \underline{U}_{bq} \cdot \underline{Z}_{a\,ges} \right) \cdot \underline{Z}_{R\ddot{u}} \right)$$

Symmetrische Quellspannung und unsymmetrische Kundenanlage

Unter der Annahme einer symmetrischen Quellspannung gilt für die Spannungen in den symmetrischen Komponenten

$$\underline{U}_1 =$$

$$\frac{\underline{U}_{aq}}{3 \cdot \underline{K}} \cdot \underline{Z}_a \cdot \left(\left(\underline{Z}_{b\,ges} \cdot \underline{Z}_{c\,ges} + \left(\underline{Z}_{b\,ges} + \underline{Z}_{c\,ges} \right) \cdot \underline{Z}_{R\ddot{u}} \right) - \underline{a}^2 \cdot \underline{Z}_{c\,ges} \cdot \underline{Z}_{R\ddot{u}} - \underline{a} \cdot \underline{Z}_{b\,ges} \cdot \underline{Z}_{R\ddot{u}} \right)$$

$$+ \frac{\underline{U}_{aq}}{3 \cdot \underline{K}} \cdot \underline{Z}_b \cdot \left(\left(\underline{Z}_{a\,ges} \cdot \underline{Z}_{c\,ges} + \left(\underline{Z}_{a\,ges} + \underline{Z}_{c\,ges} \right) \cdot \underline{Z}_{R\ddot{u}} \right) - \underline{a} \cdot \underline{Z}_{c\,ges} \cdot \underline{Z}_{R\ddot{u}} - \underline{a}^2 \cdot \underline{Z}_{a\,ges} \cdot \underline{Z}_{R\ddot{u}} \right) \qquad \text{(A.7-68)}$$

$$+ \frac{\underline{U}_{aq}}{3 \cdot \underline{K}} \cdot \underline{Z}_c \cdot \left(\left(\underline{Z}_{a\,ges} \cdot \underline{Z}_{b\,ges} + \left(\underline{Z}_{a\,ges} + \underline{Z}_{b\,ges} \right) \cdot \underline{Z}_{R\ddot{u}} \right) - \underline{a}^2 \cdot \underline{Z}_{b\,ges} \cdot \underline{Z}_{R\ddot{u}} - \underline{a} \cdot \underline{Z}_{a\,ges} \cdot \underline{Z}_{R\ddot{u}} \right)$$

$$\underline{U}_2 =$$

$$\frac{\underline{U}_{aq} \cdot \underline{Z}_a}{3 \cdot \underline{K}} \cdot \left(\left(\underline{Z}_{b\,ges} \cdot \underline{Z}_{c\,ges} + \left(\underline{Z}_{b\,ges} + \underline{Z}_{c\,ges} \right) \cdot \underline{Z}_{R\ddot{u}} \right) - \underline{a}^2 \cdot \underline{Z}_{c\,ges} \cdot \underline{Z}_{R\ddot{u}} - \underline{a} \cdot \underline{Z}_{b\,ges} \cdot \underline{Z}_{R\ddot{u}} \right)$$

$$+ \frac{\underline{U}_{aq} \cdot \underline{Z}_b}{3 \cdot \underline{K}} \cdot \left(\underline{a} \cdot \left(\underline{Z}_{a\,ges} \cdot \underline{Z}_{c\,ges} + \left(\underline{Z}_{a\,ges} + \underline{Z}_{c\,ges} \right) \cdot \underline{Z}_{R\ddot{u}} \right) - \underline{a}^2 \cdot \underline{Z}_{c\,ges} \cdot \underline{Z}_{R\ddot{u}} - \underline{Z}_{a\,ges} \cdot \underline{Z}_{R\ddot{u}} \right) \qquad \text{(A.7-69)}$$

$$+ \frac{\underline{U}_{aq} \cdot \underline{Z}_c}{3 \cdot \underline{K}} \cdot \left(\underline{a}^2 \cdot \left(\underline{Z}_{a\,ges} \cdot \underline{Z}_{b\,ges} + \left(\underline{Z}_{a\,ges} + \underline{Z}_{b\,ges} \right) \cdot \underline{Z}_{R\ddot{u}} \right) - \underline{a} \cdot \underline{Z}_{b\,ges} \cdot \underline{Z}_{R\ddot{u}} - \underline{Z}_{a\,ges} \cdot \underline{Z}_{R\ddot{u}} \right)$$

$$\underline{U}_0 = \frac{U_{\mathrm{aq}} \cdot \underline{Z}_a}{3 \cdot \underline{K}} \cdot \left(\left(\underline{Z}_{b\,\mathrm{ges}} \cdot \underline{Z}_{c\,\mathrm{ges}} + \left(\underline{Z}_{b\,\mathrm{ges}} + \underline{Z}_{c\,\mathrm{ges}} \right) \cdot \underline{Z}_{\mathrm{R\ddot{u}}} \right) - \underline{a}^2 \cdot \underline{Z}_{c\,\mathrm{ges}} \cdot \underline{Z}_{\mathrm{R\ddot{u}}} - \underline{a} \cdot \underline{Z}_{b\,\mathrm{ges}} \cdot \underline{Z}_{\mathrm{R\ddot{u}}} \right)$$

$$+ \frac{U_{\mathrm{aq}} \cdot \underline{Z}_b}{3 \cdot \underline{K}} \cdot \left(\underline{a}^2 \cdot \left(\underline{Z}_{a\,\mathrm{ges}} \cdot \underline{Z}_{c\,\mathrm{ges}} + \left(\underline{Z}_{a\,\mathrm{ges}} + \underline{Z}_{c\,\mathrm{ges}} \right) \cdot \underline{Z}_{\mathrm{R\ddot{u}}} \right) - \underline{Z}_{c\,\mathrm{ges}} \cdot \underline{Z}_{\mathrm{R\ddot{u}}} - \underline{a} \cdot \underline{Z}_{a\,\mathrm{ges}} \cdot \underline{Z}_{\mathrm{R\ddot{u}}} \right) \quad \text{(A.7-70)}$$

$$+ \frac{U_{\mathrm{aq}} \cdot \underline{Z}_c}{3 \cdot \underline{K}} \cdot \left(\underline{a} \cdot \left(\underline{Z}_{a\,\mathrm{ges}} \cdot \underline{Z}_{b\,\mathrm{ges}} + \left(\underline{Z}_{a\,\mathrm{ges}} + \underline{Z}_{b\,\mathrm{ges}} \right) \cdot \underline{Z}_{\mathrm{R\ddot{u}}} \right) - \underline{Z}_{b\,\mathrm{ges}} \cdot \underline{Z}_{\mathrm{R\ddot{u}}} - \underline{a}^2 \cdot \underline{Z}_{a\,\mathrm{ges}} \cdot \underline{Z}_{\mathrm{R\ddot{u}}} \right)$$

Unter der Annahme einer identischen Phasenimpedanz $\underline{Z}_{x\,\mathrm{ph}}$ je Außenleiter können die Spannungen in den symmetrischen Komponenten wie folgt zusammengefasst werden

$$\underline{U}_1 = \frac{U_{\mathrm{aq}}}{3 \cdot \underline{K}} \cdot \left(\left(2 \cdot \underline{Z}_{x\mathrm{ph}} + 3 \cdot \underline{Z}_{\mathrm{R\ddot{u}}} \right) \cdot \beth + \left(\underline{Z}_{x\mathrm{ph}}^2 + 3 \cdot \underline{Z}_{x\mathrm{ph}} \cdot \underline{Z}_{\mathrm{R\ddot{u}}} \right) \cdot \aleph_\alpha + 3 \cdot \daleth \right) \quad \text{(A.7-71)}$$

$$\underline{U}_2 = \frac{U_{\mathrm{aq}}}{3 \cdot \underline{K}} \cdot \underline{Z}_{x\mathrm{ph}} \cdot \left(\left(3 \cdot \underline{Z}_{\mathrm{R\ddot{u}}} + \underline{Z}_{x\mathrm{ph}} \right) \cdot \aleph_\beta - \underline{a}^2 \cdot \underline{Z}_a \cdot \underline{Z}_b - \underline{a} \cdot \underline{Z}_a \cdot \underline{Z}_c - \underline{Z}_b \cdot \underline{Z}_c \right) \quad \text{(A.7-72)}$$

$$\underline{U}_0 = \frac{U_{\mathrm{aq}} \cdot \left(\underline{Z}_{x\mathrm{ph}} + 3 \cdot \underline{Z}_{\mathrm{R\ddot{u}}} \right)}{3 \cdot \underline{K}} \cdot \left(\underline{Z}_{x\mathrm{ph}} \cdot \aleph_\gamma - \underline{a} \cdot \underline{Z}_a \cdot \underline{Z}_b - \underline{a}^2 \cdot \underline{Z}_a \cdot \underline{Z}_c - \underline{Z}_b \cdot \underline{Z}_c \right) \quad \text{(A.7-73)}$$

mit den Hilfskenngrößen

$$\aleph_\alpha = \underline{Z}_a + \underline{Z}_b + \underline{Z}_c$$

$$\aleph_\beta = \underline{Z}_a + \underline{a} \cdot \underline{Z}_b + \underline{a}^2 \cdot \underline{Z}_c$$

$$\aleph_\gamma = \underline{Z}_a + \underline{a}^2 \cdot \underline{Z}_b + \underline{a} \cdot \underline{Z}_c \quad \text{(A.7-74)}$$

$$\beth = \left(\underline{Z}_a \cdot \underline{Z}_b + \underline{Z}_a \cdot \underline{Z}_c + \underline{Z}_b \cdot \underline{Z}_c \right)$$

$$\daleth = \underline{Z}_a \cdot \underline{Z}_b \cdot \underline{Z}_c$$

Gemäß den Spannungen in den symmetrischen Komponenten ergibt sich für die Gegensystemspannungsunsymmetrie

$$k_{\mathrm{u}2} = \frac{\left| \underline{Z}_{x\mathrm{ph}} \cdot \left(\left(3 \cdot \underline{Z}_{\mathrm{R\ddot{u}}} + \underline{Z}_{x\mathrm{ph}} \right) \cdot \aleph_\beta - \underline{a}^2 \cdot \underline{Z}_a \cdot \underline{Z}_b - \underline{a} \cdot \underline{Z}_a \cdot \underline{Z}_c - \underline{Z}_b \cdot \underline{Z}_c \right) \right|}{\left| \left(2 \cdot \underline{Z}_{x\mathrm{ph}} + 3 \cdot \underline{Z}_{\mathrm{R\ddot{u}}} \right) \cdot \beth + \left(\underline{Z}_{x\mathrm{ph}}^2 + 3 \cdot \underline{Z}_{x\mathrm{ph}} \cdot \underline{Z}_{\mathrm{R\ddot{u}}} \right) \cdot \aleph_\alpha + 3 \cdot \daleth \right|} \quad \text{(A.7-75)}$$

und für die Nullsystemspannungsunsymmetrie

$$k_{\mathrm{u}0} = \frac{\left| \left(\underline{Z}_{x\mathrm{ph}} + 3 \cdot \underline{Z}_{\mathrm{R\ddot{u}}} \right) \cdot \left(\underline{Z}_{x\mathrm{ph}} \cdot \aleph_\gamma - \underline{a} \cdot \underline{Z}_a \cdot \underline{Z}_b - \underline{a}^2 \cdot \underline{Z}_a \cdot \underline{Z}_c - \underline{Z}_b \cdot \underline{Z}_c \right) \right|}{\left| \left(2 \cdot \underline{Z}_{x\mathrm{ph}} + 3 \cdot \underline{Z}_{\mathrm{R\ddot{u}}} \right) \cdot \beth + \left(\underline{Z}_{x\mathrm{ph}}^2 + 3 \cdot \underline{Z}_{x\mathrm{ph}} \cdot \underline{Z}_{\mathrm{R\ddot{u}}} \right) \cdot \aleph_\alpha + 3 \cdot \daleth \right|} \quad \text{(A.7-76)}$$

Unsymmetrische Quellspannung und symmetrische Kundenanlage

Unter der Annahme einer unsymmetrischen Quellspannung und einer symmetrischen Kundenanlage gilt

$$\underline{Z}_{a\,\mathrm{ges}} = \underline{Z}_{b\,\mathrm{ges}} = \underline{Z}_{c\,\mathrm{ges}} = \underline{Z}_{x\,\mathrm{ges}}$$

$$\underline{Z}_a = \underline{Z}_b = \underline{Z}_c = \underline{Z}_A \quad \text{(A.7-77)}$$

und

$$\underline{K} = \underline{Z}_{x\,\mathrm{ges}}^3 + 3 \cdot \underline{Z}_{x\,\mathrm{ges}}^2 \cdot \underline{Z}_{\mathrm{R\ddot{u}}} \quad \text{(A.7-78)}$$

Für die Leiterströme gilt somit

$$\underline{I}_a = \frac{1}{\underline{K}} \cdot \left(\underline{U}_{aq} \cdot \left(\underline{Z}^2_{x\,ges} + 2 \cdot \underline{Z}_{x\,ges} \cdot \underline{Z}_{R\ddot{u}} \right) - \underline{U}_{bq} \cdot \underline{Z}_{x\,ges} \cdot \underline{Z}_{R\ddot{u}} - \underline{U}_{cq} \cdot \underline{Z}_{x\,ges} \cdot \underline{Z}_{R\ddot{u}} \right)$$

$$\underline{I}_b = \frac{1}{\underline{K}} \cdot \left(\underline{U}_{bq} \cdot \left(\underline{Z}^2_{x\,ges} + 2 \cdot \underline{Z}_{x\,ges} \cdot \underline{Z}_{R\ddot{u}} \right) - \underline{U}_{aq} \cdot \underline{Z}_{x\,ges} \cdot \underline{Z}_{R\ddot{u}} - \underline{U}_{cq} \cdot \underline{Z}_{x\,ges} \cdot \underline{Z}_{R\ddot{u}} \right)$$

$$\underline{I}_c = \frac{1}{\underline{K}} \cdot \left(\underline{U}_{cq} \cdot \left(\underline{Z}^2_{x\,ges} + 2 \cdot \underline{Z}_{x\,ges} \cdot \underline{Z}_{R\ddot{u}} \right) - \underline{U}_{aq} \cdot \underline{Z}_{x\,ges} \cdot \underline{Z}_{R\ddot{u}} - \underline{U}_{bq} \cdot \underline{Z}_{x\,ges} \cdot \underline{Z}_{R\ddot{u}} \right)$$

$$\underline{I}_R = \frac{1}{\underline{K}} \cdot \left(\underline{U}_{aq} \cdot \underline{Z}^2_{x\,ges} + \underline{U}_{bq} \cdot \underline{Z}^2_{x\,ges} + \underline{U}_{cq} \cdot \underline{Z}^2_{x\,ges} \right)$$

$$\text{(A.7-79)}$$

Zusammengefasst ergibt sich

$$\underline{I}_a = \frac{1}{\underline{K}} \cdot \left(\underline{U}_{aq} \cdot \left(\underline{Z}_{x\,ges} + 2 \cdot \underline{Z}_{R\ddot{u}} \right) - \underline{U}_{bq} \cdot \underline{Z}_{R\ddot{u}} - \underline{U}_{cq} \cdot \underline{Z}_{R\ddot{u}} \right)$$

$$\underline{I}_b = \frac{1}{\underline{K}} \cdot \left(\underline{U}_{bq} \cdot \left(\underline{Z}_{x\,ges} + 2 \cdot \underline{Z}_{R\ddot{u}} \right) - \underline{U}_{aq} \cdot \underline{Z}_{R\ddot{u}} - \underline{U}_{cq} \cdot \underline{Z}_{R\ddot{u}} \right)$$

$$\underline{I}_c = \frac{1}{\underline{K}} \cdot \left(\underline{U}_{cq} \cdot \left(\underline{Z}^2_{ges} + 2 \cdot \underline{Z}_{R\ddot{u}} \right) - \underline{U}_{qa} \cdot \underline{Z}_{R\ddot{u}} - \underline{U}_{qb} \cdot \underline{Z}_{R\ddot{u}} \right)$$

$$\underline{I}_{R\ddot{u}} = \frac{1}{\underline{K}} \cdot \left(\underline{U}_{aq} + \underline{U}_{bq} + \underline{U}_{cq} \right)$$

$$\text{(A.7-80)}$$

Für die Spannungen zwischen den Außenleitern und dem Rückleiter gilt folglich

$$\underline{U}_{aR\ddot{u}} = \frac{\underline{Z}_A}{\underline{K}} \cdot \left(\underline{U}_{aq} \cdot \left(\underline{Z}_{x\,ges} + 2 \cdot \underline{Z}_{R\ddot{u}} \right) - \underline{U}_{bq} \cdot \underline{Z}_{R\ddot{u}} - \underline{U}_{cq} \cdot \underline{Z}_{R\ddot{u}} \right)$$

$$\underline{U}_{bR\ddot{u}} = \frac{\underline{Z}_A}{\underline{K}} \cdot \left(\underline{U}_{bq} \cdot \left(\underline{Z}_{x\,ges} + 2 \cdot \underline{Z}_{R\ddot{u}} \right) - \underline{U}_{aq} \cdot \underline{Z}_{R\ddot{u}} - \underline{U}_{cq} \cdot \underline{Z}_{R\ddot{u}} \right)$$

$$\underline{U}_{cR\ddot{u}} = \frac{\underline{Z}_A}{\underline{K}} \cdot \left(\underline{U}_{cq} \cdot \left(\underline{Z}_{x\,ges} + 2 \cdot \underline{Z}_{R\ddot{u}} \right) - \underline{U}_{aq} \cdot \underline{Z}_{R\ddot{u}} - \underline{U}_{bq} \cdot \underline{Z}_{R\ddot{u}} \right)$$

$$\text{(A.7-81)}$$

Und die Spannungen in den symmetrischen Komponenten ergeben sich zu

$$\underline{U}_1 = \frac{1}{3} \cdot \frac{\underline{Z}_A}{\underline{K}} \cdot \left(\underline{U}_{aq} \cdot \left(\underline{Z}_{x\,ges} + 2 \cdot \underline{Z}_{R\ddot{u}} \right) - \underline{U}_{bq} \cdot \underline{Z}_{R\ddot{u}} - \underline{U}_{cq} \cdot \underline{Z}_{R\ddot{u}} \right)$$

$$+ \underline{a} \cdot \frac{1}{3} \cdot \frac{\underline{Z}_A}{\underline{K}} \cdot \left(\underline{U}_{bq} \cdot \left(\underline{Z}_{x\,ges} + 2 \cdot \underline{Z}_{R\ddot{u}} \right) - \underline{U}_{aq} \cdot \underline{Z}_{R\ddot{u}} - \underline{U}_{cq} \cdot \underline{Z}_{R\ddot{u}} \right)$$

$$+ \underline{a}^2 \cdot \frac{1}{3} \cdot \frac{\underline{Z}_A}{\underline{K}} \cdot \left(\underline{U}_{cq} \cdot \left(\underline{Z}_{x\,ges} + 2 \cdot \underline{Z}_{R\ddot{u}} \right) - \underline{U}_{aq} \cdot \underline{Z}_{R\ddot{u}} - \underline{U}_{bq} \cdot \underline{Z}_{R\ddot{u}} \right)$$

$$\text{(A.7-82)}$$

$$\underline{U}_2 = \frac{1}{3} \cdot \frac{\underline{Z}_A}{\underline{K}} \cdot \left(\underline{U}_{aq} \cdot \left(\underline{Z}_{x\,ges} + 2 \cdot \underline{Z}_{R\ddot{u}} \right) - \underline{U}_{bq} \cdot \underline{Z}_{R\ddot{u}} - \underline{U}_{cq} \cdot \underline{Z}_{R\ddot{u}} \right)$$

$$+ \frac{1}{3} \cdot \frac{\underline{Z}_A}{\underline{K}} \cdot \underline{a}^2 \cdot \left(\underline{U}_{bq} \cdot \left(\underline{Z}_{x\,ges} + 2 \cdot \underline{Z}_{R\ddot{u}} \right) - \underline{U}_{aq} \cdot \underline{Z}_{R\ddot{u}} - \underline{U}_{cq} \cdot \underline{Z}_{R\ddot{u}} \right)$$

$$\text{(A.7-83)}$$

$$+ \frac{1}{3} \cdot \frac{\underline{Z}_A}{\underline{K}} \cdot \underline{a} \cdot \left(\underline{U}_{cq} \cdot \left(\underline{Z}_{x\,ges} + 2 \cdot \underline{Z}_{R\ddot{u}} \right) - \underline{U}_{aq} \cdot \underline{Z}_{R\ddot{u}} - \underline{U}_{bq} \cdot \underline{Z}_{R\ddot{u}} \right)$$

$$\underline{U}_0 = \frac{1}{3} \cdot \frac{\underline{Z}_A}{\underline{K}} \cdot \Big(\underline{U}_{aq} \cdot (\underline{Z}_{x\text{ges}} + 2 \cdot \underline{Z}_{R\ddot{u}}) - \underline{U}_{bq} \cdot \underline{Z}_{R\ddot{u}} - \underline{U}_{cq} \cdot \underline{Z}_{R\ddot{u}}$$

$$+ \big(\underline{U}_{bq} \cdot (\underline{Z}_{x\text{ges}} + 2 \cdot \underline{Z}_{R\ddot{u}}) - \underline{U}_{aq} \cdot \underline{Z}_{R\ddot{u}} - \underline{U}_{cq} \cdot \underline{Z}_{R\ddot{u}} \big) \tag{A.7-84}$$

$$+ \big(\underline{U}_{cq} \cdot (\underline{Z}_{x\text{ges}} + 2 \cdot \underline{Z}_{R\ddot{u}}) - \underline{U}_{aq} \cdot \underline{Z}_{R\ddot{u}} - \underline{U}_{bq} \cdot \underline{Z}_{R\ddot{u}} \big) \Big)$$

Zusammengefasst gilt

$$\underline{U}_1 = \frac{1}{3} \cdot \frac{\underline{Z}_A}{\underline{K}} \cdot (\underline{Z}_{x\text{ges}} + 3 \cdot \underline{Z}_{R\ddot{u}}) \cdot (\underline{U}_{aq} + \underline{a} \cdot \underline{U}_{bq} + \underline{a}^2 \cdot \underline{U}_{cq}) \tag{A.7-85}$$

$$\underline{U}_2 = \frac{1}{3} \cdot \frac{\underline{Z}_A}{\underline{K}} \cdot (\underline{Z}_{x\text{ges}} + 3 \cdot \underline{Z}_{R\ddot{u}}) \cdot (\underline{U}_{aq} + \underline{a}^2 \cdot \underline{U}_{bq} + \underline{a} \cdot \underline{U}_{cq}) \tag{A.7-86}$$

$$\underline{U}_0 = \frac{1}{3} \cdot \frac{\underline{Z}_A}{\underline{K}} \cdot \underline{Z}_{x\text{ges}} \cdot (\underline{U}_{aq} + \underline{U}_{bq} + \underline{U}_{cq}) \tag{A.7-87}$$

Somit gilt für die Spannungsunsymmetrie

$$k_{u2} = \frac{|\underline{U}_{aq} + \underline{a} \cdot \underline{U}_{qb} + \underline{a}^2 \cdot \underline{U}_{cq}|}{|\underline{U}_{aq} + \underline{a}^2 \cdot \underline{U}_{qb} + \underline{a} \cdot \underline{U}_{cq}|} \tag{A.7-88}$$

und

$$k_{u0} = \frac{|\underline{Z}_{x\text{ges}} \cdot (\underline{U}_{aq} + \underline{U}_{bq} + \underline{U}_{cq})|}{|(\underline{Z}_{x\text{ges}} + 3 \cdot \underline{Z}_{R\ddot{u}}) \cdot (\underline{U}_{aq} + \underline{a}^2 \cdot \underline{U}_{bq} + \underline{a} \cdot \underline{U}_{cq})|} \tag{A.7-89}$$

A.8   Reduzierung des Gegen- bzw. Nullsystemstroms durch eine Steinmetzschaltung

Die folgenden Beispiele des Einsatzes der Steinmetzschaltung legen eine symmetrische Spannung, die Vernachlässigung der Koppelimpedanzen sowie den Anschluss einer ohmschen Last an Außenleiter a zu Grunde.

Vermeidung eines Gegensystemstroms

Eine Reduzierung des Gegensystemstroms kann durch Anschluss einer Kapazität zwischen Außenleiter b und Rückleiter sowie einer Induktivität zwischen Außenleiter c und Rückleiter erfolgen. Für die Ströme im natürlichen System gilt

$$\underline{I}_{abc} = I_a \cdot \begin{bmatrix} 1 \\ j \cdot \underline{a}^2 \cdot x \\ -j \cdot \underline{a} \cdot x \end{bmatrix} \tag{A.8-90}$$

Die Überführung in die symmetrischen Komponenten ergibt

$$\underline{I}_{120} = \underline{S} \cdot \underline{I}_{abc} = \frac{1}{3} \cdot I_a \cdot \begin{bmatrix} 1 & \underline{a} & \underline{a}^2 \\ 1 & \underline{a}^2 & \underline{a} \\ 1 & 1 & 1 \end{bmatrix} \cdot \begin{bmatrix} 1 \\ j \cdot \underline{a}^2 \cdot x \\ -j \cdot \underline{a} \cdot x \end{bmatrix} = \frac{1}{3} \cdot I_a \begin{bmatrix} 1 \\ 1 - \sqrt{3} \cdot x \\ 1 + \sqrt{3} \cdot x \end{bmatrix} \tag{A.8-91}$$

Für eine Kompensation des Gegensystemstroms unter den gegebenen Annahmen muss der Betrag des Stromes durch die Kapazität und die Induktivität dem $1/\sqrt{3}$ -fachen des Stromes durch den Widerstand entsprechen. Weiterhin ist es möglich den Gegensystemstrom durch Anschluss einer Kapazität zwischen den Außenleitern a und c sowie einer Induktivität zwischen den Außenleitern a und b zu reduzieren.

Für die Ströme im natürlichen System gilt

$$\underline{I}_{abc} = I_a \cdot \begin{bmatrix} 1 + x \cdot (\underline{a} + \underline{a}^2) \\ -x \cdot \underline{a} \\ -x \cdot \underline{a}^2 \end{bmatrix} \tag{A.8-92}$$

und im symmetrischen System

$$\underline{I}_{120} = \underline{S} \cdot \underline{I}_{abc} = \frac{1}{3} I_a \cdot \begin{bmatrix} 1 & \underline{a} & \underline{a}^2 \\ 1 & \underline{a}^2 & \underline{a} \\ 1 & 1 & 1 \end{bmatrix} \cdot \begin{bmatrix} 1 + x \cdot (\underline{a} + \underline{a}^2) \\ -x \cdot \underline{a} \\ -x \cdot \underline{a}^2 \end{bmatrix} = \frac{1}{3} \cdot I_a \cdot \begin{bmatrix} 1 \\ 1 - 3 \cdot x \\ 1 \end{bmatrix} \tag{A.8-93}$$

Für eine Kompensation des Gegensystemstroms unter den gegebenen Annahmen muss der Betrag des Stromes durch die Kapazität und die Induktivität einem Drittel des Stromes durch den Widerstand entsprechen.

Vermeidung eines Nullsystemstroms

Eine Vermeidung des Nullsystemstroms erfolgt durch Anschluss einer Kapazität zwischen Außenleiter c und Rückleiter sowie einer Impedanz zwischen Außenleiter b und Rückleiter. Für den Strom im natürlichen System gilt

$$\underline{I}_{abc} = I_a \cdot \begin{bmatrix} 1 \\ -j \cdot \underline{a}^2 \cdot x \\ j \cdot \underline{a} \cdot x \end{bmatrix} \tag{A.8-94}$$

Die Überführung in die symmetrischen Komponenten ergibt

$$\underline{I}_{120} = \underline{S} \cdot \underline{I}_{abc} = \frac{1}{3} \cdot I_a \cdot \begin{bmatrix} 1 & \underline{a} & \underline{a}^2 \\ 1 & \underline{a}^2 & \underline{a} \\ 1 & 1 & 1 \end{bmatrix} \cdot \begin{bmatrix} 1 \\ -j \cdot \underline{a}^2 \cdot x \\ j \cdot \underline{a} \cdot x \end{bmatrix} = \frac{1}{3} \cdot I_a \begin{bmatrix} 1 \\ 1 + \sqrt{3} \cdot x \\ 1 - \sqrt{3} \cdot x \end{bmatrix} \tag{A.8-95}$$

Für eine Kompensation des Nullsystemstroms unter den gegebenen Annahmen muss der Betrag des Stromes durch die Kapazität und die Induktivität dem $1/\sqrt{3}$ -fachen des Stromes durch den Widerstand entsprechen.

Für eine zweckmäßige Symmetrierung der Ströme mit Kompensation des Null- und Gegensystemstroms ist eine Kombination der vorgestellten Schaltungen bzw. eine Kombination einer Schaltung zur Kompensation des Gegensystemstroms und eines Transformators mit einer Schaltgruppe, welche kein Nullsystem überträgt z. B. Dyn zu empfehlen.

Nachfolgend wird eine Kombination der oben diskutierten Schaltungen betrachtet, wobei x die Strombeträge durch die Kapazitäten und Induktivitäten, welche zwischen Außenleiter und Rückleiter beschreibt und y für die Strombeträge durch die Kapazitäten und Induktivitäten, welche zwischen zwei Außenleitern angeschlossen sind.

Bei Anschluss einer Kapazität zwischen Außenleiter c und Rückleiter und zwischen Außenleiter a und c sowie dem Anschluss einer Induktivität zwischen Außenleiter b und Rückleiter und zwischen Außenleiter a und b gilt für die Ströme im natürlichen System

$$\underline{I}_{abc} = I_a \cdot \begin{bmatrix} 1 \\ -j \cdot \underline{a}^2 \cdot x \\ j \cdot \underline{a} \cdot x \end{bmatrix} + I_a \cdot \begin{bmatrix} -y \cdot (\underline{a} + \underline{a}^2) \\ y \cdot \underline{a} \\ y \cdot \underline{a}^2 \end{bmatrix} \tag{A.8-96}$$

Und für die Ströme im symmetrischen System

$$\underline{I}_{120} = \underline{S} \cdot \underline{I}_{abc} = \frac{1}{3} \cdot I_a \cdot \begin{bmatrix} 1 & \underline{a} & \underline{a}^2 \\ 1 & \underline{a}^2 & \underline{a} \\ 1 & 1 & 1 \end{bmatrix} \cdot \begin{bmatrix} 1 - y \cdot (\underline{a} + \underline{a}^2) \\ -j \cdot \underline{a}^2 \cdot x + y \cdot \underline{a} \\ j \cdot \underline{a} \cdot x + y \cdot \underline{a}^2 \end{bmatrix} = \frac{1}{3} \cdot I_a \cdot \begin{bmatrix} 1 \\ 1 + \sqrt{3} \cdot x - 3 \cdot y \\ 1 - \sqrt{3} \cdot x \end{bmatrix} \tag{A.8-97}$$

Zur vollständigen Kompensation des Null- und Gegensystemstroms gilt

$$x = \frac{1}{\sqrt{3}}$$

$$y = \frac{2}{3} \tag{A.8-98}$$

A.9 Berechnung der Parameter des einphasigen Ersatzschaltbildes eines Transformators

Basierend auf dem in Bild 4-10 dargestelltem einphasigen ESB kann die Längsimpedanz wie folgt berechnet werden

$$Z_s + Z_p' = Z_{ps} = \frac{U_n^2 \cdot u_k}{S_{rT}} \tag{A.9-99}$$

Für den Bemessungsstrom des Transformators gilt

$$I_{rT} = \frac{S_{rT}}{\sqrt{3} \cdot U_n} \tag{A.9-100}$$

Die Längsresistanz kann über die gegebene Verlustleistung P_k berechnet werden

$$R_{ps} = \frac{P_k}{3 \cdot I_{rT}^2} = \frac{P_k \cdot U_n^2}{S_{rT}^2} \tag{A.9-101}$$

Die Längsreaktanz kann mit den Ergebnissen nach Gleichung (A.9-99) und (A.9-101) bestimmt werden

$$X_{ps} = \sqrt{Z_{ps}^2 - R_{ps}^2} \tag{A.9-102}$$

Die Hauptfeldimpedanz, unter Kenntnis des Verhältnisses von Leerlauf- zu Nennstrom (I_{leer}/I_{nT}) wie folgt bestimmt werden

$$Z_m = \frac{U_n^2}{S_{rT} \cdot I_{leer}/I_{rT}} \tag{A.9-103}$$

Über die Leerlaufverluste (P_{leer}) kann die Hauptfeldresistanz berechnet werden

$$R_m = \frac{P_{leer} \cdot U_n^2}{(S_{rT} \cdot I_{leer}/I_{rT})^2} \tag{A.9-104}$$

A.10 Abschätzung der notwendigen Anzahl an Simulationsdurchläufen für dezentrales Laden

Zur Abschätzung der benötigten Mindestanzahl an Simulationsdurchläufen n je Simulationsvariante kann nach [145] unter Annahme einer Normalverteilung die folgende Abschätzung gewählt werden

$$n \geq \frac{z^2 \cdot \sigma^2}{(\Delta k_{u2})^2}$$ (A.10-105)

Wobei z ein Ausdruck für die Signifikanz[19], σ^2 die Varianz und Δk_{u2} den zulässigen Fehler repräsentiert. Als zulässiger Fehler wird der Beitrag zur Spannungsunsymmetrie gewählt, den eine 1-phasig angeschlossene Anlage mit einer Leistung von 360 VA am Verknüpfungspunkt der geringsten Kurzschlussleistung verursachen würde[20]. Dies entspricht gemäß Gleichung (2-40) und Tabelle A.2-8 für das Stadtrandnetz $\Delta k_{u2} = 0{,}0196\,\%$, für das ländliche Kabelnetz $\Delta k_{u2} = 0{,}043\,\%$ und für das ländliche Freileitungsnetz $\Delta k_{u2} = 0{,}083\,\%$. Aufgrund des sehr hohen Wertes für das ländliche Freileitungsnetz wird Δk_{u2} auf $0{,}05\,\%$ begrenzt.

Zur Abschätzung der Mindestanzahl an Simulationsdurchläufen erfolgt die Bewertung von $q^{(0,95)}\left(k_{u2\,\text{sym MS}}\right)$, wobei $k_{u2\,\text{sym MS}}$ die 10-Minutenmittelwerte des Gesamtstöreintrags der Kundenanlagen auf k_{u2} beschreibt. Zur Bestimmung des Gesamtstöreintrags erfolgen die Simulationen mit symmetrischer Spannung des übergeordneten Netzes. Zur Bestimmung der Varianz und der Verteilung, welcher $q^{(0,95)}\left(k_{u2\,\text{sym MS}}\right)$ folgen, werden mittels der Funktion „fitdist" in Matlab® die Parameter für die stetigen Verteilungen: „Exponential-", „Normal-", „stetige Gleich-", „Gamma-", „Weibull-", „logarithmische Normal-" und „Student-" Verteilung geschätzt. Anschließend wird mittels des KS-Tests[21] geprüft, welche der geschätzten Verteilungen mit den Werten der Simulationsdurchläufe übereinstimmen. Ungeachtet möglicher Betriebsmittelüberlastungen werden als mögliche „worst cases" die Simulationsvarianten mit einer EV- bzw. PV-Durchdringung von 100 % gewählt und für diese beiden Simulationsvarianten je Simulationsnetz 5000 Simulationsdurchläufe simuliert. Die Haushalte wurden ebenfalls simuliert, die Lastverläufe der Haushalte untereinander waren verschieden. Jedoch war der Lastverlauf jedes Haushaltes über die 5000 Simulationsdurchläufe stets der gleiche. Das oben beschriebene Vorgehen ergab, dass die untersuchten Simulationsvarianten je Simulationsnetz durch eine logarithmische Normalverteilung nachgebildet werden können (siehe Tabelle A.10-17).

Für die Bestimmung der Mindestanzahl an Simulationsdurchläufen n wurde aus den 5000 Simulationsdurchläufen 50.000-mal jeweils $10 \cdot m$ ($m = 1$,2 3, ..., 100) Werte $q^{(0,95)}\left(k_{u2\,\text{symMS}}\right)$ zufällig gewählt, über „fitdist" in Matlab® die Varianz der logarithmischen Normalverteilung bestimmt und anschließend des 95 %-Quantil der Varianzen je m bestimmt. Dieser Wert fließt als σ^2 in Gleichung (A.10-105) ein. Für die oben festgelegten Szenarien ergibt sich die in aufgelistete Mindestanzahl n_{min}.

Tabelle A.10-16:   Minimal nötige Anzahl an Simulationsdurchläufen um einen definierten zulässigen Fehler nicht zu überschreiten

Durchdringung	Stadtrandnetz	Ländliches Kabelnetz	Ländliches Freileitungsnetz
100 % EV	280	160	420
100 % PV	970	430	850

Wie aus Tabelle A.10-16 ersichtlich, ist die Anzahl benötigter Simulationsdurchläufe für eine 100 % PV-Durchdringung höher als für eine 100 % EV-Durchdringung. Da vor Simulationsbeginn die Varianz unbekannt ist, wird von der ungünstigsten Konstellation, in diesem Fall 100 % PV-Durchdringung, ausgegangen und die dafür ermittelte Simulationsanzahl als Mindestanzahl n_{min} angesehen. Da ländliches Kabel- und Freileitungsnetz gleichzeitig simuliert werden (siehe Bild A.2-1), ist für diese Simulationsnetze die gleiche Anzahl zu wählen. Um einen Wert oberhalb der Mindestanzahl zu wählen und zur Vereinheitlichung der Simulationsabläufe wird für jede Simulationsvariante eine Anzahl von 1000 Simulationsdurchläufen durchgeführt.

---

[19] Es wird eine Signifikanz von 0,05 gewählt, nach [108], [145] gilt für logarithmische Normalverteilung $z = 1{,}96$

[20] 360 VA entspricht 10 % der Ladeleistung eines EVs mit einem Ladestrom von 16 A.

[21] Es wird ein Signifikanzniveau von $\alpha = 0{,}05$ gewählt und bei nicht bestandenem Test bis minimal 0,01 um jeweils 0,01 reduziert

Schätzung weiterer Verteilungsfunktionen

Gemäß des oben beschriebenen Vorgehens, wurde die Verteilung der Spannungsunsymmetrie k_{u2} bei unsymmetrischer Spannung des übergeordneten Netzes und des Gesamtstöreintrags $k_{u2\,sym\,MS}$ für die stetigen Verteilungen: „Exponential-", „Normal-", „stetige Gleich-", „Gamma-", „Weibull-", „logarithmische Normal-" und „Student-" Verteilung geschätzt und mit dem KS-Test geprüft. Es zeigte sich, dass wenn ein KS-Test bestanden wurde, stets eine logarithmische Normalverteilung zugrunde gelegt werden kann. In Einzelfällen wurde der KS-Test auch für andere Verteilungsfunktionen (Gamma- und Student-Verteilung) bestanden. Tabelle A.10-17 listet die Ergebnisse des KS-Tests für die einzelnen Simulationsvarianten und -netze auf und gibt bei bestandenen KS-Test den Wert des Signifikanzniveaus α an.

Tabelle A.10-17: Ergebnisse des KS-Tests zur Schätzung der Summenhäufigkeit von k_{u2} und $k_{u2\,sym\,MS}$ über eine logarithmische Normverteilung mit Angabe des genutzten Signifikanzniveaus

EV-Durchdringung	Gesmatstöreintrag $k_{u2\,sym\,MS}$						Spannungsunsymmetrie k_{u2}					
	PV-Durchdringung											
	0 %	10 %	25 %	50 %	75 %	100 %	0 %	10 %	25 %	50 %	75 %	100 %
Stadtrandnetz												
0 %		nein	0,05	0,05	0,05	0,05		nein	0,05	0,05	0,05	0,05
10 %	nein	nein		0,05	0,05		nein	nein		0,05	0,05	
25 %	nein						nein					
50 %	0,05	0,05		0,05	0,05		nein	0,05		0,05	0,05	
75 %	0,05						0,05					
100 %	0,05	0,05		0,05	0,05		0,05	0,05		0,05	0,05	
Ländliches Kabelnetz												
0 %		nein	nein	nein	nein	0,03		nein	nein	nein	nein	nein
10 %	nein	nein		0,05	nein		nein	nein		nein	0,02	
25 %	0,05						nein					
50 %	0,05	nein		0,05	nein		0,05	nein		0,05	0,05	
75 %	0,05						0,05					
100 %	0,05	nein		nein	nein		0,05	0,05		0,05	nein	
Ländliches Freileitungsnetz												
0 %		nein	nein	nein	nein	0,02		nein	nein	nein	nein	nein
10 %	nein	nein		nein	nein		nein	0,02		nein	nein	
25 %	nein						nein					
50 %	nein	nein		nein	nein		nein	nein		0,04	0,05	
75 %	0,05						nein					
100 %	0,05	0,03		0,05	0,03		0,05	nein		0,05	0,05	

Es ist ersichtlich, dass nicht alle Simulationsdurchläufe durch eine Verteilungsfunktion geschätzt werden können, die den KS-Test bestehen. Für das Stadtrandnetz ist der KS-Test deutlich häufiger bestanden als für die ländlichen Netze. Die Gründe dafür sind folgende.

1. Da ländliches Kabel- und Freileitungsnetz gleichzeitig simuliert und die EV- und PV-Durchdringungen für das kombinierte Netz angegeben werden, werden die LPs und PV-Anlagen mit gewisser Wahrscheinlichkeit nicht gleichmäßig auf Kabel- und Freileitungsnetz verteilt. Somit weicht die tatsächliche EV- und PV-Verteilung für Kabel- bzw. Freileitungsnetz von der angegebenen Verteilung ab.
2. Die Belastung des Netzes durch die Haushalte (und das übergeordnete Netz) ist für jeden Simulationsdurchlauf bei Berücksichtigung der EVs oder PV-Anlagen gleich.
3. Die Wahrscheinlichkeit des Anschlusses von 3-phasig betriebenen PV-Anlagen ist für das ländliche Netz höher (siehe Bild A.2-2), wodurch für einzelne Simulationsdurchläufe der Einfluss auf die Unsymmetrie gering ist.

Bild A.10-25 zeigt den Vergleich der kumulierten Summenhäufigkeit resultierend aus den Simulationsergebnissen und der geschätzten Häufigkeit für verschiedene EV- und PV-Durchdringungen des ländlichen Freileitungsnetzes. In beiden Fällen wurde der KS-Test nicht bestanden. Infolge der aufgeführten Gründe ist zum einen die Anzahl mit niedrigen Werten für $q^{(0,95)}(k_{u2\,symMS})$ gering, da bei geringem Einfluss durch EVs oder PV-Anlagen die gleichbleibende Belastung durch die Haushalte dominiert, wodurch es eine erhöhte Anzahl sehr ähnlicher Werte gibt. Zum anderen gibt es durch eine erhöhte Durchdringung eines Leitungstyps mit EVs bzw. PV-Anlagen sehr hohe Werte für $q^{(0,95)}(k_{u2\,sym\,MS})$. Besonders deutlich wird dieser Effekt für geringe Durchdringungen (siehe Bild A.10-25 a) und nimmt mit steigender Durchdringung ab (siehe Bild A.10-25b).

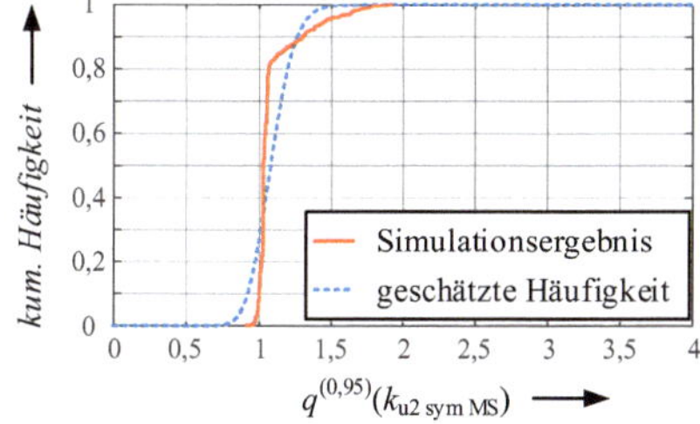
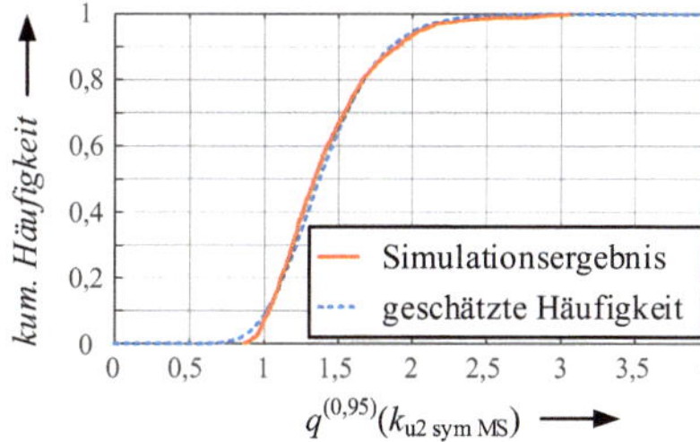

a) 10 % EV-Durchdringung, 0 % PV-Durchdringung   b) 50 % EV-Durchdringung, 75 % PV-Durchdringung

Bild A.10-25:   Vergleich zwischen kumulierter Summenhäufigkeit basierend auf den Simulationen und geschätzter Summenhäufigkeit nach einer logarithmischen Normalverteilung des Gesamtstöreintrags des Niederspannungsnetzes zu k_{u2} für verschiedene EV- und PV-Durchdringung für ein ländliches Freileitungsnetz